普通高等学校"十三五"省级规划教材

应用型本科教育数学基础教材

Advanced Mathematics

高等数学
文科类

（第2版）

项明寅◎编著

中国科学技术大学出版社

内 容 简 介

本书是应用型本科教育数学基础教材之一,是在认真总结、分析、汲取全国应用型本科院校高等数学课程建设和改革的经验基础上编写而成的.

本书内容包括大学微积分基础、一元函数微分学、一元函数积分学、线性代数初步和概率统计初步,共 5 章.在每章章首,都给出一个以当前社会生活中的热点问题为例的"引子";在每章末,都给出两个阅读材料,每节末也都给出一个相关的小知识,扩展学生的知识面.本书按照"实例→理论→应用"的顺序,简述概念并联系实际,与其他同类教材相比,应用性更加突出,体系更加科学合理,案例选取更加贴近生活.

本书不仅可作为应用型本科院校人文社科类专业高等数学课程的教学用书,也适合生命科学、管理科学等专业学生使用,同时也可作为高职高专、成人高等院校等高等数学课程的教学用书,当然也是数学爱好者的理想读物.

图书在版编目(CIP)数据

高等数学:文科类/项明寅编著.—2 版.—合肥:中国科学技术大学出版社,2020.8
(应用型本科教育数学基础教材)
普通高等学校"十三五"省级规划教材
ISBN 978-7-312-04964-4

Ⅰ.高… Ⅱ.项… Ⅲ.高等数学—高等学校—教材 Ⅳ.O13

中国版本图书馆 CIP 数据核字(2020)第 084466 号

GAODENG SHUXUE：WENKE LEI

出版	中国科学技术大学出版社
	安徽省合肥市金寨路 96 号,230026
	http://press.ustc.edu.cn
	https://zgkxjsdxcbs.tmall.com
印刷	安徽国文彩印有限公司
发行	中国科学技术大学出版社
经销	全国新华书店
开本	710 mm×1000 mm 1/16
印张	19.5
字数	371 千
版次	2013 年 8 月第 1 版 2020 年 8 月第 2 版
印次	2020 年 8 月第 2 次印刷
定价	46.00 元

总　　序

  1998 年以来,出现了一大批以培养应用型人才为主要目标的地方本科院校,且办学规模日益扩大,已经成为我国高等教育的主体,为实现高等教育大众化做出了突出贡献.但是,作为知识与技能重要载体的教材建设没能及时跟上高等学校人才培养规格的变化,较长时间以来,应用型本科院校仍然使用精英教育模式下培养学术型人才的教材,人才培养目标和教材体系明显不对应,影响了应用型人才培养质量.因此,认真研究应用型本科教育教学的特点,加强应用型教材建设,是摆在应用型本科院校广大教师面前的迫切任务.

  安徽省应用型本科高校联盟组织联盟内 13 所学校共同开展应用数学类教材建设工作,成立了"安徽省应用型高校联盟数学类教材建设委员会",于 2009年 8 月在皖西学院召开了应用型本科数学类教材建设研讨会,会议邀请了中国高等教育学著名专家潘懋元教授作应用型课程建设专题报告,研讨数学类基础课程教材的现状和建设思路.先后多次召开课程建设会议,讨论大纲,论证编写方案,并落实工作任务,使应用型本科数学类基础课程教材建设工作迈出了探索的步伐.

  即将出版的这套丛书共计 6 本,包括《高等数学(文科类)》、《高等数学(工程类)》、《高等数学(经管类)》、《高等数学(生化类)》、《应用概率与数理统计》和《线性代数》,已在参编学校使用两届,并经过多次修改.教材明确定位于"应用型人才培养"目标,其内容体现了教学改革的成果和教学内容的优化,具有以下主要特点:

  1. 强调"学以致用".教材突破了学术型本科教育的知识体系,降低了理论深度,弱化了理论推导和运算技巧的训练,加强对"应用能力"的培养.

  2. 突出"问题驱动".把解决实际工程问题作为学习理论知识的出发点和落脚点,增强案例与专业的关联度,把解决应用型习题作为教学内容的有效补充.

3. 增加"实践教学". 教材中融入了数学建模的思想和方法,把数学应用软件的学习和实践作为必修内容.

4. 改革"教学方法". 教材力求通俗表达,要求教师重点讲透思想方法,开展课堂讨论,引导学生掌握解决问题的精要.

这套丛书是安徽省应用型本科高校联盟几年来大胆实践的成果. 在此,我要感谢这套丛书的主编单位以及编写组的各位老师,感谢他们这几年在编写过程中的付出与贡献,同时感谢中国科学技术大学出版社为这套教材的出版提供了服务和平台,也希望我省的应用型本科教育多为国家培养应用型人才.

当然,开展应用型本科教育的研究和实践,是我省应用型本科高校联盟光荣而又艰巨的历史任务,这套丛书的出版,用毛泽东同志的话来说,只是万里长征走完了第一步,今后任重而道远,需要大家继续共同努力,创造更好的成绩!

2013 年 7 月

第 2 版前言

第 1 版自 2013 年出版以来,至今已有 7 年了,第 2 版在认真总结、分析、汲取全国应用型本科院校高等数学课程建设和改革的经验的基础上,以第 1 版为基础编写而成.

本版保留了第 1 版的体例,相应地调整了一些内容,增加了突出基本训练的习题,纠正了第 1 版的一些错漏,修正了某些文字叙述,同时修改了一些小知识,使之与本书内容关联性更好.

本版得到了黄山学院数学与统计学院领导和任课老师的关心支持,他们对第 1 版提出了较全面的修改意见和建议,并详尽地指出了书中错漏;汪雨等同学利用寒假时间阅读了本书书稿,提供了详尽的勘误表.他们为提高本书质量付出了艰苦的劳动,对此表示衷心的感谢,也感谢中国科学技术大学出版社对本书出版的大力支持.

限于水平,深感力不从心,书中存在谬误在所难免,敬请同学和老师们批评指正.

编　　者

2020 年 4 月

前　言

应用型本科院校是我国高等教育发展中出现的新生事物,其课程的特征是课程与具体的职业衔接.

近年来,全国许多综合性研究型大学相继在文、史、哲等专业开设了大学数学课程,许多教育工作者也对如何在文科专业中开展高等数学教学进行了有益的探索和思考.但在新建应用型本科院校却没有现成的模板,只有很少学校开设了大学文科数学课程.我校为适应应用型本科院校建设的要求,从2006年起,开始注重高等数学学科建设和教学改革,在文科专业中开设了大学数学课程,到现在为止已开设了七届,每届学生在300人以上.但所选用的教材均是综合性研究型大学的教材,使用效果很不理想.从目前已出版的20多种教材看,内容要么很深,要么很杂,将数学与应用分开,都不符合应用型本科教育的要求,不宜作为应用型本科院校的文科数学教材.因此,我们在汲取一些现有教材优点的基础上,于2008年自编了《文科高等数学讲义》,本着边研究、边使用、边完善的原则,我们对讲义进行了多次修改,终于形成了这本教材.其主要特色是:

第一,本教材的应用性更加突出.书中所选取的例子都是身边的实例,解决了其他教材将应用与数学相分离的问题,因此适用范围更广,不仅适合社会科学类专业学生使用,也适合生命科学、管理科学、建筑类等专业学生使用.

第二,本教材体系更加科学合理.每章章首都给出一个短小精悍的"引子",用当前社会生活中的热点问题激发学生学习有关数学知识的兴趣,在阐述内容时,尽量选取当前社会科学研究、工程技术和日常生活等方面的例子,使理论与应用逐步结合,最后又以所学数学知识,分析引子中提出的问题.这样既能帮助学生理解有关的数学原理和方法,又能帮助学生了解数学在社会各领域中的应用.在每章末,给出两个阅读材料,介绍一些数学史知识和经典数学模型,同时介绍古今文化中的数学成就和数学方法,扩展学生的知识面.

第三,本教材的案例选取贴近生活.本教材中所选的案例大都来自社会生活各个领域,通过案例,按照"实例 → 理论 → 应用"的顺序,引导学生进入高等数学理论的学习,并使学生能够学以致用,从而激发学生的学习兴趣.

考虑到在应用型本科院校文科专业开设高等数学课程是一个新的尝试,各校对文科高等数学的教与学有不同的要求,本教材采用了"模块式"结构,使用本教材时可以灵活地进行选择和组合.书中带"＊"的内容为选修内容.

本教材由项明寅老师主笔,并完成了全书内容的编写.新华学院杨世国副院长对本教材进行了审校,并提出了宝贵建议;胡跃进、鲍志晖、方辉平和朱新建等老师参与了编写工作,对本教材提出了具体的修改意见;孙露老师提供了不少有用的素材,对本书的完成做出了贡献.同时,本教材也吸取了其他公共出版教材、专著中的一些优秀案例,作者在此表示衷心的感谢!

在我国应用型本科教育中开展教材建设研究时间还较短,在如何正确处理课程与职业的衔接方面缺乏经验.加之编者的水平有限,书中定有不少缺漏和错误,敬请使用这本教材的师生和其他读者毫无保留地提出批评和建议,以期日后改正.

项明寅

2013 年 7 月

目　　录

第1章 大学微积分基础

教学要求

1. 理解函数的概念,掌握函数的表示法,并会建立简单应用问题中的函数关系.
2. 理解反函数和复合函数的概念.
3. 掌握基本初等函数的性质及其图形,理解初等函数的概念.
4. 了解数列极限和函数极限的概念,掌握极限的计算方法.
5. 理解函数连续性的概念,会判别函数间断点的类型.了解闭区间上连续函数的性质及其简单应用.

知识点

1. 函数

函数的概念　　分段函数　　反函数与复合函数　　初等函数　　函数关系

2. 极限与连续

极限的概念　　极限的计算　　函数的连续性　　简单应用

建议教学课时安排

课内学时	辅导(习题)学时	作业次数
10	2	4

从"棋盘与麦粒"的故事说起

在古老的印度王国,国王要重赏国际象棋的发明人——当时的宰相西萨·班·达依尔.国王问他想要什么,他对国王说:"陛下,我什么贵重的奖励都不要,只要国王命人在全部棋盘的格里放入麦粒,作为奖赏就行.请在第1个小格里赏给我1粒麦子,在第2个小格里赏给2粒,第3个小格赏给4粒,第4个小格赏给8粒……以此类推,每一小格都是前一小格的两倍."

国王笑了,觉得这要求太容易满足了.于是人们把一袋一袋的麦子搬来,开始计数.这时,国王才发现:就是把全印度的麦粒拿来,也满足不了宰相的要求.那么,宰相要求得到的麦粒到底有多少呢?让我们来计算一下:

$$1 + 2 + 4 + 8 + \cdots + 2^{63} = 2^{64} - 1.$$

总数为:18 446 744 073 709 551 615(粒).

这个数据太抽象,不好理解,我们换一个直观的说法.据粮食部门测算,1千克小麦约有麦粒4万个.换算成吨后,约等于4611亿吨,而我国2013年全国粮食产量约为6亿吨,考虑到目前中国的粮食产量是历史上的最高纪录,我们推测至少相当于中国历史上800年的粮食产量.

上述故事,就是今天"复利"的雏形.在当今经济生活中随处可见,如贷款、投资、证券、股票等,均隐藏着复利的神奇之处与魅力,爱因斯坦曾感叹:"复利是人类已知的世界第八大奇迹."要了解其中的奥秘,除了学习经济学的有关知识外,还需要学习数列极限的相关知识.

1.1　初　等　函　数

17 世纪笛卡儿(Descartes)把变量引入数学,对数学产生了巨大影响,使数学从研究常量的初等数学发展到研究变量的高等数学.微积分是高等数学的一个重要部分,它是研究变量间的依赖关系即函数关系的一门学科,是学习其他科学的基础.本节将在中学已有的基本初等函数的基础上介绍初等函数的概念,为微积分的学习打下坚实的基础.

1.1.1　函数的概念

在初中数学中,我们已经通过讨论变量之间的依赖关系,给出了函数概念的一个直观的描述:

> **定义 1.1**　设在某变化过程中有两个变量 x 和 y,如果对于变量 x 的每一个确定的值,按照某个对应关系,变量 y 都有唯一确定的值和它对应,则变量 y 就叫作变量 x 的函数,记作 $y = f(x)$.
>
> 其中 x 叫作自变量,y 称为因变量.x 的取值范围叫作函数的定义域,记为 D;与 x 的值相对应的 y 的值叫作函数值,函数值的集合叫作值域,记为 W.

“函数”一词为德国数学家莱布尼茨(Leibniz)首先引入的.当时它是针对某种类型的数学公式来使用这一术语的,尽管当初他已考虑到变量 x 以及与 x 同时变化的变量 y 之间的依赖关系,但没能给出一个明确的定义.后来经欧拉(Euler)等人不断修正、扩充才逐步形成一个较为完整的函数概念.这就是现在我国高中课本中给出的定义:

> **定义 1.2**　设 D 是给定的数集,如果对属于 D 中的每个元素 x,按照某一对应关系 f,都有唯一确定的一个元素 y 与它对应,那么 y 就称为定义在**数集 D 上的 x 的函数**,记作 $y = f(x)(x \in A)$.
>
> 集合 D 称为函数的定义域,与 D 中元素 x 对应的元素 y 构成的集合 $W = \{y \mid y = f(x)(x \in D)\}$ 称为函数的**值域**.

由定义 1.2 知,定义域 D 是自变量的取值范围,而 x 的函数值 y 又是由对应法

则 f 来确定的，所以任一函数均由它的定义域和对应法则完全确定，于是，我们称定义域和对应法则为函数的二要素. 如果两个函数的定义域相同，对应法则也相同，则将这两个函数视为同一函数或相等函数. 变量间的对应规律以函数常用解析式、表格或图形来表示.

在中学数学里，我们已经详细地研究过下列基本初等函数：

（1）幂函数

$$y = x^a \quad (a \in (-\infty, +\infty), x \in (0, +\infty))$$

（2）指数函数

$$y = a^x \quad (a > 0, a \neq 1, x \in (-\infty, +\infty))$$

（3）对数函数

$$y = \log_a x \quad (a > 0, a \neq 1, x \in (0, +\infty))$$

（4）三角函数

$$y = \sin x, \quad y = \cos x \quad (x \in (-\infty, +\infty))$$

$$y = \tan x \quad (x \neq k\pi + \frac{\pi}{2}, k = 0, \pm 1, \pm 2, \cdots)$$

实际上，三角函数中常见的还有：

余切函数

$$y = \cot x \quad (x \neq k\pi, k = 0, \pm 1, \pm 2, \cdots)$$

正割函数

$$y = \sec x \quad (x \neq k\pi + \frac{\pi}{2}, k = 0, \pm 1, \pm 2, \cdots)$$

余割函数

$$y = \csc x \quad (x \neq k\pi, k = 0, \pm 1, \pm 2, \cdots)$$

它们与前面三个三角函数的关系是

$$\tan \alpha = \frac{1}{\cot \alpha}, \quad \sec \alpha = \frac{1}{\cos \alpha}, \quad \csc \alpha = \frac{1}{\sin \alpha}$$

此外还有：

（5）反三角函数（见附录 1）

$$y = \arcsin x \quad \left(x \in [-1, 1], y \in \left[-\frac{\pi}{2}, \frac{\pi}{2} \right] \right)$$

$$y = \arccos x \quad (x \in [-1, 1], y \in [0, \pi])$$

$$y = \arctan x \quad \left(x \in (-\infty, \infty), y \in \left(-\frac{\pi}{2}, \frac{\pi}{2} \right) \right)$$

$$y = \operatorname{arccot} x \quad (x \in (-\infty, \infty), y \in (0, \pi))$$

以上五种基本初等函数是构成较复杂函数的最基本单元,请读者自行复习,以掌握它们的图形和性质(定义域、值域、奇偶性、单调性、有界性和周期性等).

必须注意的是,在实际问题中,有时一个函数不能由一个式子表示,在函数的定义域的不同部分要用不同的解析表达式来表示,这样的函数叫作分段函数,切不可认为是几个函数.

下面为微积分中两个常用的分段函数的例子.

绝对值函数

$$y = |x| = \begin{cases} x & (x \geqslant 0) \\ -x & (x < 0) \end{cases}$$

其定义域是$(-\infty, +\infty)$,值域为$[0, +\infty)$.如图 1.1 所示.

符号函数

$$y = \operatorname{sgn} x = \begin{cases} -1 & (x < 0) \\ 0 & (x = 0) \\ 1 & (x > 0) \end{cases}$$

其定义域是$(-\infty, +\infty)$,值域为 3 个点的集合$\{-1, 0, 1\}$.如图 1.2 所示.

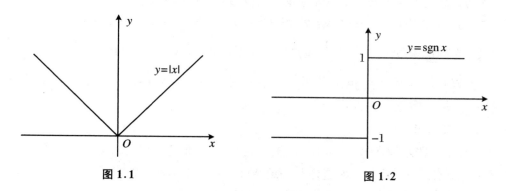

图 1.1　　　　　　　　　　　　　　　　图 1.2

1.1.2　反函数与复合函数

1. 反函数

在高中数学中,我们已经知道指数函数$y = a^x (a > 0$且$a \neq 1)$与对数函数$y = \log_a x (a > 0$或$a \neq 1)$互为反函数.一般来说,在函数关系中,自变量与因变量都是相对而言的.例如,我们可以把圆的面积S表示为半径r的函数:$S = \pi r^2 (r \geqslant 0)$,

也可以把半径 r 表示为面积 S 的函数：$r = \sqrt{S/\pi}(S \geqslant 0)$.就这两个函数来说，我们可以把后一个函数看作前一个函数的反函数，也可以把前一个函数看作后一个函数的反函数.

> **定义 1.3**　设给定函数 $y = f(x)$ 的定义域为 D，值域为 W.如果对于 W 中的每一个值 y 都有 D 中唯一的一个值 x 与之对应，这样就确定了一个以 y 为自变量的新函数，记为 $x = f^{-1}(y)$，这个函数就称为函数 $y = f(x)$ 的**反函数**，它的定义域为 W，值域为 D.

几点说明：

(1) 通常称 $y = f(x)$ 为**直接函数**，而用符号"f^{-1}"表示新的函数关系.反函数与直接函数互为反函数.反函数的定义域和值域，恰好是直接函数的值域和定义域.

例如，直接函数 $S = f(r) = \pi r^2 (r \geqslant 0)$，则其反函数为 $r = f^{-1}(S) = \sqrt{S/\pi}(S \geqslant 0)$.

(2) 习惯上用 x 表示自变量，用 y 表示因变量，因而常把函数 $y = f(x)$ 的反函数写成 $y = f^{-1}(x)$ 的形式.从而 $y = f(x)$ 与 $y = f^{-1}(x)$ 的图形是关于直线 $y = x$ 对称的，这是因为这两个函数因变量与自变量互换的缘故.

(3) 单调增加(减少)的函数一定有反函数存在.例如，$y = 2x + 1$ 是一个递增函数，它的反函数 $y = \dfrac{x}{2} - \dfrac{1}{2}$ 也是一个递增函数；而 $y = x^2$ 在 **R** 上不是一一对应的，所以它没有反函数，但是当 $y = x^2$ 定义在 $(-\infty, 0)$ 或 $(0, +\infty)$ 时，其反函数分别为 $y = -\sqrt{x}$ 和 $y = \sqrt{x}$.

2. 复合函数

对于一些函数，例如 $y = \lg(x^2 + 1)$，我们可以把它看成是将 $u = x^2 + 1$ 代入 $y = \lg u$ 之中而得到的.像这样在一定条件下将一个函数"代入"另一个函数中的运算称为函数的复合运算，而得到的函数称为复合函数.

> **定义 1.4**　设 $y = f(u)$ 与 $u = g(x)$ 是两个函数.D 是函数 $u = g(x)$ 的定义域或定义域的一部分，若 $g(x)$ 的值域全部或部分落入 $y = f(u)$ 的定义域中，则称 $y = f[g(x)]$ 为 $y = f(u)$ 和 $u = g(x)$ 的**复合函数**.其中 u 称为中间变量，函数 $u = g(x)$ 称为**内函数**，函数 $y = f(u)$ 称为**外函数**.

例如,函数 $y = f(u) = \sqrt{u}$,$u = g(x) = 1 - x^2(-1 \leqslant x \leqslant 1)$ 可复合成函数

$$y = f[g(x)] = \sqrt{1 - x^2}$$

由此例还可看出,由几个函数构成一个复合函数,就由里往外逐层复合,反过来,要将一个复合函数分解为几个简单的函数,应从外往里逐层分解.这里所谓的简单函数是指基本初等函数及其四则运算所构成的函数.例如,函数 $y = e^{\sqrt{x-1}}$ 可以看成是由

$$y = e^u, \quad u = \sqrt{v}, \quad v = x - 1 \quad (x \geqslant 1)$$

三个函数复合而成的.

1.1.3　初等函数

> **定义 1.5**　由五类基本初等函数及常数经过有限次加、减、乘、除、复合运算过程所得到,并用一个式子表达的函数,称为**初等函数**.

例如:

$$y = e^{-x^2}, \quad y = \lg(x^2 + 1), \quad y = \sqrt{1 + \cos x}$$

都是初等函数.

不满足上述定义的函数,就不是初等函数,如符号函数 $y = \operatorname{sgn} x$ 就不是初等函数.在本书中所讨论的函数绝大多数为初等函数.

1.1.4　建立函数关系举例

为了解决实际应用问题,先要给问题建立数学模型,即建立函数关系.为此需要明确问题中的因变量与自变量,再根据题意建立等式,从而得出函数关系,再利用适当的数学方法加以分析和解决.

例 1.1　某人准备从美国去日本旅游,将 5 000 美元以 1:107.54 的比率换成日元.但因故没有去成,只好又将换成的日元以 107.95:1 的比率换回美元.若先以美元数 x 为自变量,日元数 z 为因变量,则美元换成日元的公式是 $z = f(x) = 107.54x$.接着又以日元数 z 为自变量,换回的美元数 y 为因变量,则日元换回美元的公式是 $y = g(z) = \dfrac{z}{107.95}$.从拿出美元到收回美元的过程是

$$美元 \xrightarrow{f} 日元 \xrightarrow{g} 美元$$

这是由 f 与 g 复合起来的复合函数:

$$y = g[f(x)] = \frac{1}{107.95} \cdot 107.54x \approx 0.996x$$

于是此人约损失了 $5\,000 \times (1 - 0.996) = 20$(美元).

例 1.2 某工厂生产某型号车床,年产量为 a 台,分若干批进行生产,每批生产的准备费为 b 元.设产品均匀投入市场,且上一批用完后立即生产下一批,即平均库存量为批量的一半.设每年每台库存费为 c 元.显然,生产批量大则库存费高;生产批量少则批数增多,因而生产准备费高.为了选择最优批量,试求出一年中库存费与生产准备费的和与批量的函数关系.

解 设批量为 x,库存费与生产准备费的和为 $P(x)$.

由已知条件,每年生产的批数为 a/x(设其为整数),每年生产准备费为 ba/x,每年库存费为 $cx/2$.因此可得

$$P(x) = \frac{ab}{x} + \frac{c}{2}x$$

定义域为 $(0, a]$,因本题中的 x 为车床的台数,批数 a/x 为整数,所以 x 只应取 $(0, a]$ 中 a 的正整数因子.

例 1.3 有一工厂 A 与铁路的垂直距离为 a 千米,它的垂足 B 到火车站 C 的铁路长为 b 千米,工厂的产品必须经火车站 C 才能转销外地.已知汽车运费是 m 元/(吨·千米),火车运费是 n 元/(吨·千米)$(m > n)$,为使运费最省,想在铁路上另修一小站 M 作为转运站,运费的多少取决于 M 的地点.试将运费表为距离 $|BM|$ 的函数.

解 如图 1.3 所示,设 $|BM| = x$,运费为 y.根据题意,有

$$|AM| = \sqrt{a^2 + x^2}, \quad |MC| = b - x$$

于是 $y = m\sqrt{a^2 + x^2} + n(b - x)$,其定义域为 $[0, b]$.

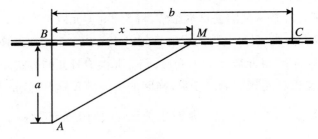

图 1.3

这里运价 m 和里程 s 的函数关系是用分段函数表示的,定义域为 $(0,+\infty)$.

*1.1.5　现代经济学中常见的几个函数

现代经济活动离开数学将寸步难行,用数学方法解决经济问题,首先要将经济问题转化为数学问题,即建立经济数学模型,这实际上就是找出经济问题中各个变量之间的函数关系.下面介绍几个现代经济学中的常见经济学函数.

1. 需求函数

市场对商品的需求 q 依赖于商品价格 p,这种依赖关系称为**需求函数**(图 1.4).

$$q = q(p) \quad (p \in [0, +\infty))$$

一般来说, $q = q(p)$ 是递减函数,价格上升,需求减少.例如:

$$q = a - bp, \ p \in \left[0, \frac{a}{b}\right] \quad (a,b\ 是常数,且\ a > 0, b > 0)$$

2. 供给函数

厂家向市场提供的商品量(供应量) q 对于价格 p 的依赖关系称为**供给函数**(图 1.5).

$$q = f(p) \quad (p \in [0, +\infty))$$

一般来说, $f(p)$ 是递增函数,价格上升,刺激厂家多生产.例如:

$$q = c + dp, \ p \in [0, +\infty) \quad (c,d\ 是常数,且\ c > 0, d > 0)$$

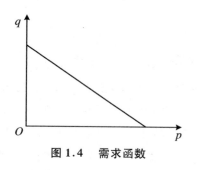

图 1.4　需求函数

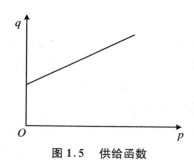

图 1.5　供给函数

3. 平衡价格

在同一市场中,某种商品有时供不应求(供给量少于需求量),此时价格将上升;有时供过于求(供给量多于需求量),此时价格将下降.这种市场调节的客观规律使价格不断进行调整,逐渐达到平衡,即供求平衡时的价格.这可以将需求函数曲线与供给函数曲线画在同一直角坐标系里,若它们的交点是 (p_0, q_0),则 p_0 就是**平衡价格**(图 1.6),此时供给量等于需求量.

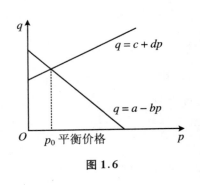

图 1.6

4. 成本函数

生产总成本、固定成本:与产量无关的部分,如房租、水电费等;

可变成本:与产量有关的部分.

例如 $C = C_0 + ax(x \in [0, +\infty))$. 其中 C 为生产总成本;C_0 为固定成本;$ax(a > 0$ 是常数,x 是产量) 为可变成本.

5. 收入(益)函数

销售收入 R 依赖于销售量 x 的函数关系称为收入(益) 函数. 对市场来说,销售量就是需求量,对厂家来说,当全部产品都能售完时,销售量就是产量. 若价格为 p,则收入函数为 $R = px$.

6. 利润函数

销售收入 R 扣除成本 C 后得利润 L,即 $L(x) = R(x) - C(x)$ 称为利润函数.

 小 知 识

数学与现代社会

数学在其发展的早期主要是作为一种实用的技术或工具,广泛应用于处理人类生活及社会活动中的各种实际问题.早期数学应用的主要方面有:食物、牲畜、工具以及其他生活用品的分配与交换,房屋、仓库等的建造,土地丈量,水利兴修,历法编制等.随着数学的发展和人类文化的进步,数学的应用逐渐扩展和深入到更一般的技术和科学领域.从古希腊开始数学就与哲学建立了密切的联系,近代以来,数学又进入了人文科学领域,并在当代使人文科学的数学化成为一种强大的趋势.时至今日,可以说数学的足迹已经遍及人类知识体系的全部领域.数学在现代社会中有许多出人意料的应用,在许多场合,它已经不再单纯是一种辅助性的工具,它已经成为解决许多重大问题的关键性的思想与方法,由此产生的许多成果,又早已悄悄地遍布在我们身边,极大地改变了我们的生活方式.人们可以把数学对我们社会的贡献比喻为空气和食物对生命的作用.可以说,我们大家都生活在数学的时代 —— 我们的文化已经"数学化".

1.2　极　　限

极限是在研究变量(在某一过程中)的变化趋势时所引出的一个非常重要的概念.微积分学中的许多基本概念,例如,连续、导数、定积分等都是建立在极限的基础上的,同时极限的方法也是研究函数的一种最基本的方法.

1.2.1　极限的概念

1．数列极限

在中学我们已学过了数列的定义,现重述如下:

> **定义 1.6**　按照一定顺序排列的一串数
> $$x_1, x_2, \cdots, x_n, \cdots$$
> 称为**数列**,简记为$\{x_n\}$,其中 x_n 称为第 n 项或通项.

例如:

$$x_n : 1, \frac{1}{2}, \frac{1}{3}, \cdots, \frac{1}{n}, \cdots$$

$$x_n : 1, 2, 3, \cdots, n, \cdots$$

$$x_n : 0, 1, 0, 2, \cdots, 0, n, \cdots$$

都是数列.

现在我们要研究的问题是:给定一个数列$\{x_n\}$,当项数 n 无限增大(用符号 $n \to \infty$ 表示,读作 n 趋于无穷大)时,通项 x_n 的变化趋势是什么?先看下面例子.

在 20 世纪人们时不时能听见某个农民早晨醒了到麦田一看立即吓得不知所措的故事.如图 1.7 所示,这幅图就是 1997 年在英国 Silbury 山上发现的麦田圈,看

图 1.7

上去大致上是一个雪花形状.

如图 1.8 所示,首先画一个线段,然后把它平分成三段,去掉中间那一段并用两条等长的线段代替.这样,原来的一条线段就变成了四条小的线段.用相同的方法把每一条小的线段的中间三分之一替换为等边三角形的两边,得到了 16 条更小的线段.然后继续对 16 条线段进行相同的操作,并无限地迭代下去.图 1.8 是这个图形前五次迭代的过程,可以看到在这样的分辨率下已经不能显示出第五次迭代后图形的所有细节了.

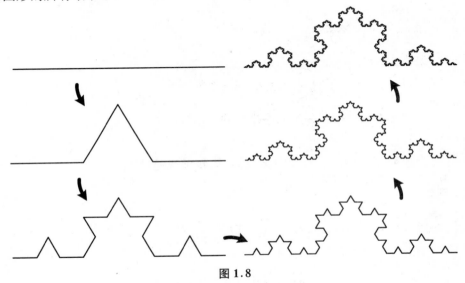

图 1.8

你可能注意到一个有趣的事实:整个线条的长度每一次都变成了原来的 4/3.如果最初的线段长为一个单位,那么第一次操作后总长度变成了 4/3,第二次操作后总长增加到 16/9,第 n 次操作后长度为 $(4/3)^n$.毫无疑问,操作无限进行下去,这条曲线将达到无限长.难以置信的是这条无限长的曲线却"始终只有那么大".

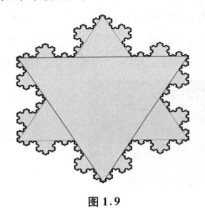

图 1.9

这个神奇的雪花图形叫作 Koch 雪花(图 1.9),其中那条无限长的曲线就叫作 Koch 曲线.它是由瑞典数学家 Helge von Koch 最先提出来的.前面提到的麦田圈图形显然是想描绘 Koch 雪花.

我们常说分形图形是一门艺术. 把不同大小的 Koch 雪花拼接起来可以得到很多美丽的图形, 如图 1.10 所示的这些图片或许会让你眼前一亮.

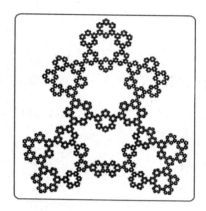

图 1.10

现在我们来讨论 Koch 雪花的面积与周长. 如图 1.11 所示, 设有边长为 1 的正三角形, 则其周长为 $a_1 = 3$. 对各边三等分, 以中间三分之一段为边向外作正三角形, 则每一边生成四条新边, 原三角形生成 12 边形; 再三等分 12 边形的各边, 同法向外作正三角形, 仿此无限做下去, 便可递归生成美丽的 Koch 雪花! 图 1.11 给我们以直觉: 无论 n 有多大, Koch 雪花的面积总是有限值. 然而它的周长是否也为有限值呢? 这是直觉难以回答的问题. 现在让我们来求 Koch 雪花的面积和周长.

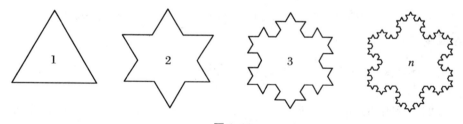

图 1.11

显然, 每次增加的三角形个数是相邻前一次图形的边数, 而增加的小正三角形, 由于与相邻前一次所得的正三角形相似, 且相似比是 1/3, 所以增加的每个三角形面积是相邻前一次所得的一个三角形面积的 1/9, 从图 1.11 开始, 每次增加的面积是增加的三角形个数与增加的每个小三角形面积的乘积, 可得递推关系式:

$$A_n = A_{n-1} + 3 \times 4^{n-1} \times \frac{A_0}{9^n}$$

$$= A_{n-1} + \left(\frac{4}{9}\right)^{n-1} \times \frac{A_0}{3}$$

$$= A_0 + \left[1 + \frac{4}{9} + \left(\frac{4}{9}\right)^2 + \cdots + \left(\frac{4}{9}\right)^{n-1}\right] \times \frac{A_0}{3}$$

$$= \left\{1 + \frac{3}{5}\left[1 - \left(\frac{4}{9}\right)^n\right]\right\}A_0 \quad (A_0 \text{ 为初始三角形的面积})$$

对于周长的计算,正三角形的周长为 $a_1 = 3$;三等分正三角形边,新边长为 $1/3$,所以 12 边形的周长为 $a_2 = \frac{4}{3}a_1$. 仿此可知,$a_3 = \frac{4}{3}a_2, \cdots, a_n = \frac{4}{3}a_{n-1}$. 于是 Koch 雪花的周长依次为

$$a_1, \frac{4}{3}a_1, \left(\frac{4}{3}\right)^2 a_1, \cdots, \left(\frac{4}{3}\right)^{n-1} a_1, \cdots$$

当 $n \to \infty$ 时,Koch 雪花的面积和周长究竟是有限还是无限?这涉及数列极限问题. 下面给出数列极限的定义.

> **定义 1.7**　给定一个数列 $\{x_n\}$,如果当 n 无限增大时,x_n 无限地趋向于某一个常数 a,那么我们称 a 为 n 趋于无穷时数列 $\{x_n\}$ 的极限,记作
> $$\lim_{n \to \infty} x_n = a \quad \text{或} \quad x_n \to a \ (n \to \infty)$$

这时,也称数列 $\{x_n\}$ **收敛**,即当 $n \to \infty$ 时,数列 $\{x_n\}$ 收敛于 a. 否则,如果当 n 无限增大时,$\{x_n\}$ 不能趋近某个固定的常数 a,则称当 $n \to \infty$ 时,数列 $\{x_n\}$ **极限不存在或发散**.

由上述定义知,数列 $\left\{\frac{1}{2^n}\right\}$ 是收敛的,且 $\lim\limits_{n \to \infty} \frac{1}{2^n} = 0$.

又如上例中的面积数列 $\{A_n\} = \left\{\left\{1 + \frac{3}{5}\left[1 - \left(\frac{4}{9}\right)^n\right]\right\}A_0\right\}$ 是收敛的,且 $\lim\limits_{n \to \infty}\left\{1 + \frac{3}{5}\left[1 - \left(\frac{4}{9}\right)^n\right]\right\}A_0 = \frac{8}{5}A_0 = \frac{2\sqrt{3}}{5}a^2$,因此,面积是有限的. 而周长数列 $\{L_n\} = \left\{\left(\frac{4}{3}\right)^{n-1} a_1\right\}$ 是不存在或发散的,因为当 n 无限增大时,$\left(\frac{4}{3}\right)^{n-1} a_1$ 也无限增大,不趋近任何常数,因此,周长是无限的.

2. 函数极限

对于函数极限,根据自变量的变化过程分以下两种情形:

（1）当自变量 x 无限增大（记作 $x \to \infty$）时函数 $f(x)$ 的变化趋势

例 1.4 考察函数 $f(x) = \dfrac{1}{x}$，当 $x \to +\infty$

时的变化趋势.

如图 1.12 所示，当 $x \to +\infty$ 时，$\dfrac{1}{x}$ 就会无

限地变小，并且无限地接近于常数 0，这时我们

就把 0 称为 $f(x) = \dfrac{1}{x}$ 当 $x \to +\infty$ 时的极限. 同

样，我们可以把 0 称为函数 $f(x) = \dfrac{1}{x}$ 当

$x \to +\infty$ 时的极限.

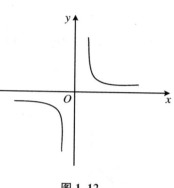

图 1.12

> **定义 1.8** 给定函数 $f(x)$，如果当 x 无限增大时，$f(x)$ 无限地趋
> 向于某一个常数 A，那么我们称 A 为 x 趋于正无穷时函数 $f(x)$ 的极
> 限，记作
> $$\lim_{x \to +\infty} f(x) = A \quad 或 \quad f(x) \to A \ (x \to +\infty)$$

对于自变量 x 无限减小（记作 $x \to -\infty$）或 x 的绝对值函数无限增大（记作 $x \to \infty$）
时 $f(x)$ 的变化趋势，也可以做类似的讨论：
$$\lim_{x \to -\infty} f(x) = A \quad 或 \quad f(x) \to A \ (x \to -\infty)$$
例如 $\lim\limits_{x \to -\infty} \dfrac{1}{x} = 0,\ \lim\limits_{x \to -\infty} e^x = 0.$

一般地，有

> **定义 1.9** 对于给定函数 $f(x)$，如果当 x 的绝对值函数无限增大
> 时，$f(x)$ 无限地趋向于某一个常数 A，那么我们称 A 为 x 趋于无穷时
> 函数 $f(x)$ 的极限，记作
> $$\lim_{x \to \infty} f(x) = A \quad 或 \quad f(x) \to A \ (x \to \infty)$$

例如：对于函数 $f(x) = \dfrac{1}{x}\ (x \neq 0)$，显然有 $\lim\limits_{x \to \infty} \dfrac{1}{x} = 0.$

显然，有结论：

> $$\lim_{x \to \infty} f(x) = A \quad \Leftrightarrow \quad \lim_{x \to +\infty} f(x) = \lim_{x \to -\infty} f(x) = A$$

(2) 当 x 无限趋向于某个常数 a（记作 $x \to a$）时函数 $f(x)$ 的变化趋势

例 1.5　函数 $y = f(x) = \dfrac{x^2 - 1}{x - 1}$，定义于 $(-\infty, 1) \bigcup (1, +\infty)$. 我们考察当 x 趋于 1 时,这个函数的变化趋势.

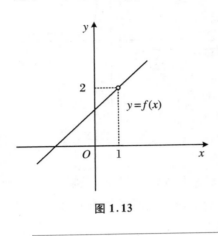

图 1.13

当 x 无限接近于 1 而不等于 1 时，$y = f(x) = \dfrac{x^2 - 1}{x - 1} = x + 1$，$f(x)$ 无限接近于 2.

因此 x 趋于 1 时,以 2 为极限.如图 1.13 所示.

由此可见,上述问题就是函数

$$f(x) = \frac{x^2 - 1}{x - 1}$$

当 $x \to 1$ 时,以 2 为极限,即

$$\lim_{x \to 1} f(x) = \lim_{x \to 1} \frac{x^2 - 1}{x - 1} = 2$$

一般地,有:

定义 1.10　设函数 $f(x)$ 在 a 的某邻域内(点 a 可除外)有定义,如果当 x 无限地趋向于 a(但 $x \neq a$)时,$f(x)$ 无限地趋向于某一个常数 A,那么我们称 A 为 x 趋于 a 时,函数 $f(x)$ 的极限,记作

$$\lim_{x \to a} f(x) = A \quad 或 \quad f(x) \to A \ (x \to a)$$

---

(3) 单侧极限

前面所讲 x 趋于 a 时 $f(x)$ 的极限,是指 x 大于 a 而趋于 a,且同时 x 小于 a 而趋于 $a(x \neq a)$,$f(x)$ 都无限地趋向于某一个常数 A.有时还需考虑 x 仅从 a 的一侧趋于 a 时函数 $f(x)$ 的极限情形.

例如:考察函数 $y = \sqrt{x}$ 当 x 趋于 0 时的极限.由于函数 $y = \sqrt{x}$ 的定义域为 $[0, +\infty)$,这时 x 只能从 0 的右侧($x > 0$)趋于 0.此时 $y = \sqrt{x}$ 趋于 0.这时我们称 0 为函数 $y = \sqrt{x}$ 当 x 趋于 0 时的右极限.

一般地,有:

定义 1.11　如果当 x 从 a 的右侧(即 $x > a$)无限地趋向于 a 时,$f(x)$ 无限地趋向于某一个常数 A,那么我们称 A 为函数 $f(x)$ 当 x 趋于 a 时(或在点 a 处)的右极限,记作

$$\lim_{x \to a+0} f(x) = A \quad 或 \quad f(x) \to A \ (x \to a^+)$$

可简记为 $f(a^+)$.

　　同样,可定义函数 $f(x)$ 当 x 趋于 a 时(或在点 a 处)的左极限 $f(a^-)$.

左极限与右极限统称为**单侧极限**.

可以证明:

$$\lim_{x \to a} f(x) = A \quad \Leftrightarrow \quad \lim_{x \to a^-} f(x) = A = \lim_{x \to a^+} f(x)$$

　　例如,因为 $\lim\limits_{x \to 0^+} \mathrm{sgn}\, x = 1, \lim\limits_{x \to 0^-} \mathrm{sgn}\, x = -1$,所以 $f(x) = \mathrm{sgn}\, x$ 在 $x = 0$ 处的极限不存在.

　　又如,函数

$$f(x) = \begin{cases} 1 & (x \neq 0) \\ 0 & (x = 0) \end{cases}$$

因为 $\lim\limits_{x \to 0^+} f(x) = 1, \lim\limits_{x \to 0^-} f(x) = 1$,所以 $\lim\limits_{x \to 0} f(x) = 1$.

　　关于函数极限不存在的另外两种情况下面举例说明.

　　例 1.6　讨论当 $x \to 1$ 时,函数 $f(x) = \dfrac{1}{x-1}$ 的变化趋势.

　　由图 1.14 可以看出,当 x 无限趋向于 1 时, $\left| \dfrac{1}{x-1} \right|$ 不仅不趋向于某个常数,而且还可以任意地增大.所以当 $x \to 1$ 时,函数 $f(x) = \dfrac{1}{x-1}$ 没有极限.

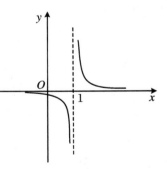

图 1.14

　　例 1.7　讨论当 $x \to 0$ 时,函数 $f(x) = \sin \dfrac{1}{x}$ 的变化趋势.

　　将函数 $f(x) = \sin \dfrac{1}{x}$ 的值列于表 1.1 中.

　　因为当 x 无限趋向于 0 时, $y = \sin \dfrac{1}{x}$ 的图形在 -1 与 1 之间无限次地摆动(图

1.15)，$f(x)$ 不趋向于某一个常数，所以当 $x \to 0$ 时，$f(x) = \sin\dfrac{1}{x}$ 没有极限．

表 1.1

x	$-\dfrac{2}{\pi}$	$-\dfrac{1}{\pi}$	$-\dfrac{2}{3\pi}$	$-\dfrac{1}{2\pi}$	$-\dfrac{2}{5\pi}$	$\cdots$	$\dfrac{2}{5\pi}$	$\dfrac{1}{2\pi}$	$\dfrac{2}{3\pi}$	$\dfrac{1}{\pi}$	$\dfrac{2}{\pi}$
$\sin\dfrac{1}{x}$	-1	0	1	0	-1	$\cdots$	1	0	-1	0	1

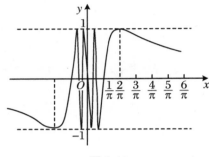

图 1.15

1.2.2　无穷大量与无穷小量

在例 1.6 中，当 $x \to 1$ 时，$f(x) = \dfrac{1}{x-1}$ 没有极限，但 $f(x)$ 的绝对值无限增大，我们将其一般化，给出定义：

> **定义 1.12**　当 $x \to a$ 时，如果函数 $f(x)$ 的绝对值无限增大，则称当 $x \to a$ 时，函数 $f(x)$ 为无穷大量，记作 $\lim\limits_{x \to a} f(x) = \infty$．

故当 $x \to 1$ 时，$f(x) = \dfrac{1}{x-1}$ 为无穷大量，记作 $\lim\limits_{x \to 1}\dfrac{1}{x-1} = \infty$．

在定义中，将 $x \to a$ 换成 $x \to a^+$，$x \to a^-$，$\to x \to +\infty$，$x \to -\infty$，$x \to \infty$ 以及 $n \to \infty$，可定义不同变化过程中的无穷大量．

例如：当 $x \to \infty$ 时，x^2，x^3 都是无穷大量．

类似地，可定义

$$\lim_{x \to a^-} f(x) = +\infty; \quad \lim_{x \to a^+} f(x) = -\infty; \quad \lim_{x \to \infty} f(x) = +\infty$$

$$\lim_{x \to \infty} f(x) = -\infty; \quad \lim_{n \to \infty} x_n = +\infty; \quad \lim_{n \to \infty} x_n = -\infty$$

例如：$\lim\limits_{x \to +\infty} e^x = +\infty$，$\lim\limits_{x \to -\infty} x^3 = -\infty$，$\lim\limits_{n \to \infty} \ln n = +\infty$.

又如，$\lim\limits_{x \to 1}(x^2 - 1) = 0$，$\lim\limits_{x \to \infty} \dfrac{1}{x^2 - 1} = 0$，于是我们又有：

> 如果 $\lim\limits_{x \to a} f(x) = 0$，称当 $x \to a$ 时，函数 $f(x)$ 为无穷小量.

在定义中，将 $x \to a$ 换成 $x \to a^+$，$x \to a^-$，$x \to +\infty$，$x \to -\infty$，$x \to \infty$ 以及 $n \to \infty$，可定义不同变化过程中的无穷小量. 例如：

当 $x \to 0$ 时，函数 x^2，x^3 都是无穷小量；

当 $x \to \infty$ 时，函数 $\dfrac{1}{x^2}$，$\dfrac{1}{x^3}$ 都是无穷小量；

当 $x \to -\infty$ 时，函数 e^x 为无穷小量；

当 $n \to \infty$ 时，数列 $\left\{\dfrac{1}{n}\right\}$，$\left\{\dfrac{1}{2^n}\right\}$ 为无穷小量.

注意，无穷小量不是一个很小的量，而是一个趋向于零的变量. 特殊地，零可以看成任何一个变化过程中的无穷小量.

对于无穷大量和无穷小量我们有如下性质：

> （1）当 $x \to a$ 时，若 $f(x)$ 是无穷大量，则 $\dfrac{1}{f(x)}$ 为无穷小量；
>
> （2）当 $x \to a$ 时，若 $f(x)$ 是无穷小量（$f(x) \neq 0$），则 $\dfrac{1}{f(x)}$ 为无穷大量；
>
> （3）若 $f(x)$ 为有界量，且当 $x \to a$ 时，$g(x)$ 为无穷小量，则 $f(x)g(x)$ 为无穷小量；
>
> （4）在自变量的同一变化过程中，函数 $f(x)$ 具有极限 A 的充分必要条件是 $f(x) = A + \alpha$，其中 α 是无穷小.

注 1.1　将 $x \to a$ 换成 $x \to a^+$，$x \to a^-$，$x \to +\infty$，$x \to -\infty$，$x \to \infty$ 以及 $n \to \infty$，结论仍成立. 例如：

当 $x \to 0$ 时，函数 x^2 是无穷小量，$\dfrac{1}{x^2}$ 为无穷大量.

当 $x \to +\infty$ 时，函数 e^x 为无穷大量，$\dfrac{1}{e^x}$ 为无穷小量.

$\sin\dfrac{1}{x}$ 为有界量，当 $x \to 0$ 时，函数 x 是无穷小量，则 $x\sin\dfrac{1}{x}$ 当 $x \to 0$ 时为无穷小量.

1.2.3　极限的计算

1. 极限四则运算法则

由极限定义求变量的极限是不方便的,如何求变量的极限呢?下面介绍极限的运算法则,并利用此法则求极限.若$\lim\limits_{x \to a}f(x)$与$\lim\limits_{x \to a}g(x)$都存在,且$\lim\limits_{x \to a}f(x) = A$,$\lim\limits_{x \to a}g(x) = B$,则

$$(1)\ \lim_{x \to a}\big[f(x) \pm g(x)\big] = A \pm B = \lim_{x \to a}f(x) \pm \lim_{x \to a}g(x);$$

$$(2)\ \lim_{x \to a}\big[f(x) \cdot g(x)\big] = A \cdot B = \lim_{x \to a}f(x) \cdot \lim_{x \to a}g(x);$$

$$(3)\ \lim_{x \to a}\frac{f(x)}{g(x)} = \frac{A}{B} = \frac{\lim\limits_{x \to a}f(x)}{\lim\limits_{x \to a}g(x)}.$$

注 1.2　(1)、(2) 两个结论对于有限多个具有极限的函数相加减、相乘的情形也成立.在性质(2)中,当C是一个常数时,$\lim\limits_{x \to a}Cf(x) = C\lim\limits_{x \to a}f(x) = CA$.即常数因子可以提到极限符号之前.

注 1.3　将$x \to a$换成$x \to a^{+}$,$x \to a^{-}$,$x \to +\infty$,$x \to -\infty$,$x \to \infty$以及数列$n \to \infty$时的极限,上述运算均成立.

例 1.8　求$\lim\limits_{x \to 2}(2x^2 - 3x + 4)$.

解　
$$
\begin{aligned}
\lim_{x \to 2}(2x^2 - 3x + 4) &= \lim_{x \to 2}2x^2 - \lim_{x \to 2}3x + \lim_{x \to 2}4 \\
&= 2\lim_{x \to 2}x^2 - 3\lim_{x \to 2}x + \lim_{x \to 2}4 \\
&= 2 \times 2^2 - 3 \times 2 + 4 = 6.
\end{aligned}
$$

不难证明:

对于任意有限次多项式$P_n(x) = a_n x^n + a_{n-1}x^{n-1} + \cdots + a_1 x + a_0$,有

$$\lim_{x \to x_0}P_n(x) = \lim_{x \to x_0}a_n x^n + \lim_{x \to x_0}a_{n-1}x^{n-1} + \cdots + \lim_{x \to x_0}a_1 x + \lim_{x \to x_0}a_0 = P_n(x_0)$$

例 1.9　求$\lim\limits_{x \to 3}\dfrac{x^2 + 2x - 3}{2x^2 - 3x + 3}$.

解　
$$\lim_{x \to 3}\frac{x^2 + 2x - 3}{2x^2 - 3x + 3} = \frac{\lim\limits_{x \to 3}(x^2 + 2x - 3)}{\lim\limits_{x \to 3}(2x^2 - 3x + 3)}$$

$$= \frac{3^2 + 2 \times 3 - 3}{2 \times 3^2 - 3 \times 3 + 3} = \frac{12}{12} = 1.$$

不难证明:

> 对于任意有理函数 $R(x) = \dfrac{P(x)}{Q(x)}$(其中 $P(x), Q(x)$ 为多项式),
> 只要 $Q(x_0) \neq 0$,就有
> $$\lim_{x \to x_0} R(x) = \frac{\lim\limits_{x \to x_0} P(x)}{\lim\limits_{x \to x_0} Q(x)} = \frac{P(x_0)}{Q(x_0)} = R(x_0)$$

当分子和分母都是无穷大量时,不能直接利用极限的除法法则,而只能将函数的形式改变后,再利用以上的运算法则.

例 1. 10　求 $\lim\limits_{n \to \infty} \dfrac{n}{n+1}$.

解　$\lim\limits_{n \to \infty} \dfrac{n}{n+1} = \lim\limits_{n \to \infty} \dfrac{n+1-1}{n+1} = \lim\limits_{n \to \infty} \left(1 - \dfrac{1}{n+1}\right)$

$$= \lim_{n \to \infty} 1 - \lim_{n \to \infty} \frac{1}{n+1} = 1.$$

此题还可以把分子分母同除以 n,再利用除法法则:

$$\lim_{n \to \infty} \frac{n}{n+1} = \lim_{n \to \infty} \frac{1}{1 + \dfrac{1}{n}} = \frac{\lim\limits_{n \to \infty} 1}{\lim\limits_{n \to \infty} \left(1 + \dfrac{1}{n}\right)} = 1$$

例 1. 11　求 $\lim\limits_{x \to \infty} \dfrac{3x^2 + 4x + 5}{2x^2 - 4x + 7}$.

解　$\lim\limits_{x \to \infty} \dfrac{3x^2 + 4x + 5}{2x^2 - 4x + 7} = \lim\limits_{x \to \infty} \dfrac{3 + \dfrac{4}{x} + \dfrac{5}{x^2}}{2 - \dfrac{4}{x} + \dfrac{7}{x^2}} = \dfrac{\lim\limits_{x \to \infty} 3 + \lim\limits_{x \to \infty} \dfrac{4}{x} + \lim\limits_{x \to \infty} \dfrac{5}{x^2}}{\lim\limits_{x \to \infty} 2 - \lim\limits_{x \to \infty} \dfrac{4}{x} + \lim\limits_{x \to \infty} \dfrac{7}{x^2}}$

$$= \frac{3 + 0 + 0}{2 - 0 + 0} = \frac{3}{2}.$$

例 1. 12　求 $\lim\limits_{x \to \infty} \dfrac{3x + 2}{2x^2 - 3x + 5}$.

解　$\lim\limits_{x \to \infty} \dfrac{3x + 2}{2x^2 - 3x + 5} = \lim\limits_{x \to \infty} \dfrac{\dfrac{3}{x} + \dfrac{2}{x^2}}{2 - \dfrac{3}{x} + \dfrac{5}{x^2}} = \dfrac{\lim\limits_{x \to \infty} \dfrac{3}{x} + \lim\limits_{x \to \infty} \dfrac{2}{x^2}}{\lim\limits_{x \to \infty} 2 - \lim\limits_{x \to \infty} \dfrac{3}{x} + \lim\limits_{x \to \infty} \dfrac{5}{x^2}}$

$$= \frac{0+0}{2-0+0} = 0.$$

例 1.13　求 $\lim\limits_{x \to \infty} \dfrac{2x^2 + 2x - 5}{3x + 2}$.

解　由例 1.12 知，$\lim\limits_{x \to \infty} \dfrac{3x + 2}{2x^2 - 3x + 5} = 0$，进而根据无穷大与无穷小的关系得

$\lim\limits_{x \to \infty} \dfrac{2x^2 + 2x - 5}{3x + 2} = \infty$.

由例 1.10、例 1.11、例 1.12、例 1.13 可以得到这样一个结论.一般地，有：

$$\lim_{x \to \infty} \frac{a_0 x^n + a_1 x^{n-1} + \cdots + a_{n-1} x + a_n}{b_0 x^m + b_1 x^{m-1} + \cdots + b_{m-1} x + b_m} = \begin{cases} 0 & (n < m) \\[2mm] \dfrac{a_0}{b_0} & (n = m) \\[2mm] \infty & (n > m) \end{cases}$$

其中 a_0, b_0 都不为零，m, n 为非负整数.

例 1.14　求 $\lim\limits_{x \to 1} \dfrac{x - 1}{x^2 - 1}$.

解　因为 $x \to 1$ 时，分母 $x^2 - 1 \to 0$，所以不能直接利用极限的除法法则进行运算.由极限定义可知，在 $x \to 1$ 的过程中，$x \neq 1$.因而我们可以先化简，约去分子分母不为 0 的因子，然后再进行计算.从而有

$$\lim_{x \to 1} \frac{x - 1}{x^2 - 1} = \lim_{x \to 1} \frac{x - 1}{(x - 1)(x + 1)}$$

$$= \lim_{x \to 1} \frac{1}{x + 1} = \frac{1}{2}$$

例 1.15　求 $\lim\limits_{x \to +\infty} \dfrac{\sqrt{2x + 1} - \sqrt{x}}{x + 1}$.

解　因为 $x \to +\infty$ 时，$\sqrt{2x + 1}, \sqrt{x}$ 及 $x + 1$ 都无限增大，所以这类题目一般也不能直接利用四则运算法则.为此我们先将分子有理化，再约去分子分母不为 0 的因子，然后再进行计算.从而有

$$\lim_{x \to +\infty} \frac{\sqrt{2x + 1} - \sqrt{x}}{x + 1} = \lim_{x \to +\infty} \frac{(\sqrt{2x + 1} - \sqrt{x})(\sqrt{2x + 1} + \sqrt{x})}{(x + 1)(\sqrt{2x + 1} + \sqrt{x})}$$

$$= \lim_{x \to \infty} \frac{2x + 1 - x}{(x + 1)(\sqrt{2x + 1} + \sqrt{x})}$$

$$= \lim_{x \to +\infty} \frac{1}{\sqrt{2x + 1} + \sqrt{x}} = 0$$

2. 两个重要极限

利用极限的运算法则可以求得一些简单变量的极限,下面给出两个重要极限.利用这两个重要极限还可以计算一些特殊类型的极限.

我们观察一下当 $x \to 0(x > 0)$ 时,$\sin x$ 取值的变化情况,如表 1.2 所示.

表 1.2

x	1	0.5	0.1	0.05	0.01	0.005	0.001	⋯
$\sin x$	0.841 5	0.479 4	0.099 8	0.049 98	0.009 999 8	0.004 999 9	0.001 000 0	⋯

我们看到,随着 x 不断接近于 0,$\sin x$ 与 x 的值越来越接近.事实上可以证明:当 $x \to 0$ 时,$\dfrac{\sin x}{x} \to 1$,即

第一个重要极限:$\lim\limits_{x \to 0} \dfrac{\sin x}{x} = 1$.

例 1.16 求 $\lim\limits_{x \to 0} \dfrac{\tan x}{x}$.

解 $\lim\limits_{x \to 0} \dfrac{\tan x}{x} = \lim\limits_{x \to 0}\left(\dfrac{\sin x}{x} \cdot \dfrac{1}{\cos x}\right)$

$\qquad\qquad = \lim\limits_{x \to 0} \dfrac{\sin x}{x} \cdot \lim\limits_{x \to 0} \dfrac{1}{\cos x} = 1.$

例 1.17 求 $\lim\limits_{x \to 0} \dfrac{\sin 5x}{\tan 3x}$.

解 $\lim\limits_{x \to 0} \dfrac{\sin 5x}{\tan 3x} = \lim\limits_{x \to 0} \dfrac{5}{3} \cdot \dfrac{\sin 5x}{5x} \cdot \dfrac{3x}{\tan 3x}$

$\qquad\qquad = \dfrac{5}{3} \lim\limits_{x \to 0} \dfrac{\sin 5x}{5x} \lim\limits_{x \to 0} \dfrac{3x}{\tan 3x} = \dfrac{5}{3}.$

例 1.18 求 $\lim\limits_{x \to 0} \dfrac{1 - \cos x}{x^2}$.

解 $\lim\limits_{x \to 0} \dfrac{1 - \cos x}{x^2} = \lim\limits_{x \to 0} \dfrac{1}{x^2} 2\sin^2 \dfrac{x}{2}$

$\qquad\qquad = \dfrac{1}{2} \lim\limits_{x \to 0} \dfrac{\left(\sin \dfrac{x}{2}\right)^2}{\left(\dfrac{x}{2}\right)^2} = \dfrac{1}{2} \lim\limits_{x \to 0} \left(\dfrac{\sin \dfrac{x}{2}}{\dfrac{x}{2}}\right)^2$

$$= \frac{1}{2} \left[\lim_{x \to 0} \frac{\sin \frac{x}{2}}{\frac{x}{2}} \right]^2 = \frac{1}{2}.$$

例 1. 19　求 $\lim\limits_{n \to \infty} n \cdot \sin \frac{1}{n}$.

解　$\lim\limits_{n \to \infty} n \cdot \sin \frac{1}{n} = \lim\limits_{n \to \infty} \frac{\sin \frac{1}{n}}{\frac{1}{n}} = \lim\limits_{\frac{1}{n} \to 0} \frac{\sin \frac{1}{n}}{\frac{1}{n}} = 1.$

考察数列 $\{x_n\}$,其中 $x_n = \left(1 + \frac{1}{n}\right)^n$,当 n 不断增大时 $\{x_n\}$ 的变化趋势.为直观起见,将 n 与 x_n 的部分取值列成表 1.3(其中 x_n 的值保留小数点后三位有效数字).

表 1. 3

n	1	2	3	4	5	10	100	1 000	10 000	…
$\left(1 + \frac{1}{n}\right)^n$	2	2.25	2.370	2.441	2.488	2.594	2.705	2.717	2.718	…

由此看出:当 n 无限增大时, $x_n = \left(1 + \frac{1}{n}\right)^n$ 的变化趋势是稳定的.事实上,可以证明:当 $n \to \infty$ 时, $x_n = \left(1 + \frac{1}{n}\right)^n \to e$,即

> 第二个重要极限: $\lim\limits_{n \to \infty} \left(1 + \frac{1}{n}\right)^n = e.$

其中 e 表示一个无理数,其近似值为 $e \approx 2.718\ 281\ 828\ 459\ 045\cdots$.

同样可以证明:对函数 $f(x) = \left(1 + \frac{1}{x}\right)^x$,也有 $\lim\limits_{x \to \infty} f(x) = \lim\limits_{x \to \infty} \left(1 + \frac{1}{x}\right)^x = e.$

例 1. 20　求 $\lim\limits_{n \to \infty} \left(1 + \frac{1}{n}\right)^{2n}$.

解　$\lim\limits_{n \to \infty} \left(1 + \frac{1}{n}\right)^{2n} = \lim\limits_{n \to \infty} \left[\left(1 + \frac{1}{n}\right)^n\right]^2$

$$= \left[\left(\lim_{n \to \infty} \left(1 + \frac{1}{n}\right)\right)^n\right]^2 = e^2.$$

例 1. 21　求 $\lim\limits_{x \to \infty} \left(\frac{x}{x + 1}\right)^x$.

解　$\lim\limits_{x\to\infty}\left(\dfrac{x}{x+1}\right)^x=\lim\limits_{x\to\infty}\left[\dfrac{1}{1+\dfrac{1}{x}}\right]^x$

$$=\lim\limits_{x\to\infty}\dfrac{1}{\left(1+\dfrac{1}{x}\right)^x}=\dfrac{1}{\mathrm{e}}.$$

同样也可以证明：$\lim\limits_{x\to0}(1+x)^{\frac{1}{x}}=\mathrm{e}$.

注 1.4　对于 $\lim\limits_{x\to\infty}\left(1+\dfrac{1}{x}\right)^x=\mathrm{e}$，令 $t=\dfrac{1}{x}$，则 $x=\dfrac{1}{t}$. 且当 $x\to\infty$ 时，$t\to0$. 从而有

$$\lim\limits_{x\to\infty}\left(1+\dfrac{1}{x}\right)^x\lim\limits_{t\to0}(1+t)^{\frac{1}{t}}=\mathrm{e}$$

更一般地，有：

> 若 $\lim\varphi(x)=0$，则 $\lim(1+\varphi(x))^{\frac{1}{\varphi(x)}}=\mathrm{e}$.

例 1.22　求 $\lim\limits_{x\to0}(1+5x)^{\frac{1}{x}}$.

解　令 $t=5x$，当 $x\to0$ 时，$t\to0$. 则

$$\lim\limits_{x\to0}(1+5x)^{\frac{1}{x}}=\lim\limits_{t\to0}(1+t)^{\frac{5}{t}}$$

$$=\lim\limits_{t\to0}\left[(1+t)^{\frac{1}{t}}\right]^5=\left[\lim\limits_{t\to0}(1+t)^{\frac{1}{t}}\right]^5=\mathrm{e}^5$$

例 1.23　求 $\lim\limits_{x\to\infty}\left(\dfrac{x+1}{x-2}\right)^x$.

解法 1　$\lim\limits_{x\to\infty}\left(\dfrac{x+1}{x-2}\right)^x=\lim\limits_{x\to\infty}\left(1+\dfrac{3}{x-2}\right)^x$.

令 $t=\dfrac{3}{x-2}$，当 $x\to\infty$ 时，$t\to0$. 则

$$\lim\limits_{x\to\infty}\left(\dfrac{x+1}{x-2}\right)^x=\lim\limits_{t\to0}(1+t)^{\frac{3}{t}+2}=\lim\limits_{t\to0}(1+t)^{\frac{3}{t}}(1+t)^2$$

$$=\left[\lim\limits_{t\to0}(1+t)^{\frac{1}{t}}\right]^3\cdot\left[\lim\limits_{t\to0}(1+t)\right]^2=\mathrm{e}^2$$

解法 2　$\lim\limits_{x\to\infty}\left(\dfrac{x+1}{x-2}\right)^x=\lim\limits_{x\to\infty}\dfrac{\left(1+\dfrac{1}{x}\right)^x}{\left(1-\dfrac{2}{x}\right)^x}=\dfrac{\lim\limits_{x\to\infty}\left(1+\dfrac{1}{x}\right)^x}{\lim\limits_{x\to\infty}\left(1-\dfrac{2}{x}\right)^x}$.

令 $t=-\dfrac{2}{x}$，当 $x\to\infty$ 时，$t\to0$. 于是

$$\lim_{x \to \infty} \left(1 - \frac{2}{x}\right)^{x} = \lim_{t \to 0} (1 + t)^{-\frac{2}{t}} = \left[\lim_{t \to 0} (1 + t)^{\frac{1}{t}}\right]^{-2} = e^{-2}$$

故原式 $= \dfrac{e}{e^{-2}} = e^{3}$.

例 1.24　连续复利问题:

设有本金 P_0,计息期的利率为 r,计息期数为 t,如果每期结算一次,则
第 1 期后的本利和为

$$A_1 = P_0 + P_0 r = P_0(1 + r)$$

第 2 期后的本利和为

$$A_2 = A_1 + A_1 r = P_0(1 + r) + P_0(1 + r)r = P_0(1 + r)^2$$

第 3 期后的本利和为

$$A_3 = A_2 + A_2 r = P_0(1 + r)^2 + P_0(1 + r)^2 r = P_0(1 + r)^3$$

......

第 t 期后的本利和为

$$A_t = P_0(1 + r)^t$$

如果每期结算 m 次,那么每期的利率为 r/m,则
第 1 次的本利和为

$$B_1 = P_0 + P_0 \frac{r}{m} = P_0\left(1 + \frac{r}{m}\right)$$

第 2 次的本利和为

$$B_2 = B_1 + B_1 \frac{r}{m} = P_0\left(1 + \frac{r}{m}\right) + P_0\left(1 + \frac{r}{m}\right)\frac{r}{m} = P_0\left(1 + \frac{r}{m}\right)^2$$

第 3 次的本利和为

$$B_3 = B_2 + B_2 \frac{r}{m} = P_0\left(1 + \frac{r}{m}\right)^2 + P_0\left(1 + \frac{r}{m}\right)^2 \frac{r}{m} = P_0\left(1 + \frac{r}{m}\right)^3$$

......

第 m 次的本利和为

$$A_1 = B_m = P_0\left(1 + \frac{r}{m}\right)^m$$

原 t 期后的本利和为

$$A_t = P_0\left(1 + \frac{r}{m}\right)^{mt}$$

如果 $m \to \infty$,则表示利息随时计入本金,意味着立即存入,立即结算. 这样的

复利称为连续复利. 于是, t 期后的本利和为

$$\lim_{m \to \infty} P_0 \left(1 + \frac{r}{m}\right)^{mt} = P_0 \lim_{m \to \infty} P_0 \left[\left(1 + \frac{r}{m}\right)^{\frac{m}{r}}\right]^{rt}$$

令 $n = \dfrac{m}{r}$, 则当 $m \to \infty$ 时, $n \to \infty$. 于是

$$\lim_{m \to \infty} P_0 \left(1 + \frac{r}{m}\right)^{mt} = P_0 \lim_{m \to \infty} \left[\left(1 + \frac{1}{n}\right)^{n}\right]^{rt}$$

$$= P_0 \left[\lim_{m \to \infty} \left(1 + \frac{1}{n}\right)^{n}\right]^{rt} = P_0 \mathrm{e}^{rt}$$

 **小知识**

证券投资的艾略特波浪理论

20 世纪 30 年代, 经济学家艾略特把斐波那契数列应用于股票价格变化的技术分析, 创立了艾略特波浪理论, 其要点是:

无论我们考察多长时间的一个周期, 股票价格变化总呈现出 8 个浪的形态.

若在牛市转向熊市即先升后跌状态, 那么前 5 个是升浪, 后 3 个是跌浪. 其中 5 个升浪的第 2,4 两个是牛市中的调整(小跌)浪, 而在 3 个跌浪中的第 2 个是熊市中的调整(小升)浪, 如图 1.16 所示.

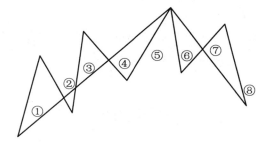

图 1.16

事实上, 这 8(=5+3)个浪是上一级更大浪(图中一升一跌的中轴线所示)的精细化. 与上一级大浪方向一致的小浪(图中的①,③,⑤,⑥,⑧)称为推动浪, 否则称为调整浪(图中②,④,⑦).

　　若在熊市转向牛市即先跌后升状态,那么前5个是跌浪,后3个是升浪,其中第①,③,⑤,⑥,⑧仍为推动浪;②,④,⑦仍为调整浪.如图1.17所示.

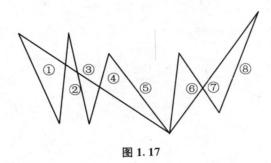

图 1.17

　　艾略特波浪理论认为股票价格变化规律是上述过程的不断精细化.即每一推动浪与紧随的调整浪总是被划分成5+3个次级浪:5个推动浪与3个调整浪.如此一直可以细分下去.由此规律,我们把浪的数目按下列顺序排列起来:

$$1,\ \ 1,\ \ \ 2,\ \ \ 3,\ \ 5,\ \ \ 8,\ \ \ 13,\ \ \ 21,\ \ \ 34,\ \ \ 55,\ \ \ 89,\ \ \ 144,\ \cdots$$

第一级浪一升一跌　第一级浪总数　第二级调整浪、推动浪数目　第二级浪总数　第三级调整浪、推动浪数目　第三级浪总数　第四级调整浪、推动浪数目　第四级浪总数

就形成一个斐波那契数列,这可以用数学归纳法证明.艾略特波浪理论的详细内容可参考周爱民著的《证券投资分析方法研究》一书.

1.3　函数的连续性

　　在微积分中,与极限概念密切联系的另一个概念是函数的连续性,连续性是函数的重要性质之一.它在数学上反映了我们所观察到的许多自然现象的共同特征.例如,生物体的连续生长,流体的连续流动,以及气温的连续变化等.

　　下面先给出函数连续与间断的定义,然后讨论连续函数的性质.

1.3.1　连续与间断

当把一个函数用它的图形表示出来时,就会发现它在很多地方是连着的,而在某些地方却是断开的.例如,函数

$$f(x) = \frac{1}{x}$$

在 $x = 0$ 处是断开的,在其他地方是连着的(图 1.18).

而 $f(x) = x^2$ 在定义域 $(-\infty, +\infty)$ 内始终是连着的,直观上看是一条连绵不断的曲线(图 1.19).

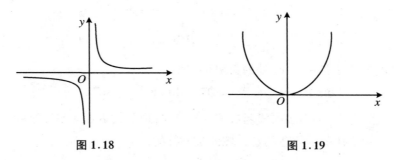

图 1.18　　　　　　　　　　　图 1.19

我们知道,$f(x) = \dfrac{1}{x}$ 在 $x = 0$ 处无定义,而 $f(x) = x^2$ 在任意点 $x_0(x_0 \in (-\infty, +\infty))$ 处都有 $\lim\limits_{x \to x_0} x^2 = x_0^2$,即有 $\lim\limits_{x \to x_0} f(x) = f(x_0)$.

于是我们有下面的定义.

> **定义 1.13**　如果有 $\lim\limits_{x \to x_0} f(x) = f(x_0)$,则称函数 $f(x)$ 在点 x_0 处是连续的,x_0 为 $f(x)$ 的连续点.否则称函数在 x_0 是间断的,并称 x_0 是 $f(x)$ 的间断点.

设 $x = x_0 + \Delta x$,即 $\Delta x = x - x_0(\Delta x$ 可正可负$)$.那么当 $x \to x_0$ 时,$\Delta x \to 0$.令

$$\Delta y = f(x_0 + \Delta x) - f(x_0) = f(x) - f(x_0)$$

称 Δx 为自变量(在点 x_0)的改变量,Δy 为函数 $f(x)$(在点 x_0)的改变量,于是函数 $f(x)$ 在点 x_0 处连续又可以写成

$$\lim\limits_{\Delta x \to 0} \Delta y = 0$$

这就是说，当函数 $f(x)$ 在点 x_0 处连续时，只要 x 无限地趋向于 x_0，即 $\Delta x \to 0$，$f(x)$ 就无限地趋向于 $f(x_0)$，即有函数的改变量 $\Delta y \to 0$.

最后我们指出，若函数 $f(x)$ 在开区间 (a,b) 内的每一点处都连续，则称 $f(x)$ **在开区间 (a,b) 内是连续**的；若函数 $f(x)$ 在开区间 (a,b) 内连续，并且在区间的左端点 a 处是右连续的（所谓右连续，指的是在区间左端点 a 处的右极限 $f(a+0)$ 等于它的函数值 $f(a)$，即 $f(a+0) = f(a)$，在区间的右端点 b 处是左连续的，即 $f(b-0) = f(b)$)，则称 $f(x)$ 在闭区间 $[a,b]$ 上是连续的. 若一个函数 $f(x)$ 在它的定义域上的每一点都是连续的，则称它是**连续函数**.

例如：对于任意有限次多项式和任意有理函数

$$P_n(x) = a_n x^n + a_{n-1} x^{n-1} + \cdots + a_1 x + a_0$$

$$R(x) = \frac{P(x)}{Q(x)} \quad （其中 P(x), Q(x) 为多项式）$$

在其定义域中的任意一点 x_0 处的极限存在

$$\lim_{x \to x_0} P_n(x) = P_n(x_0), \quad \lim_{x \to x_0} R(x) = R(x_0)$$

由连续函数的定义，可知多项式函数 $P_n(x)$ 和有理函数 $R(x)$ 是连续的.

结论　基本初等函数在其定义域内是连续的.

1.3.2　连续函数的运算法则

由连续的定义，我们知道，连续极限存在，但极限存在并不一定连续，所以凡是极限具有的性质连续一定具有，于是有函数在一点连续的性质：

> （1）连续函数的和、差、积、商仍为连续函数.
> （2）连续函数的复合函数仍为连续函数.
> （3）单调连续函数的反函数也是单调连续的.

例 1.25　已知 $f(x) = x$，$g(x) = \sin x$ 都是 $(-\infty, +\infty)$ 上的连续函数，则由性质（1）得

$$x \pm \sin x, \quad x \cdot \sin x$$

也都是 $(-\infty, +\infty)$ 上的连续函数.

例 1.26　已知 $f(x) = \cos x$，$g(x) = 1 + x^2$ 都是 $(-\infty, +\infty)$ 上的连续函数，则由性质（1）得

$$\frac{f(x)}{g(x)} = \frac{\cos x}{1 + x^2}$$

也是$(-\infty,+\infty)$上的连续函数.

例 1.27　因为函数 $y=f(u)=u^2$ 在$(-\infty,+\infty)$上是连续的,函数 $u=u(x)=\cos x$ 在$(-\infty,+\infty)$上是连续的,所以,复合函数 $y=\cos^2 x$ 在$(-\infty,+\infty)$上也是连续的.

例 1.28　$y=\sin x$ 在$\left[-\dfrac{\pi}{2},\dfrac{\pi}{2}\right]$上是单调的连续函数,它的反函数 $y=\arcsin x$ 在$[-1,1]$上也是单调的连续函数.

由于基本初等函数在其定义区间内都是连续的,而初等函数是由基本初等函数经过有限次四则运算或复合运算而成的,进而有:

结论　一切初等函数在其定义区间内也都是连续的.

根据初等函数的连续性,可以计算初等函数的极限.设 $f(x)$ 为初等函数,则 $\lim\limits_{x\to x_0} f(x)=f(x_0)$.

例 1.29　求$\lim\limits_{x\to\frac{\pi}{4}} a^{\tan x}$.

解　$\lim\limits_{x\to\frac{\pi}{4}} a^{\tan x}=a^{\lim\limits_{x\to\frac{\pi}{4}}\tan x}=a^{\tan\frac{\pi}{4}}=a^1=a$.

例 1.30　求$\lim\limits_{x\to 0}\dfrac{\ln(1+x)}{x}$.

解　$\dfrac{\ln(1+x)}{x}=\ln(1+x)^{\frac{1}{x}}$ 在 $x=0$ 处不连续.

令 $u=(1+x)^{\frac{1}{x}}$,当 $x\to 0$ 时,$u\to\mathrm{e}$,则

$$\lim_{x\to 0}\frac{\ln(1+x)}{x}=\lim_{x\to 0}\ln(1+x)^{\frac{1}{x}}$$
$$=\lim_{u\to\mathrm{e}}\ln u\qquad(\text{初等函数的连续性})$$
$$=\ln\mathrm{e}=1$$

例 1.31　求函数 $y=\dfrac{x}{\ln(1+2x)}$ 的连续区间.

解　所给函数为初等函数,其定义区间即为连续区间.因此有

$$1+2x>0\ \text{且}\ 1+2x\neq 1,\quad\text{即}\ x>-\frac{1}{2}\ \text{且}\ x\neq 0$$

函数 $y=\dfrac{x}{\ln(1+2x)}$ 的连续区间为$\left(-\dfrac{1}{2},0\right)\bigcup(0,+\infty)$.

1.3.3　闭区间上连续函数的两个重要性质

下面不加证明地给出在闭区间上连续的函数所具有的两个重要性质，这些性质常用来作为分析问题的理论依据.

如图 1.20 所示，设函数 $y = f(x)$ 在 $[a,b]$ 上连续，容易看出，从 $A(a,f(a))$ 点到 $B(b,f(b))$ 点的连续曲线 $y = f(x)$ 一定有最高点 $C(c_1,f(c_1))$ 和最低点 $D(c_2,f(c_2))$，于是有：

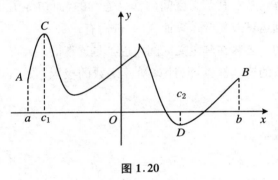

图 1.20

> **最值定理**　若函数 $f(x)$ 在 $[a,b]$ 上连续，则 $f(x)$ 一定有最大值 M 与最小值 m.

需要指出的是，函数的最大值和最小值都是唯一的，而最大值点和最小值点却不一定是唯一的.

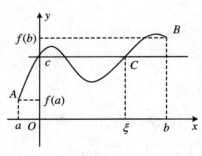

图 1.21

注意，在开区间上的连续函数不一定有最大值和最小值. 例如，函数 $f(x) = \dfrac{1}{x}$ 在 $(0,1)$ 内是连续的，但是在这个区间内它没有最大值和最小值.

如图 1.21 所示，设 $y = f(x)$ 是从 $A(a, f(a))$ 点到 $B(b,f(b))$ 点的连续曲线，在 $f(a)$ 与 $f(b)$ 之间任取一点 c，作直线 $y = c$，则这条直线一定与曲线 $y = f(x)$ 相交，且至少有一个交点. 我们将观察的结果写成定理，由于介于最大值与最小值之间，就称此定理为**介值定理**.

于是有：

> **介值定理**　若函数 $f(x)$ 在 $[a,b]$ 上连续,且 $f(a) \neq f(b)$,c 为 $f(a)$ 与 $f(b)$ 之间的任意一个值,则至少存在一点 $\xi \in [a,b]$,使得 $f(\xi) = c$.
>
> 　　特别地,若 $f(a)$ 与 $f(b)$ 异号,则至少存在一点 $\xi \in (a,b)$,使得 $f(\xi) = 0$.

这个结论的证明要用到较深的数学知识,这里,我们省略证明而转而给出它的应用.

例 1.32　证明:方程 $x - 2\sin x = 0$ 在区间 $\left(\dfrac{\pi}{2}, \pi\right)$ 上至少有一个根.

证　设函数 $f(x) = x - 2\sin x$,显然 $f(x)$ 在区间 $\left[\dfrac{\pi}{2}, \pi\right]$ 上是连续的.

$$f\left(\frac{\pi}{2}\right) = \frac{\pi}{2} - 2\sin\frac{\pi}{2} = \frac{\pi}{2} - 2 < 0, \quad f(\pi) = \pi - 2\sin\pi = \pi - 0 > 0$$

可见 $f\left(\dfrac{\pi}{2}\right) \cdot f(\pi) < 0$. 根据介值定理,在 $\left(\dfrac{\pi}{2}, \pi\right)$ 上至少存在一点 ξ,使得

$$f(c) = 0$$

这就证明了方程 $x - 2\sin x = 0$ 在区间 $\left(\dfrac{\pi}{2}, \pi\right)$ 上至少有一个根.

注 1.5　上述例子,我们虽然未具体求出根来,但其大致位置已确定,这种思路对于进一步求根的近似值很有好处.

 **小 知 识**

0.618 与 "优选法"

做馒头,碱放少了馒头会酸,碱放多了馒头会变黄、变绿且带碱味.碱放多少才合适呢?这是一个优选问题.为了加强钢的强度,要在钢中加入碳,加入太多或太少都不好,究竟加入多少碳,钢才能达到最高强度呢?这也是一个优选问题.在日常生活和生产中,我们常常会遇到优选问题.

可是,碱的多少与馒头好坏之间的关系,碳的多少与钢的强度之间的关系,如果不能简单地用数学式子表示出来,那么应该如何解决呢?我们不妨观察一下炊事

员学做馒头的过程:这次碱放多了,下次就放少一点,下次碱放少了,再下次再放多一点,以此类推.试验效果一次比一次好,最终获得碱的合适加入量,做出好馒头.太妙了!炊事员给了我们启示:用试验的办法来解决!

　　解答一个优选问题,往往需做若干次试验.安排这些试验的方法,必须选择,讲究科学.例如,对钢中加入多少碳的优选问题,假设已估出每吨加入量在1 000克到2 000克之间.若用均分法来安排试验,则应选取1 001克、1 002克……为试验点,共需做一千次试验.若按一天做一次试验计算,则需花将近三年的时间才能完成.太费时了!在时间就是生命的今天,这种安排方法显然不可取.有更科学的安排方法吗?能否减少试验次数,迅速找到最佳点呢?

图1.22　1974年,数学家华罗庚(左3)在农村推广优选法

　　为此,数学家们设计了运用数学原理科学地安排试验的方法,这就是人们所说的"优选法".数学家华罗庚(1910～1985年)从1964年起,走遍大江南北的二十几个省(市)推广优选法,见图1.22.他在单因素优选问题中,用得最多的是0.618法.

　　0.618法是根据黄金分割原理设计的,所以又称之为黄金分割法.用0.618法来安排上述优选碳加入量的试验.

　　0.618法确定第一个试验点是在试验范围的0.618处.这一点的加入量可由下面公式算出:

$$（大－小）×0.618＋小 ＝ 第一点 \qquad (1.1)$$

　　第一点加入量为$(2\,000－1\,000)×0.618＋1\,000 ＝ 1\,618$(克).

　　再在第一点的对称点处做第二次试验,这一点的加入量可用下面公式计算(此后试验点的加入量也按下面公式计算):

$$大－中＋小 ＝ 第二点 \qquad (1.2)$$

　　第二点的加入量为$2\,000－1\,618＋1\,000 ＝ 1\,382$(克).

　　比较两次试验结果,如果第二点比第一点好,则去掉1 618克以上的部分;如果第一点较好,则去掉1 382克以下的部分.假定试验结果第二点较好,那么去掉1 618克以上的部分,在留下部分找出第二点的对称点做第三次试验.

　　第三点的加入量为$1\,618－382＋1\,000 ＝ 1\,236$(克).

再将第三次试验结果与第二点比较,如果仍然是第二点好些,则去掉 1 236 克以下的部分,如果第三点好些,则去掉 1 236 克以下的部分,在留下部分找出第二点的对称点做第四次试验.

第四点加入量为 1 618 - 1 382 + 1 236 = 1 472(克).

第四次试验后,再与第三点比较,并取舍.在留下部分用同样方法继续试验,直至找到最佳点为止.

一次又一次试验,一次又一次比较与取舍.从第二次试验起,每次能去掉相应试验范围的 382/1 000,试验范围逐步缩小,最佳点逐步接近.因此,用 0.618 法能以较少的试验次数迅速找到最佳点.

不少工厂在配比配方、工艺操作条件等方面用 0.618 法解决了优选问题,从而提高了质量,增加了产量,降低了消耗,取得了很好的经济效益.例如,粮食加工通过优选加工工艺,一般可以提高出米率 1% ～ 3%.

阅读材料

I　数学之父 —— 泰勒斯(Thales)

泰勒斯(图 1.23)生于公元前 624 年,是古希腊第一位闻名世界的大数学家.他原是一位很精明的商人,靠卖橄榄油积累了相当财富后,泰勒斯便专心从事科学研究.他勤奋好学,同时又不迷信古人,勇于探索,勇于创造,积极思考问题.他的家乡离埃及不太远,所以他常去埃及旅行.在那里,泰勒斯了解了古埃及人在几千年间积累的丰富数学知识.他游历埃及时,曾用一种巧妙的方法算出了金字塔的高度,使古埃及国王阿美西斯钦羡不已.

图 1.23

泰勒斯的方法既巧妙又简单:选一个天气晴朗的日子,在金字塔边竖立一根小木棍,然后观察木棍阴影的长度变化,等到阴影长度恰好等于木棍长度时,赶紧测量金字塔影的长度,因为在这一时刻,金字塔的高度也恰好与塔影长度相等.也有人说,泰勒斯是利用棍影与塔影长度的比等于棍高与塔高的比算出金字塔高度的.如果是这样的话,就要用到三角形对应边成比例这个数学定理.泰勒斯自夸,说是他把这种方法教给了古埃及人,但事实可能正好相反,应该是古埃及人早就知道了类似的方法,但他们只满足于知道怎样去计算,却没有思考为什么这样算就能得到正确的答案.

在泰勒斯以前,人们在认识大自然时,只满足于对各类事物提出怎么样的解释,而泰勒斯的伟大之处在于他不仅能做出怎么样的解释,而且还加上了为什么的科学问号.古代东方人民积累的数学知识,主要是从一些经验中总结出来的计算公式.泰勒斯认为,这样得到的计算公式,用在某个问题里可能是正确的,用在另一个问题里就不一定正确了,只有从理论上证明它们是普遍正确的以后,才能广泛地运用它们去解决实际问题.在人类文化发展的初期,泰勒斯自觉地提出这样的观点,是难能可贵的.它赋予数学以特殊的科学意义,是数学发展史上一个巨大的飞跃.所以,泰勒斯素有数学之父的尊称,原因就在这里.

泰勒斯最先证明了如下的定理:

① 圆被任一直径二等分.

② 等腰三角形的两底角相等.

③ 两条直线相交,对顶角相等.

④ 半圆的内接三角形,一定是直角三角形.

⑤ 如果两个三角形有一条边以及这条边上的两个角对应相等,那么这两个三角形全等.

这个定理也是泰勒斯最先发现并最先证明的,后人常称之为泰勒斯定理.后来,泰勒斯还用这个定理算出了海上的船与陆地的距离.

泰勒斯对古希腊的哲学和天文学也做出过开拓性的贡献.历史学家肯定地说,泰勒斯应当算是第一位天文学家,他经常观察天上星座,探窥宇宙奥秘,他的女仆常戏称,泰勒斯想知道遥远的天空,却忽略了眼前的美色.数学史家 Herodotus 曾考据得知,Hals 战后之时白天突然变成夜晚(其实是日食),而在此战之前泰勒斯曾对 Delians 预言此事.泰勒斯的墓碑上刻有这样一段题词:这位天文学家之王的坟墓多少小了一点,但他在星辰领域中的贡献是颇为伟大的.

Ⅱ 诗 与 数 学

数学,由于它的语言、记法以及看上去显得奇特的符号,就像一堵高墙,把它和周围世界隔开了.大多数人,特别是对文科生来说,在提到数学的第一反应就是枯燥难懂.可能只有数学大师们,因为他们深谙数学的奥妙,才会觉得数学饱含卓越和完美.其实不然,数学是富有诗性和灵气的.只要细细寻找便不难发现,数学也是情趣横溢、诗意盎然的.它闪烁着迷人的光芒,给人以美的享受和隽永的印象.

1. 诗与数学家

在人们心目中,大凡数学家都是日日夜夜痴迷于数学,时时都与数学打交道.其实,不少数学家的爱好也是相当广泛的.他们不但是一流的数学家,更是具有深厚文学功底的诗人.

(1) 曾任美国数学学会主席、获世界最高数学奖——沃尔夫奖的数学大师,我国南开大学的陈省身教授,1980 年在中国科学院的座谈会上即席赋诗:

> 物理几何是一家,一同携手到天涯.
>
> 黑洞单极穷奥秘,纤维联络织锦霞.
>
> 进化方程孤立异,曲率对偶瞬息空.
>
> 筹算竟得千秋用,尽在拈花一笑中.

陈老把现代数学和物理中最新概念纳入优美的意境中,讴歌数学的奇迹,毫无斧凿痕迹.

(2) 数学家熊庆来是华罗庚的恩师,也是杨乐、张广厚的导师.当杨乐宣读完自己的第一篇论文时,熊教授即席赋诗赞美:

> 带来时雨是东风,成长专长春笋同.
>
> 科学莫道还落后,百花将见万枝红.

(3) 华罗庚教授也是一位能诗能文的大家,他的名句"聪明在于勤奋,天才在于积累"和"勤能补拙是良训,一分辛劳一分才",早已成为人们的座右铭,他曾为青年一代题了一首劝勉诗:

> 发奋早为好,苟晚休嫌迟.
>
> 最忌不努力,一生都无知.

2. 诗与数字

著名作家秦牧在其名著《艺海拾贝》中辟有"诗与数学"一节，认为数字入诗，显得"情趣横溢、诗意盎然"，别具韵味.

（1）用一至十这 10 个数字写的诗：

一去二三里，烟村四五家.

楼台六七座，八九十枝花.

该诗巧妙地运用了一至十这 10 个数字，为我们描绘了一幅自然的乡村风景画.

当代学者张永明先生是福建武平人，自幼聪敏，七岁能诗，被称为"武平才子"，曾写过一至十和百、千、万 13 个数字的诗：

百尺楼前丈八溪，四声羌笛六桥西.

传书望断三春雁，倚枕愁闻五夜鸡.

七夕一逢牛女会，十年空说案眉齐.

万千心事肠回九，二月黄鹂向客啼.

下面分别是一至十起头的唐诗名家集句，颇有韵味：

一片冰心在玉壶（王昌龄），

两朝开济老臣心（杜甫），

三军大呼阴山动（岑参），

四座无言星欲稀（李顺），

五湖烟水独忘机（温庭筠），

六年西顾空吟哦（韩愈），

七月七日长生殿（白居易），

八骏日行八万里（李商隐），

九重难省谏书函（李商隐），

十鼓只载数骆驼（韩愈）.

（2）连用十个"一"的诗

清代女诗人何佩玉擅长写数字诗，她曾写过一首诗，连用了十个"一"，但不给人以重复之感.

一花一柳一点矶，一抹斜阳一鸟飞.

一山一水一中寺，一林黄叶一僧归.

勾画了一幅"深秋僧人晚归图".

而清代陈沆的一首诗,更勾画了一幅意境悠远的渔翁垂钓图:

一帆一桨一渔舟,一个渔翁一钓钩.

一俯一仰一顿笑,一江明月一江秋.

3. 对联与数学

上联:二三四五

下联:六七八九

横批:南北

这户人家缺一(衣)少十(食),没有东西(只有南北)过年啊!

乾隆在乾清宫举行了一次千叟宴,赴宴者达 3 900 人之多.其中有一老人年龄最大,已 141 岁.

乾隆出了一个上联:花甲重逢,又加三七岁月.

其中两个"花甲"为 120 岁,再加上三七二十一岁,正好是 141 岁.

纪晓岚对出下联:古稀双庆,再多一度春秋.

其中两个"古稀"是 140 岁,再加 1 年,也是 141 岁.

明朝有一位穷书生,历尽千辛万苦赶往京城应试,由于交通不便,赶到京城时,试期已过.经苦苦哀求,主考官让他从一到十,再从十到一做一对联.

上联:一叶孤舟,坐着二三骚客,启用四桨五帆,经过六滩七湾,历尽八颠九簸,可叹十分来迟.

下联:十年寒窗,进了九八家书院,抛却七情六欲,苦读五经四书,考了三番两次,今天一定要中.

几十载的人生之路,通过十个数字形象深刻地表现出来了.

4. 回文诗与回文数

数学与文学有相似之处,如数学中有回文数,诗中有回文诗.

回文数:自然数中有一种数,无论从左到右还是从右往左去读都是同一个数,称这样的数为"回文数".如 88,454,7 337,43 534.

两个回文数相加或相减其结果仍是回文数.如:56 365 + 12 621 = 68 986;5 775 − 2 222 = 3 553.

回文诗:有一种诗,顺念倒念都有意思,称这种诗为"回文诗".

如:

云边月影沙边雁,水外天光山外树.

树外山光天外水,雁边沙影月边云.

人生难过"对称年"：从 11 世纪到 20 世纪的 1 000 年里，"对称年"（年份数为回文数）只有 10 个，即 1001,1111,1221,1331,1441,1551,1661,1771,1881,1991，即一个世纪只有一个"对称年"，两个"对称年"间隔 110 年，所以，一个人活到 110 岁也只能遇到一个"对称年"．但如果生年巧，虽然年龄小，也可以遇到对称年．如 20 世纪与 21 世纪的对称年相隔最近，只有 11 年．

可见，数学是充满诗意的，是一门美妙的、充满艺术性的学科．当然，数学的诗性不仅仅在于此，这只是波澜壮阔的数学大海中一滴晶莹的小水珠而已．更多的美丽等待我们用理智和艺术的数学的眼睛去发现、去欣赏．

习　题　1

1. 求下列函数的定义域：

(1) $y = \sqrt{9 - x^2}$;　　(2) $y = \dfrac{1}{\lg (x - 5)}$;　　(3) $y = \ln \dfrac{1}{1 - x} + \sqrt{x + 2}$.

2. 设 $f(x) = \begin{cases} |\sin x| & \left(|x| < \dfrac{\pi}{3} \right) \\ 0 & \left(|x| > \dfrac{\pi}{3} \right) \end{cases}$,求：

(1) $f\left(\dfrac{\pi}{6} \right)$;　　(2) $f\left(\dfrac{\pi}{4} \right)$;　　(3) $f\left(-\dfrac{\pi}{4} \right)$;　　(4) $f(-2)$.

3. 设 $f(x) = \dfrac{1}{1 - x}$.求 $f(-x), f(x + 1), f\left(\dfrac{1}{x} \right)$.

4. 求下列函数的反函数：

(1) $y = x^2 (x \geqslant 0)$;　　(2) $y = 3\sin \dfrac{x}{2}$.

5. 下列函数可以看成由哪些简单函数复合而成：

(1) $y = \sqrt{\ln x}$;　　(2) $y = e^{\sin x}$;　　(3) $y = 2^{\sin x^2}$

(4) $y = \sin \ln \sqrt{x}$;　　(5) $y = (\arcsin \sqrt[3]{x})^2$;　　(6) $y = \sin^3 (1 + 2x)$.

6. 一位心率过速患者服用某种药物后心率立即明显减慢，之后随着药力的减退，心率再次慢慢升高，画出自服药那一刻起，心率关于时间的一个可能的图形．

7. 描述图 1.24 中某一装配线的情况，该装配线的生产效率表示为生产线上工人数量的函数.

8. 在统计学上饮食消费占日常支出的比例称为恩格尔系数,它反映了一个国家或地区的富裕程度,是国际上通用的一项重要的经济指标. 联合国根据恩格尔系数来划分一个国家国民的富裕程度:恩格尔系数小于 20% 为绝对富裕,20% 以上(含 20%)40% 以下属比较富裕,40% 以上(含 40%)50% 以

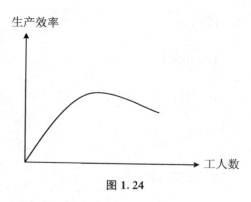

图 1.24

下属比较小康水平,50% 以上(含 50%)60% 以下刚够温饱,60% 以上(含 60%) 以上则为贫困. 试用图形法表示国民的富裕程度.

9. 某水泥厂生产 1 000 吨水泥,定价为 80 元 / 吨. 总销售量在 800 吨以内时,按定价出售. 超过 800 吨时,超过部分打 9 折出售. 试将销售收入作为销售量的函数列出函数关系式.

10. 某运输公司规定每吨货物的每千米运价为:在 a 千米以内,每千米 k 元,超过部分千米为 $\frac{4}{5}k$ 元. 求运价 m 和里程 s 之间的函数关系.

11. 某公共汽车路线全长 20 km,票价规定如下:乘坐 10 km 及以下者收费 1 元,乘坐 10 km 以上者收费 2 元,试将票价表示成路程的函数.

12. 计算下列极限:

(1) $\lim\limits_{n\to\infty}\dfrac{2n}{3n+2}$;

(2) $\lim\limits_{n\to\infty}\dfrac{n^2-2n+3}{2n^3-n}$;

(3) $\lim\limits_{n\to\infty}\dfrac{(-2)^n+3^n}{(-2)^{n+1}+3^{n+1}}$;

(4) $\lim\limits_{n\to\infty}\dfrac{1+2+\cdots+n}{n^2}$;

(5) $\lim\limits_{n\to\infty}(\sqrt{n+1}-\sqrt{n-1})$;

(6) $\lim\limits_{x\to2}(x^2-2x+5)$;

(7) $\lim\limits_{x\to1}\dfrac{x+1}{x^2+1}$;

(8) $\lim\limits_{x\to-3}\dfrac{x^2-9}{x^2+5x+6}$;

(9) $\lim\limits_{x\to0}\dfrac{\sqrt{1-x}-1}{x}$;

(10) $\lim\limits_{x\to\infty}\dfrac{x^2-6x+5}{2x^2-5x+1}$;

(11) $\lim\limits_{x\to\infty}\dfrac{x^2-6}{x^5-4x+1}$;

(12) $\lim\limits_{x\to\infty}\dfrac{x^2-2x+5}{5x+1}$;

(13) $\lim\limits_{x\to0}\dfrac{\sin 2x}{x}$;

(14) $\lim\limits_{x\to0}\dfrac{\sin 2x}{\sin 3x}$;

(15) $\lim\limits_{x \to 0} \dfrac{\tan x - \sin x}{x^3}$;　　　　　　　　(16) $\lim\limits_{x \to \infty} \dfrac{\sin x}{x}$;

(17) $\lim\limits_{x \to 0}(1 - 3x)^{\frac{1}{x}}$;　　　　　　　　　(18) $\lim\limits_{x \to +\infty}\left(\dfrac{x + 1}{x - 1}\right)^x$;

(19) $\lim\limits_{x \to \infty}\left(\dfrac{x + 3}{x + 2}\right)^x$;　　　　　　　(20) $\lim\limits_{x \to 0}\dfrac{1}{x}\ln(1 + x)$;

(21) $\lim\limits_{x \to 0} \dfrac{\ln(1 + x^2)}{\sin(1 + x^3)}$.

13. 已知函数 $f(x) = \begin{cases} x^2 + 1 & (x \in [0,1]) \\ 2 - x^2 & (x \in (1,2]) \end{cases}$. 求它的连续区间.

14. 判断下列函数的间断点:

(1) $y = \dfrac{x^2 - 1}{x(x + 2)}$;　(2) $y = \dfrac{\sin x}{x}$;　(3) $f(x) = \dfrac{(x + 1)^2}{x^2 - 1}$;

(4) $f(x) = \arctan\dfrac{1}{x}$;　(5) $y = \begin{cases} \dfrac{x^2 - 9}{x - 3} & (x \neq 3) \\ 0 & (x = 3) \end{cases}$.

15. 函数 $f(x) = \begin{cases} x\sin\dfrac{1}{x} + b & (x < 0) \\ a & (x = 0), \\ \dfrac{\sin x}{x} & (x > 0) \end{cases}$ 问:

(1) 当 a,b 为何值时,$f(x)$ 在 $x = 0$ 处有极限存在;

(2) 当 a,b 为何值时,$f(x)$ 在 $x = 0$ 处连续.

16. 利用函数的连续性求下列极限:

(1) $\lim\limits_{x \to 0} \dfrac{\ln(1 + ax)}{x}$;　(2) $\lim\limits_{x \to 0} \dfrac{e^x - 1}{x}$.

17. 证明方程 $x^3 - 3x + 1 = 0$ 在区间 $(0,1)$ 内至少有一个实根.

18. 某片森林现有木材 $a\,\mathrm{m}^3$,若以年增长率 1.2% 均匀增长,问 t 年后,这片森林有木材多少?

19. 国家向某企业投资 2 万元,这家企业将投资作为抵押品向银行贷款,得到相当于抵押品价格 80% 的贷款,该企业将这笔贷款再次进行投资,并且又将投资作为抵押品向银行贷款,得到相当于新抵押品价格 80% 的贷款,该企业又将新贷款进行再投资,这样贷款 — 投资 — 再贷款 — 再投资,如此反复扩大再投资,问其实际效果相当于国家投资多少万元所产生的直接效果?

20. 设本金为 p 元,年利率为 r,若一年分为 n 期,存期为 t 年,则本金与利息之和是多少？现某人将本金 $p = 1\,000$ 元存入某银行,规定年利率为 $r = 0.06, t = 2$,请按季度、月、日以及连续复利计算本利和,并做出你的评价.

21. 现行的住房抵押贷款的做法是,购房人先支付房价的一部分,通常是 30%,其余部分用所购住房作为抵押向银行贷款,贷款采取每月等额还款的办法,还贷期越长,利息越高,同额贷款的还款总额越大而每月的还款额越低. 通常银行公布一张表格,通告不同还款期限、贷款利率和贷款 1 万元的月还款额. 例如,在某一时期银行公布的居民购房抵押贷款 1 万元的月等额还款数如表 1.4 所示,问这张表是如何计算出来的呢？

表 1.4

年数	月利率	月还款额(元)
1	7.56‰	875.35
2	8.025‰	459.74
3	8.4‰	323.05
4	8.77‰	256.18
5	9.15‰	217.32
6	9.27‰	190.98
7	9.39‰	172.64
8	9.51‰	159.32
9	9.63‰	149.35
10	9.75‰	141.74
11	9.87‰	135.86
12	9.99‰	131.27
13	10.11‰	127.68
14	10.23‰	124.89
15	10.35‰	122.73

第 2 章　一元函数微分学

教学要求

1. 理解导数的概念,掌握基本初等函数的导数公式和求导数法.

2. 了解微分的概念,会求函数的微分及简单应用.

3. 掌握函数单调性及函数图形凹凸的判别方法,了解函数极值的概念,掌握函数极值、最大值和最小值的求法及其应用.

知 识 点

1. 导数与微分

导数与微分概念　　导数与微分的计算　　高阶导数

2. 导数的应用

函数的单调性　　曲线凹凸性　　函数的极值与最值　　导数的实际应用

建议教学课时安排

课内学时	辅导(习题)学时	作业次数
18	4	6

如何使房租收入最大

2012 年天津市统计局公开发布了 2012 年城市居民家庭收入分析报告,2012 年天津市城市居民家庭人均总收入为 32 944 元,比上年增长 10.1%.随着收入的提高,居民个人财产不断增加,理财意识增强,财产性收入继续增长.财产性收入的构成也由传统的利息为主,逐步转为房屋出租收入、股息与红利收入和利息收入三分天下.2012 年天津市城市居民人均财产性收入 515 元,比上年增长 11.5%.其中,出租房屋收入增加是财产性收入增长的首要因素,出租房屋收入比上年增长 21.2%,其增加额占财产性收入增长额的 66.9%,居财产性收入首位.

现在的问题是作为房屋所有者如何使房租收入最大呢?

例如,某房产公司有50套公寓要出租,当租金定为每月 1 000 元时,公寓会全部租出去.当租金每月增加50 元时,就有一套公寓租不出去,而租出去的房子每月需花费 100 元的整修维护费.试问房租定为多少可获得最大收入?

要解决这个问题,就需要掌握利用导数求极值的知识,类似这样的问题是很多的,如用料最省问题,容积最大问题,最大利润问题,最小成本问题,等等.要想彻底解决类似问题,让我们从导数的概念开始学习吧!

2.1　导数及其计算

2.1.1　导数的概念

1. 引入导数概念的实例

导数的概念来源于实践,先看两个实例.

实例 2.1　日常生活中的一个实例.

表 2.1 记录了某电脑用户迅雷软件的下载数据量.

表 2.1　每秒数据下载量

时间(s)	1	2	3	4	5	6
数据量(MB)	1	16	36	64	100	144

我们得到,用户在 0 到 2 秒时间段内的平均下载速度是 8 MB/s,在 2 到 4 秒时间段内的平均下载速度为 24 MB/s,所以我们可称用户电脑在 2 到 4 秒时间段内下载速度比 0 到 2 秒时间段内要快.但是平均速度只能粗略地反映电脑下载状态,并不能用来度量瞬时速度.我们取时间段 $[2,2+\Delta t]$ 以及 $[2-\Delta t,2]$,分别在这两个时间段上观测用户的平均下载速度,其中 Δt 大于零代表区间的长度.如表 2.2 所示,随着 Δt 不断减小,两个区间上的平均下载速度不断地接近,并且在精度为小数点后一位小数的情况下,我们可认为 2 秒钟的瞬时下载速度为 16 MB/s.

表 2.2　平均下载速度

区间	$[2,2.1]$	$[1.9,2]$	$[2,2.01]$	$[1.99,2]$
平均下载速度	16.4	15.6	16.04	15.96
区间	$[2,2.001]$	$[1.999,2]$	$[2,2.0001]$	$[1.9999,2]$
平均下载速度	16.004	15.996	16.0004	15.9996

从上面的分析知,当 $\Delta t \to 0$ 时,在区间 $[2,2+\Delta t]$ 以及 $[2-\Delta t,2]$ 上的平均下载速度无限地接近于 $t=2$ 时的瞬时下载速度,据此我们由极限的定义可得任意时刻 $t=a$ 的瞬时下载速度.

　　　　设 $S(t)$ 为电脑在 t 时刻的数据下载量,则电脑在 $t = a$ 时刻的瞬时下载速度为

$$V \mid_{t=a} = \lim_{b \to a} \frac{S(b) - S(a)}{b - a} = \lim_{h \to 0} \frac{S(a + h) - S(a)}{h}$$

实例 2.2　求曲线的切线斜率.

　　在平面解析几何中,我们就学过曲线上某一点切线的定义:曲线 $y = f(x)$ 上两点 $M_0(x_0, y_0)$ 和 $M(x, y)$ 的连线 M_0M 称为该曲线的一条割线,当点 M 沿曲线无限趋近于点 M_0 时,割线绕 M_0 转动,其极限位置 M_0T 就是曲线在点 M_0 处的切线. 据此,我们可以用极限的方法来求出曲线切线的斜率.

　　如图 2.1 所示,设曲线方程为 $y = f(x)$,在曲线上另取一点 $M(x_0 + \Delta x, y_0 + \Delta y)$ 作割线 M_0M,设其倾角为 φ,易知割线 M_0M 的斜率为

$$\tan \varphi = \frac{\Delta y}{\Delta x} = \frac{f(x_0 + \Delta x) - f(x_0)}{\Delta x}$$

当 $\Delta x \to 0$ 时,动点 M 将沿曲线趋向于定点 M_0,从而割线 M_0M 也将随之变动而趋向于极限位置 —— 直线 M_0T. 我们称此直线 M_0T 为曲线在定点 M_0 处的切线. 显然,此时倾角 φ 趋向于切线 M_0T 的倾角 α,即切线 M_0T 的斜率为

$$\begin{aligned}\tan \alpha &= \lim_{\Delta x \to 0} \tan \varphi \\ &= \lim_{\Delta x \to 0} \frac{\Delta y}{\Delta x} \\ &= \lim_{\Delta x \to 0} \frac{f(x_0 + \Delta x) - f(x_0)}{\Delta x}\end{aligned}$$

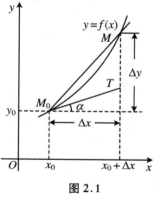

图 2.1

　　以上两个实际问题是两门不同的学科问题,一个是物理学中的运动学问题,一个是几何学问题,但从抽象的数量关系来看,它们实质上都是计算函数改变量与自变量改变量的比,当自变量改变量趋于 0 时的极限. 类似这种求极限的问题是相当多的,这种特殊的极限我们后面将其定义为函数的导数.

　　2. **导数的定义**

　　通过上面两个例子,我们可引入下列定义:

定义 2.1　如果极限

$$\lim_{\Delta x \to 0} \frac{\Delta y}{\Delta x} = \lim_{\Delta x \to 0} \frac{f(x_0 + \Delta x) - f(x_0)}{\Delta x}$$

存在,则称此极限值为函数 $f(x)$ 在点 x_0 处的导数,记为 $f'(x_0)$,即

$$f'(x_0) = \lim_{\Delta x \to 0} \frac{\Delta y}{\Delta x} = \lim_{\Delta x \to 0} \frac{f(x_0 + \Delta x) - f(x_0)}{\Delta x}$$

也可记为 $y'\big|_{x=x_0}, \dfrac{\mathrm{d}y}{\mathrm{d}x}\Big|_{x=x_0}$ 或 $\dfrac{\mathrm{d}f(x)}{\mathrm{d}x}\Big|_{x=x_0}$.

注 2.1　$\dfrac{\Delta y}{\Delta x} = \dfrac{f(x_0 + \Delta x) - f(x_0)}{\Delta x}$ 反映的是自变量 x 从 x_0 改变到 $x_0 + \Delta x$ 时,函数 $y = f(x)$ 的平均变化速度,称为函数的平均变化率;而导数 $f'(x_0) = \lim\limits_{\Delta x \to 0} \dfrac{\Delta y}{\Delta x}$ 反映的是函数在点 x_0 处的变化速度,称为函数在点 x_0 处的变化率.

注 2.2　导数的定义式也可取不同的形式,常见的还有

$$f'(x_0) = \lim_{h \to 0} \frac{f(x_0 + h) - f(x_0)}{h} = \lim_{x \to x_0} \frac{f(x) - f(x_0)}{x - x_0}$$

例 2.1　求函数 $y = x^2$ 在点 $x = 1$ 处的导数.

解　当 x 由 1 改变到 $1 + \Delta x$ 时,函数改变量为

$$\Delta y = (1 + \Delta x)^2 - 1^2 = 2\Delta x + (\Delta x)^2$$

因此

$$\frac{\Delta y}{\Delta x} = 2 + \Delta x$$

$$f'(1) = \lim_{\Delta x \to 0} \frac{\Delta y}{\Delta x} = \lim_{\Delta x \to 0} (2 + \Delta x) = 2$$

或

$$f'(1) = \lim_{x \to 1} \frac{f(x) - f(1)}{x - 1} = \lim_{x \to 1} \frac{x^2 - 1^2}{x - 1} = \lim_{x \to 1} (x + 1) = 2$$

注 2.3　如果函数 $f(x)$ 在点 x_0 处有导数,则称函数 $f(x)$ 在点 x_0 处可导,否则称函数 $f(x)$ 在点 x_0 处不可导.如果函数 $f(x)$ 在某区间 (a,b) 内每一点处都可导,则称 $f(x)$ 在区间 (a,b) 内可导.

注 2.4　设 $f(x)$ 在区间 (a,b) 内可导,此时,对于区间 (a,b) 内每一点 x 都有一个导数值与它对应,这就定义了一个新的函数,称为函数 $y = f(x)$ 在区间

(a, b) 内对 x 的导函数,在不混淆的情况下,我们将其简称为导数,记作

$$y', \quad f'(x), \quad \frac{\mathrm{d}y}{\mathrm{d}x} \quad 或 \quad \frac{\mathrm{d}f(x)}{\mathrm{d}x}$$

导函数的定义式为

$$y' = \lim_{\Delta x \to 0} \frac{f(x + \Delta x) - f(x)}{\Delta x} \quad 或 \quad y' = \lim_{h \to 0} \frac{f(x + h) - f(x)}{h}$$

下面利用导数的定义推导几个基本初等函数的导数:

(1) 常数函数的导数 $(C)' = 0$.

证明 计算函数改变量 $\Delta y = C - C = 0$;

作比值 $\dfrac{\Delta y}{\Delta x} = \dfrac{0}{\Delta x} = 0$;

取极限 $\lim\limits_{\Delta x \to 0} \dfrac{\Delta y}{\Delta x} = 0$,即

$$(C)' = 0$$

(2) 正弦函数的导数 $(\sin x)' = \cos x$.

证明 计算函数改变量 $\Delta y = \sin(x + \Delta x) - \sin x = 2\cos\left(x + \dfrac{\Delta x}{2}\right)\sin\dfrac{\Delta x}{2}$;

作比值 $\dfrac{\Delta y}{\Delta x} = \dfrac{2\cos\left(x + \dfrac{\Delta x}{2}\right)\sin\dfrac{\Delta x}{2}}{\Delta x} = \cos\left(x + \dfrac{\Delta x}{2}\right)\dfrac{\sin\dfrac{\Delta x}{2}}{\dfrac{\Delta x}{2}}$;

取极限,由 $\cos x$ 的连续性有 $\lim\limits_{\Delta x \to 0}\cos\left(x + \dfrac{\Delta x}{2}\right) = \cos x$,并且有

$$\lim_{\Delta x \to 0} \frac{\sin\dfrac{\Delta x}{2}}{\dfrac{\Delta x}{2}} = 1$$

因此

$$\lim_{\Delta x \to 0} \frac{\Delta y}{\Delta x} = \lim_{\Delta x \to 0}\cos\left(x + \frac{\Delta x}{2}\right)\lim_{\Delta x \to 0} \frac{\sin\dfrac{\Delta x}{2}}{\dfrac{\Delta x}{2}} = \cos x$$

即

$$(\sin x)' = \cos x$$

用同样的方法,可以求出

$$(\cos x)' = - \sin x$$

（3）自然对数函数的导数 $(\ln x)' = \dfrac{1}{x}$.

证明 计算函数改变量 $\Delta y = \ln(x + \Delta x) - \ln x = \ln\left(1 + \dfrac{\Delta x}{x}\right)$；

作比值

$$\frac{\Delta y}{\Delta x} = \frac{\ln\left(1 + \dfrac{\Delta x}{x}\right)}{\Delta x} = \frac{1}{\Delta x}\ln\left(1 + \frac{\Delta x}{x}\right)$$

$$= \frac{1}{x}\frac{x}{\Delta x}\ln\left(1 + \frac{\Delta x}{x}\right) = \frac{1}{x}\ln\left(1 + \frac{\Delta x}{x}\right)^{\frac{x}{\Delta x}}$$

取极限

$$\lim_{\Delta x \to 0}\frac{\Delta y}{\Delta x} = \lim_{\Delta x \to 0}\frac{1}{x}\ln\left(1 + \frac{\Delta x}{x}\right)^{\frac{x}{\Delta x}} = \frac{1}{x}\ln\lim_{\Delta x \to 0}\left(1 + \frac{\Delta x}{x}\right)^{\frac{x}{\Delta x}}$$

$$= \frac{1}{x}\ln \mathrm{e} = \frac{1}{x}$$

即

$$(\ln x)' = \frac{1}{x}$$

利用定义的方法我们还能导出：指数函数的导数 $(a^x)' = a^x \ln a \ (a > 0, a \neq 1)$，特别地，当 $a = \mathrm{e}$ 时，有 $(\mathrm{e}^x)' = \mathrm{e}^x$；对数函数的导数 $(\log_a x)' = \dfrac{1}{x \ln a} \ (a > 0, a \neq 1)$，特别地，当 $a = \mathrm{e}$ 时，有 $(\ln x)' = \dfrac{1}{x}$；正整数幂的幂函数的导数 $(x^n)' = n x^{n-1} \ (n \in \mathbf{Z}_+)$.

3. 导数的几何意义

由引入导数的实例2.2我们马上可以得到：函数 $y = f(x)$ 所表示的曲线在点 $(x_0, f(x_0))$ 处的切线的斜率为

$$\tan \alpha = \lim_{\Delta x \to 0}\frac{\Delta y}{\Delta x} = f'(x_0)$$

即函数 $y = f(x)$ 在一点 x_0 处的导数 $f'(x_0)$ 在几何上表示曲线 $y = f(x)$ 在 x_0 点的切线的斜率. 从而可知：

> 曲线 $y = f(x)$ 在点 $(x_0, f(x_0))$ 处的切线方程为 $y - f(x_0) = f'(x_0)(x - x_0)$；法线方程为 $y - f(x_0) = -\dfrac{1}{f'(x_0)}(x - x_0)$.

例 2.2　求曲线 $y = x^3$ 在点 $(1,1)$ 的切线方程和法线方程.

解　函数 $y = x^3$ 的导数 $y' = 3x^2$,在 $x = 1$ 处的导数 $y'|_{x=1} = 3$.根据导数的几何意义,曲线 $y = x^3$ 在点 $(1,1)$ 的切线斜率为 3.故

切线方程为 $y - 1 = 3(x - 1)$,即 $3x - y - 2 = 0$.

法线方程为 $y - 1 = -\dfrac{1}{3}(x - 1)$,即 $x + 3y - 4 = 0$.

注 2.5　根据连续与导数的定义易知:如果函数 $y = f(x)$ 在点 x_0 处可导,那么 $y = f(x)$ 在点 x_0 处连续.但反之不真.事实上,因为函数 $f(x)$ 在点 x_0 处可导,所以

$$\lim \Delta y = \lim_{\Delta x \to 0} \frac{\Delta y}{\Delta x} \cdot \Delta x = \lim_{\Delta x \to 0} \frac{\Delta y}{\Delta x} \cdot \lim_{\Delta x \to 0} \Delta x = f'(x_0) \cdot 0 = 0$$

上式表明当 $\Delta x \to 0$ 时,$\Delta y \to 0$.由连续定义可知 $y = f(x)$ 在点 x_0 处是连续的.反过来不成立,例如,函数

$$y = |x| = \begin{cases} x & (x \geqslant 0) \\ -x & (x < 0) \end{cases}$$

显然 $y = |x|$ 在任何点(包括原点)处都是连续的(图 2.2).

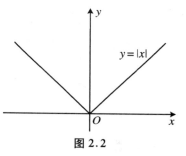

图 2.2

$$\lim_{\Delta x \to 0} \frac{f(0 + \Delta x) - f(0)}{\Delta x} = \lim_{\Delta x \to 0} \frac{|\Delta x| - 0}{\Delta x} = \lim_{\Delta x \to 0} \frac{|\Delta x|}{\Delta x} \ \text{不存在}$$

所以,$y = |x|$ 在点 $x = 0$ 处不可导.

在最近若干年中,人们对研究处处不存在导数的曲线有着深厚的兴趣.在随机和混沌的自然过程的模型中就有这样的曲线.例如,一杯水中水分子的活动路径等.由于任何一个水分子都可随意地和它周围的其他水分子相碰撞,水分子的轨迹带有许多锯齿形状和不可微的角.尽管轨迹在碰撞之间可能是光滑的,但实际上可由一条处处非光滑的曲线来模拟.比如,我国的海岸线也是这样的一个例子,不管我们多么近距离观察,它们都不能变成直线.

2.1.2　导数的运算法则

在 2.1.1 节中,我们按照定义求出了一些函数的导数,但当函数较复杂时,用这种方法求导数就比较困难,甚至无法操作.而大量的实际问题又往往归结为复杂函数的求导问题,我们知道,对复杂函数的求导问题,实质就是对初等函数求导问

题.能否像初等代数一样把它公式化呢?根据初等函数的定义可知,欲使初等函数公式化,只需将四则运算、复合函数及基本初等函数求导公式化即可.下面给出导数的四则运算法则和复合函数的运算法则,利用这两个法则和已经求出的基本初等函数的导数公式,就可以计算比较复杂的函数的导数了.

1. 导数的四则运算法则

下面公式中出现的函数 $u = u(x)$,$v = v(x)$,总是假设它们可导的.我们有

$$
\begin{aligned}
&(1)\ (u \pm v)' = u' \pm v'; \\
&(2)\ (u \cdot v)' = u'v + uv'; \\
&(3)\ (Cu)' = Cu'(C\ 是常数); \\
&(4)\ \left(\frac{u}{v}\right)' = \frac{u'v - uv'}{v^2}(v \neq 0).
\end{aligned}
$$

公式的推导过程这里就省略了,下面我们着重举例说明如何应用这些公式.

例 2.3　求函数 $y = x^4 - \sqrt{x} + 2$ 的导数.

解　$y' = (x^4 - \sqrt{x} + 2)' = (x^4)' - (\sqrt{x})' + (2)'$

$\qquad = 4x^3 - \dfrac{1}{2\sqrt{x}}.$

例 2.4　求函数 $y = x^2 \sin x$ 的导数.

解　$y' = (x^2 \sin x)' = (x^2)' \sin x + x^2 (\sin x)'$

$\qquad = 2x \sin x + x^2 \cos x.$

例 2.5　求函数 $y = \tan x$ 的导数.

解　$y' = (\tan x)' = \left(\dfrac{\sin x}{\cos x}\right)' = \dfrac{(\sin x)' \cos x - \sin x (\cos x)'}{(\cos x)^2}$

$\qquad = \dfrac{\cos x \cdot \cos x - \sin x \cdot (-\sin x)}{(\cos x)^2} = \dfrac{1}{(\cos x)^2} = \sec^2 x.$

同样可以求出 $(\cot x)' = -\csc^2 x$.

2. 复合函数求导的链式法则

上面我们给出了一些简单的函数的导数和导数的基本运算法则,这在实际应用中是很重要的.为了进一步讨论初等函数的求导问题,下面我们给出复合函数的求导法则.

> 设函数 $y = f(u), u = \varphi(x)$ 都是可导的,那么,复合函数 $y = f[\varphi(x)]$ 也是可导的,并且
>
> $$y'_x = y'_u \cdot u'_x \quad \text{或} \quad \frac{\mathrm{d}y}{\mathrm{d}x} = \frac{\mathrm{d}y}{\mathrm{d}u} \cdot \frac{\mathrm{d}u}{\mathrm{d}x}$$

这就是说,函数 y 对自变量 x 的导数,等于 y 对中间变量 u 的导数乘以中间变量 u 对自变量 x 的导数.

例 2.6　求函数 $y = \sin x^2$ 的导数.

解　把函数 $y = \sin x^2$ 看成是由基本初等函数 $y = \sin u$ 与 $u = x^2$ 复合而成的.

$$y'_x = y'_u \cdot u'_x = (\sin u)' \cdot (x^2)'$$
$$= \cos u \cdot 2x = 2x\cos x^2$$

例 2.7　求函数 $y = \ln \cos x$ 的导数.

解　把函数 $y = \ln \cos x$ 看成是由基本初等函数 $y = \ln u$ 与 $u = \cos x$ 复合而成的.所以

$$y'_x = y'_u \cdot u'_x = (\ln u)' \cdot (\cos x)'$$
$$= \frac{1}{u}(-\sin x) = -\frac{\sin x}{\cos x}$$
$$= \tan x$$

注 2.6　此结果可推广到有限多个复合函数的求导上去.

例 2.8　设 $y = \mathrm{e}^{\sin\sqrt{x}}$,求 $\dfrac{\mathrm{d}y}{\mathrm{d}x}$.

解　设 $y = \mathrm{e}^u, u = \sin v, v = \sqrt{x}$,则

$$\frac{\mathrm{d}y}{\mathrm{d}x} = \frac{\mathrm{d}y}{\mathrm{d}u} \cdot \frac{\mathrm{d}u}{\mathrm{d}v} \cdot \frac{\mathrm{d}v}{\mathrm{d}x} = \mathrm{e}^u \cdot \cos v \cdot \frac{1}{2\sqrt{x}} = \frac{1}{2\sqrt{x}}\mathrm{e}^{\sin\sqrt{x}}\cos\sqrt{x}$$

注 2.7　从上述例题可知:利用复合函数的求导公式计算导数的关键是,适当地选取中间变量,将所给的函数拆成两个或几个基本初等函数的复合,然后用一次或几次复合函数求导公式,求出所给的函数的导数.需要指出的是,以后在利用复合函数求导公式时,不要求写出中间变量 u,只要在心中默记就可以了.

例 2.9　求函数 $y = \ln\left(x + \sqrt{x^2 + a^2}\right)$ 的导数.

解　$y' = \dfrac{1}{x + \sqrt{x^2 + a^2}} \cdot \left(x + \sqrt{x^2 + a^2}\right)'$

$$= \frac{1}{x + \sqrt{x^2 + a^2}} \cdot \left[1 + \frac{1}{2\sqrt{x^2 + a^2}} (x^2 + a^2)' \right]$$

$$= \frac{1}{x + \sqrt{x^2 + a^2}} \cdot \left(1 + \frac{2x}{2\sqrt{x^2 + a^2}} \right) = \frac{1}{\sqrt{x^2 + a^2}}.$$

有了这些公式，再利用四则运算及复合函数的求导法则就可以把初等函数的导数求出来．求导的关键是要准确地、熟练地和灵活地运用这些公式和法则．

3. 隐函数求导法

前面讨论的求导方法，适用于因变量 y 已写成自变量 x 的明显表达式 $f(x)$，这种函数称为显函数．但有时还会遇到这样的情形：变量 y 和 x 之间的函数关系由一个方程确定，且因变量 y 没有明显地单独写在等号一边，例如上半圆方程

$$x^2 + y^2 = r^2 \quad (y \geqslant 0)$$

确定了 y 和 x 之间的一个函数关系；方程

$$e^y + xy - e = 0$$

也确定了 y 和 x 之间的一个函数关系．由方程确定的函数称为隐函数．下面举例说明隐函数的求导方法．

例 2.10　求由方程 $x^2 + y^2 = r^2 (y \geqslant 0)$ 确定的函数 $y = y(x)$ 的导数．

解法 1　由已知方程可解得

$$y = \sqrt{r^2 - x^2}$$

于是

$$y' = \frac{1}{2\sqrt{r^2 - x^2}} (-2x) = -\frac{x}{\sqrt{r^2 - x^2}} = -\frac{x}{y}$$

解法 2　不具体地解出 y 来，而仅将 y 看成是 x 的函数 $y = y(x)$，这个函数由 $x^2 + y^2 = r^2 (y \geqslant 0)$ 确定．故若将此 $y = y(x)$ 代入该方程，方程便成为恒等式

$$x^2 + [y(x)]^2 = r^2 \quad (y \geqslant 0)$$

两边同时对自变量求导，利用复合函数求导法则，得到

$$2x + 2yy' = 0$$

由此即得

$$y' = -\frac{x}{y}$$

解法 2 所用的方法称为隐函数求导法．

例 2.11　求由方程 $e^y + xy - e = 0$ 所确定的函数在点 $x = 0$ 的导数 $\left. \dfrac{dy}{dx} \right|_{x=0}$．

解　现在我们不能具体地解出 $y = y(x)$ 的表达式,故只能采用例 2.10 解法 2 所示的隐函数求导法. 方程两边同时对自变量求导,得

$$e^y \frac{\mathrm{d}y}{\mathrm{d}x} + y + x \frac{\mathrm{d}y}{\mathrm{d}x} - 0 = 0$$

从而

$$\frac{\mathrm{d}y}{\mathrm{d}x} = -\frac{y}{x + e^y}$$

又当 $x = 0$ 时,由原方程得 $y = 1$,所以

$$\left. \frac{\mathrm{d}y}{\mathrm{d}x} \right|_{x=0} = -\frac{1}{0 + e^1} = -\frac{1}{e}$$

注 2.8　在某些情形下,显函数利用对数化为隐函数,再利用隐函数求导法计算,显得更为方便.

例 2.12　求 $y = x^{\sin x}\ (x > 0)$ 的导数.

解　此函数既不是幂函数也不是指数函数,为幂指函数. 可先取对数,得

$$\ln y = \sin x \cdot \ln x$$

上式两边同时对 x 求导,得

$$\frac{1}{y} \cdot y' = \cos x \cdot \ln x + \sin x \cdot \frac{1}{x}$$

于是

$$y' = y \left(\cos x \cdot \ln x + \sin x \cdot \frac{1}{x} \right) = x^{\sin x} \left(\cos x \cdot \ln x + \sin x \cdot \frac{1}{x} \right)$$

例 2.13　求 $y = \sqrt{\dfrac{(x-1)(x-2)}{x-3}}\ (x > 3)$ 的导数.

解　若直接求导则计算较繁,现先取对数

$$\ln y = \frac{1}{2} \big[\ln (x-1) + \ln (x-2) - \ln (x-3) \big]$$

上式两边同时对 x 求导,得

$$\frac{1}{y} y' = \frac{1}{2} \left(\frac{1}{x-1} + \frac{1}{x-2} - \frac{1}{x-3} \right)$$

从而

$$y' = \frac{1}{2} \sqrt{\frac{(x-1)(x-2)}{x-3}} \left(\frac{1}{x-1} + \frac{1}{x-2} - \frac{1}{x-3} \right)$$

为了便于查阅,现将基本初等函数的求导公式列于表 2.3 中.

表 2.3

$(C)' = 0$	$(x^a)' = ax^{a-1}$
$(a^x)' = a^x \ln a$	$(\cos x)' = -\sin x$
$(\sin x)' = \cos x$	$(\log_a x)' = \dfrac{1}{x \ln a}, (\ln x)' = \dfrac{1}{x}$
$(\tan x)' = \sec^2 x$	$(\cot x)' = -\csc^2 x$
$(\arcsin x)' = \dfrac{1}{\sqrt{1-x^2}}$	$(\arccos x)' = -\dfrac{1}{\sqrt{1-x^2}}$
$(\arctan x)' = \dfrac{1}{1+x^2}$	$(\operatorname{arccot} x)' = -\dfrac{1}{1+x^2}$

2.1.3　高阶导数

在某些问题中,连续求两次或两次以上某个函数的导数是有意义的,所得的结果就叫**高阶导数**.在 2.1.1 节中已经知道,函数 $f(x)$ 的导数 $f'(x)$ 仍是 x 的函数,因此,将 $f'(x)$ 再求一次导数,就叫作函数 $y = f(x)$ 的**二阶导数**,记作

$$y'', \quad f''(x) \quad 或 \quad \frac{\mathrm{d}^2 y}{\mathrm{d}x^2}$$

即 $y'' = (y')', f''(x) = [f'(x)]'$,或 $\dfrac{\mathrm{d}^2 y}{\mathrm{d}x^2} = \dfrac{\mathrm{d}}{\mathrm{d}x}\left(\dfrac{\mathrm{d}y}{\mathrm{d}x}\right)$.

相应地,把 $y = f(x)$ 的导数 $f'(x)$ 叫作函数 $y = f(x)$ 的一阶导数.

例 2.14　求函数 $y = x^2$ 的二阶导数.

解　$y' = (x^2)' = 2x; y'' = (y')' = (2x)' = 2.$

例 2.15　设函数 $y = \ln(1 + x^2)$,求 $y''(0)$.

解　$y' = \dfrac{2x}{1+x^2}$

$$y'' = \frac{2(1+x^2) - 4x^2}{(1+x^2)^2} = \frac{2 - 2x^2}{(1+x^2)^2}$$

$$y''(0) = 2$$

类似地,对二阶导数 $f''(x)$ 再求导,就得到函数 $y = f(x)$ 的三阶导数,记作

$$y''', \quad f'''(x) \quad 或 \quad \frac{\mathrm{d}^3 y}{\mathrm{d}x^3}, \quad \frac{\mathrm{d}^3 f}{\mathrm{d}x^3}$$

定义 2.2　一般地,设函数 $y = f(x)$ 有直到 $n-1$ 阶的导数,如果它的 $n-1$ 阶导数 $f^{(n-1)}(x)$ 可导,那么就称 $f^{(n-1)}(x)$ 的导数为函数

$f(x)$ 的 n 阶导数,记作

$$f^{(n)}(x), \quad y^{(n)} \quad 或 \quad \frac{\mathrm{d}^n y}{\mathrm{d} x^n} \quad (n = 1, 2, \cdots)$$

注 2.8　为了方便起见,我们把函数本身称为零阶导数,记作 $f(x) = f^{(0)}(x)$.

例 2.16　求指数函数 $y = \mathrm{e}^{\alpha x}$ 的 n 阶导数.

解　$y' = \alpha \mathrm{e}^{\alpha x}$

$y'' = \alpha^2 \mathrm{e}^{\alpha x}$

……

$y^{(n)} = \alpha^n \mathrm{e}^{\alpha x} \quad (n \geqslant 1)$

用同样的方法,可以求出

$$(a^x) = (\ln a)^n a^x \quad (a > 0, a \neq 1)$$

例 2.17　求正弦函数 $y = \sin x$ 的 n 阶导数.

解　$y' = \cos x, y'' = -\sin x, y''' = -\cos x, y^{(4)} = \sin x$;如果继续求下去,我们就会发现这四个函数值会依次循环出现,为了找出它们的规律,我们把上面各式右端的函数都化成正弦函数. 于是有

$$y' = \cos x = \sin\left(x + \frac{\pi}{2}\right)$$

$$y'' = \left[\sin\left(x + \frac{\pi}{2}\right)\right]' = \cos\left(x + \frac{\pi}{2}\right) = \sin\left(x + \frac{\pi}{2} + \frac{\pi}{2}\right) = \sin\left(x + 2 \cdot \frac{\pi}{2}\right)$$

$$y''' = \left[\sin\left(x + \pi\right)\right]' = \cos\left(x + \pi\right) = \sin\left(x + 3 \cdot \frac{\pi}{2}\right)$$

$$y^{(4)} = \left[\sin\left(x + 3 \cdot \frac{\pi}{2}\right)\right]' = \cos\left(x + 3 \cdot \frac{\pi}{2}\right) = \sin\left(x + 4 \cdot \frac{\pi}{2}\right)$$

不难看出,每求一次导数自变量就增加一个 $\frac{\pi}{2}$,因此

$$y^{(n)} = \sin\left(x + n \cdot \frac{\pi}{2}\right)$$

用同样的方法,可以求出

$$(\cos x)^{(n)} = \cos\left(x + n \cdot \frac{\pi}{2}\right)$$

导数的由来

　　17 世纪以来,原有的几何和代数已难以解决当时生产和自然科学所提出的许多新问题,例如:如何求出物体的瞬时速度与加速度?如何求曲线的切线及曲线长度(行星路程)、矢径扫过的面积、极大极小值(如近日点、远日点、最大射程等)、体积、重心、引力,等等;尽管牛顿以前已有对数、解析几何、无穷级数等成就,但还不能圆满或普遍地解决这些问题.当时笛卡儿的《几何学》和瓦里斯的《无穷算术》对牛顿的影响最大.牛顿将古希腊以来求解无穷小问题的种种特殊方法统一为两类算法:正流数术(微分)和反流数术(积分),反映在 1669 年的《运用无限多项方程的分析》、1671 年的《流数术与无穷级数》、1676 年的《曲线求积术》三篇论文和《原理》一书中,以及被保存下来的 1666 年 10 月他写的在朋友们中间传阅的一篇手稿《论流数》中.所谓"流量"就是随时间而变化的自变量如 x, y, s, u 等,"流数"就是流量的改变速度即变化率.他说的"差率""变率"就是微分.与此同时,他还在 1676 年首次公布了由他发明的二项式展开定理.牛顿利用它还发现了其他无穷级数,并用来计算面积、积分、解方程等.1684 年莱布尼茨从对曲线的切线研究中引入了和拉长的 S 作为微积分符号,从此牛顿创立的微积分学在世界各国迅速推广.

2.2　微分及其应用

2.2.1　微分的概念

　　在许多问题中,我们经常遇到当自变量有一个微小的改变量时,需要计算函数相应的改变量.一般来说,直接去计算函数的改变量是比较困难的,但是对于可导函数来说,可以找到一个简单的近似计算公式.

　　例如,面积为 1 m² 的正方形钢板加热后,它的边长增加了 0.000 2 m,问面积相应地增加了多少(精确到小数点后面 4 位)?

首先,我们把钢板面积 S 看成是边长 x 的函数,即 $S = S(x) = x^2$,把加热后边长 x_0 增加的长度记为 Δx(图 2.3),相应有

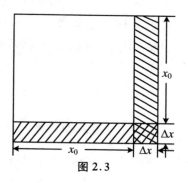

$$\Delta S = S(x_0 + \Delta x) - S(x_0)$$
$$= (x_0 + \Delta x)^2 - x_0^2$$
$$= 2x_0 \Delta x + (\Delta x)^2$$

取 $x_0 = 1, \Delta x = 0.000\,2$,则有

$$\Delta S = 2 \times 0.000\,2 + (0.000\,2)^2$$

图 2.3

由于问题中要求我们精确到小数点后面 4 位,所以上式中右端的第二项可以忽略不计,于是得到 $\Delta S \approx 0.000\,4\,\text{m}^2$. 可见,当 $|\Delta x|$ 很小时,我们就可以用 $2x_0 \Delta x$ 来作为 ΔS 的近似值(其中 $2x_0$ 是一个与 Δx 无关的常数),这个近似值具有良好的精确度.

我们注意到上述问题中 Δx 无关的常数 $2x_0$ 恰好是函数 $S(x) = x^2$ 在 x_0 点的导数,于是我们有:

> **定义 2.3**　函数 $y = f(x)$ 的导数 $f'(x)$ 与自变量的改变量 Δx 的乘积 $f'(x) \cdot \Delta x$ 称为函数 $y = f(x)$ 在 x 处的微分,记作
> $$\mathrm{d}f(x) = f'(x)\Delta x \quad \text{或} \quad \mathrm{d}f(x) = f'(x) \cdot \Delta x$$

值得注意的是:在上述微分表示式中,Δx 为自变量 x 的改变量(或称增量). 应当注意 Δx 不是代表某一个数值,而是一个变量.

特别地,当函数 $y = x$ 时,其微分 $\mathrm{d}y = \mathrm{d}x = (x)' \Delta x = \Delta x$,得到 $\mathrm{d}x = \Delta x$. 即自变量的微分等于自变量的改变量. 于是

$$\mathrm{d}y = f'(x) \cdot \mathrm{d}x$$

即函数的微分等于函数的导数乘以自变量的微分. 于是当 $\mathrm{d}x = \Delta x \neq 0$ 时,有

$$\frac{\mathrm{d}y}{\mathrm{d}x} = f'(x)$$

即函数的导数又称为微商(函数的微分与自变量的微分之商).

从上述叙述中也可得出可微与可导是等价的.

当自变量 x 有一个改变量 Δx 时,相应地函数 $y = f(x)$ 就产生一个改变量(或增量)

$$\Delta y = f(x_0 + \Delta x) - f(x_0)$$

当 $|\Delta x|$ 很小时,可以用微分的值 $\mathrm{d}f(x_0) = f'(x_0) \cdot \Delta x$ 作为 Δy 的近似值.

例 2.18 求函数 $y = 4x^3$ 的微分.

解 由定义得 $\mathrm{d}y = (4x^3)' \cdot \Delta x = 12x^2 \cdot \Delta x$.

或

$$\mathrm{d}y = (4x^3)' \cdot \mathrm{d}x = 12x^2 \cdot \mathrm{d}x$$

2.2.2 微分的计算

由微分与导数的关系式 $\mathrm{d}y = f'(x) \cdot \mathrm{d}x$ 可知,计算函数 $f(x)$ 的微分实际上可以归结为计算导数 $f'(x)$,所以与导数的基本公式和运算法则相对应,可以建立微分的基本公式和运算法则.通常我们把计算导数与计算微分的方法都叫作**微分法**.

1.基本初等函数的微分公式

基本初等函数的微分公式列于表 2.4 中.

表 2.4 基本函数微分公式

$\mathrm{d}C = 0$	$\mathrm{d}x^\alpha = \alpha x^{\alpha-1}\mathrm{d}x$
$\mathrm{d}a^x = a^x \ln a \mathrm{d}x$	$\mathrm{d}e^x = e^x \mathrm{d}x$
$\mathrm{d}\log_a x = \dfrac{1}{x \ln a}\mathrm{d}x$	$\mathrm{d}\ln x = \dfrac{1}{x}\mathrm{d}x$
$\mathrm{d}\sin x = \cos x \mathrm{d}x$	$\mathrm{d}\cos x = -\sin x \mathrm{d}x$
$\mathrm{d}\tan x = \sec^2 x \mathrm{d}x$	$\mathrm{d}\cot x = -\csc^2 x \mathrm{d}x$
$\mathrm{d}\arcsin x = \dfrac{1}{\sqrt{1-x^2}}\mathrm{d}x$	$\mathrm{d}\arccos x = -\dfrac{1}{\sqrt{1-x^2}}\mathrm{d}x$
$\mathrm{d}\arctan x = \dfrac{1}{1+x^2}\mathrm{d}x$	$\mathrm{d}\operatorname{arccot} x = -\dfrac{1}{1+x^2}\mathrm{d}x$

2.微分的运算法则

设函数 $u = u(x)$,$v = v(x)$ 可微,则

$$\mathrm{d}(u \pm v) = \mathrm{d}u \pm \mathrm{d}v; \quad \mathrm{d}(uv) = v\mathrm{d}u + u\mathrm{d}v$$

$$\mathrm{d}(Cu) = C\mathrm{d}u; \quad \mathrm{d}\left(\frac{u}{v}\right) = \frac{v\mathrm{d}u - u\mathrm{d}v}{v^2} \ (v \neq 0)$$

例 2.19 求函数 $y = x^2 + \sin x + 2^x$ 的微分.

解 $\mathrm{d}y = \mathrm{d}(x^2 + \sin x + 2^x)$

$\qquad = 2x\mathrm{d}x + \cos x \mathrm{d}x + 2^x \ln 2 \mathrm{d}x$

$$= (2x + \cos x + 2^x \ln 2)\mathrm{d}x.$$

3. 微分形式不变性

设 $y = f(u)$ 及 $u = \varphi(x)$ 都可导,则复合函数 $y = f[\varphi(x)]$ 的微分为

$$\mathrm{d}y = y'_x \mathrm{d}x = f'(u)\varphi'(x)\mathrm{d}x$$

由于 $\varphi'(x)\mathrm{d}x = \mathrm{d}u$,所以,复合函数 $y = f[\varphi(x)]$ 的微分公式也可以写成

$$\mathrm{d}y = f'(u)\mathrm{d}u \quad 或 \quad \mathrm{d}y = y'_u \mathrm{d}u.$$

由此可见,无论 u 是自变量还是另一个变量的可微函数,微分形式 $\mathrm{d}y = f'(u)\mathrm{d}u$ 都保持不变.这一性质称为微分形式不变性.这性质表示,当变换自变量时,微分形式 $\mathrm{d}y = f'(u)\mathrm{d}u$ 并不改变.

例 2.20　设 $y = \sin(2x + 1)$,求 $\mathrm{d}y$.

解　把 $2x + 1$ 看成中间变量 u,则

$$\mathrm{d}y = \mathrm{d}(\sin u) = \cos u \mathrm{d}u = \cos(2x + 1)\mathrm{d}(2x + 1)$$
$$= \cos(2x + 1) \cdot 2\mathrm{d}x = 2\cos(2x + 1)\mathrm{d}x$$

在求复合函数的导数时,可以不写出中间变量.

例 2.21　求函数 $y = \mathrm{e}^{\sin^2 x}$ 的微分.

解　$\mathrm{d}y = \mathrm{d}\mathrm{e}^{\sin^2 x} = \mathrm{e}^{\sin^2 x}\mathrm{d}\sin^2 x$

$$= \mathrm{e}^{\sin^2 x} \cdot 2\sin x \mathrm{d}\sin x$$
$$= \mathrm{e}^{\sin^2 x} \cdot 2\sin x \cos x \mathrm{d}x = \sin 2x\, \mathrm{e}^{\sin^2 x}\mathrm{d}x.$$

4. 参数方程表示的函数的求导法

式子

$$\frac{\mathrm{d}y}{\mathrm{d}x} = f'(x) \quad 与 \quad \mathrm{d}y = f'(x) \cdot \mathrm{d}x$$

告诉我们导数 $f'(x)$ 是函数微分 $\mathrm{d}y$ 与自变量微分 $\mathrm{d}x$ 之商,而微分形式不变性又告诉我们 $\mathrm{d}x$ 也可以是函数的微分,由此可以得出用参数方程表示的函数的求导法.现举例说明.

例 2.22　求椭圆 $\begin{cases} x = a\cos t \\ y = b\sin t \end{cases}$ 在相应于 $t = \dfrac{\pi}{4}$ 点处的切线方程.

解　$\dfrac{\mathrm{d}y}{\mathrm{d}x} = \dfrac{\mathrm{d}(b\sin t)}{\mathrm{d}(a\cos t)} = \dfrac{b\cos t \mathrm{d}t}{-a\sin t \mathrm{d}t} = -\dfrac{b}{a}\cot t.$

所求切线的斜率为 $\dfrac{\mathrm{d}y}{\mathrm{d}x}\Big|_{t = \frac{\pi}{4}} = -\dfrac{b}{a}.$

切点的坐标为 $x_0 = a\cos\dfrac{\pi}{4} = a\dfrac{\sqrt{2}}{2},\, y_0 = b\sin\dfrac{\pi}{4} = b\dfrac{\sqrt{2}}{2}.$

切线方程为 $y - b\dfrac{\sqrt{2}}{2} = -\dfrac{b}{a}\left(x - a\dfrac{\sqrt{2}}{2}\right)$,即 $bx + ay - \sqrt{2}ab = 0$.

2.2.3　微分的应用

在前面的讨论中我们已经知道:以 $\mathrm{d}y$ 代替函数的增量 Δy 时所产生的绝对误差为 $|\Delta y - \mathrm{d}y|$,当 $|\Delta x|$ 减小时,它比 $|\Delta x|$ 减小得更快.因此,当 $|\Delta x|$ 很小时,可以用下式来计算函数增量 Δy 的近似值

$$\Delta y = f(x_0 + \Delta x) - f(x_0) \approx f'(x_0)\Delta x \qquad (2.1)$$

在式(2.1)中,令 $x = x_0 + \Delta x$,即 $\Delta x = x - x_0$,于是式(2.1)可以改写成

$$f(x) \approx f(x_0) + f'(x_0)(x - x_0) \qquad (2.2)$$

可见,当 $|\Delta x|$ 很小时,可以用式(2.2)来计算点 x 处的函数值 $f(x)$.

例 2.23　半径为 $8\,\mathrm{cm}$ 的金属球加热以后,其半径伸长了 $0.04\,\mathrm{cm}$,问它的体积增大了多少?

解　设球的体积与半径分别为 r, V,则

$$V = \frac{4}{3}\pi r^3$$

这里 $r_0 = 8\,\mathrm{cm}, \Delta r = 0.04\,\mathrm{cm}$.由于 $|\Delta r|$ 是很小的,根据式(2.1)有

$$\Delta V \approx 4\pi r_0^2 \cdot \Delta r = 10.24\pi\,\mathrm{cm}^3$$

例 2.24　计算 $\sqrt[3]{1.03}$ 的近似值.

解　设函数 $f(x) = \sqrt[3]{x}$.取 $x = 1.03, x_0 = 1$,根据式(2.2)有

$$f(x) \approx f(x_0) + f'(x_0)(x - x_0)$$

由 $f(x_0) = 1, f'(x_0) = \dfrac{1}{3}x_0^{-\frac{2}{3}} = \dfrac{1}{3}$,所以

$$\sqrt[3]{1.03} \approx 1 + \frac{1}{3}(1.03 - 1) = 1.01$$

例 2.25　"70规则"是估算一笔钱在银行翻倍所需时间的经验说法,它指的是如果一笔钱存入银行的年复利为 $i\%$,当 i 很小时,需要 $70/i$ 年可以翻倍,利用 $\ln(1 + x)$ 的局部线性化,即近似计算公式,可验证上述规则.

解　令 $r = \dfrac{i}{100} = i\%$(例如 $i = 5$,则 $r = 0.05$),那么 t 年后银行存款 B 可用下式表示

$$B = P(1 + r)^t$$

这里 P 为开始存入银行的钱数,所谓存款翻倍,即 $B = 2P$,代入上式可得

$$2P = P(1 + r)^t$$

等式两边约去 P,并取自然对数,可得

$$\ln 2 = t\ln(1 + r) \implies t = \frac{\ln 2}{\ln(1 + r)}$$

因为在坐标原点附近 $\ln(1 + x) \approx x$,所以 i 很小时(此时 r 也很小),有 $\ln(1 + r) \approx r$,从而

$$t = \frac{\ln 2}{\ln(1 + r)} \approx \frac{\ln 2}{r} = \frac{100\ln 2}{i} \approx \frac{69.3}{i} \approx \frac{70}{i}$$

这正是我们常说的"70 规则".

 小知识

数学史上"百年战争"

微积分是能应用于许多类函数的一种新的普遍的方法,这一发现必须归功于牛顿和莱布尼茨两人.经过他们的工作,微积分不再是古希腊几何的附庸和延展,而是一门独立的学科.

历史上,关于微积分的成果归属和优先权问题,曾在数学界引起了一场长时间的大争论,史上俗称为"百年战争".

1687 年以前,牛顿没有发表过微积分方面的任何著作,虽然他从 1665 年到 1687 年把结果通知了他的朋友.特别地,1669 年,他把他的短文"分析学"给了他的老师巴罗,后者把它送给了 John Collins. 莱布尼茨于 1672 年访问巴黎,1673 年访问伦敦,并和一些与牛顿工作的人通信.然而,他直到 1684 年才发表微积分的著作.于是就出现莱布尼茨是否知道牛顿工作详情的问题,他被指责为剽窃者.但是,在这两个人死了很久以后,调查证明:虽然牛顿工作的大部分是在莱布尼茨之前做的,但是,莱布尼茨是微积分主要思想的独立发明人.这场争吵的重要性不在于谁胜谁负,而是使数学家分成两派.一派是英国数学家,捍卫牛顿;另一派是欧洲大陆数学家,尤其是 Bernoulli 兄弟,支持莱布尼茨,两派相互对立甚至敌对.其结果是,使得英国和欧洲大陆的数学家停止了思想交换.因为牛顿在关于微积分的主要工

作和第一部出版物,即《原理》中使用了几何方法.所以在牛顿去世后的一百多年里,英国人继续以几何为主要工具;而大陆的数学家继续莱布尼茨的分析法,使它发展并得到改善,这些事情的影响非常巨大,它不仅使英国的数学家落在后面,而且使数学损失了一些最有才能的人可做出的贡献.

2.3　导数的应用

本节主要研究导数在经济活动、科学研究和日常生活等方面的应用,首先,利用导数对函数的一些特性进行分析,为此我们将利用导数来研究函数的单调性、极值的判别方法,并利用相应的知识确定一些实际问题的最大值或最小值.

2.3.1　函数的单调性

函数的单调性的定义我们在第 1 章中已给出.但是,直接用定义判别函数的单调性,通常是比较困难的,下面我们将介绍利用一阶导数判别函数单调性的方法,这种方法简便有效.

如何利用导数研究函数的单调性呢?先考察图 2.4,函数 $y = f(x)$ 的图形在区间 (a,b) 内沿 x 轴正向上升,除点 $(\xi, f(\xi))$ 的切线平行于 x 轴外,曲线上其余点处的切线与 x 轴的夹角均为锐角,即曲线 $y = f(x)$ 上除个别点外,切线的斜率为正;反过来也对.再考察图 2.5,曲线 $y = f(x)$ 在区间 (a,b) 内沿 x 轴正向下降,除个别点外,曲线上其余点处的切线的斜率为负,反过来也对.据此可得到关于曲线的升降与函数的导数符号的关系我们有:

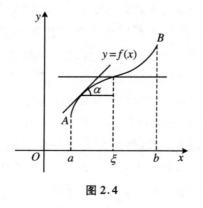

图 2.4

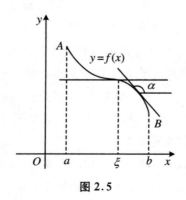

图 2.5

> **定理 2.1**　函数 $y = f(x)$ 在区间 (a,b) 内单调增加(单调减少)
> 当且仅当: $f'(x) \geqslant 0 (f'(x) \leqslant 0)$, $x \in (a,b)$, 而 $f'(x) = 0$ 只在有限
> 个点 x 处成立.

比如,函数 $y = x^3$ 在 $(-\infty, +\infty)$ 内单调增加,满足 $f'(x) \geqslant 0$, 使 $f'(x) = 0$ 的点只有一个,即 $x = 0$.

一般地,我们常常用使导数 $f'(x) = 0$ 的点 ξ 将区间 (a,b) 分成几个子区间, 在这些子区间上可以用下面的方法判定函数 $y = f(x)$ 的单调性.

例 2.26　确定函数 $f(x) = 2x^3 - 9x^2 + 12x - 3$ 的单调区间.

解　这个函数的定义域为 $(-\infty, +\infty)$.

函数的导数为 $f'(x) = 6x^2 - 18x + 12 = 6(x-1)(x-2)$. 导数为零的点有两个:

$$x_1 = 1, \quad x_2 = 2$$

列表 2.5 分析.

表 2.5

x	$(-\infty, 1)$	$(1, 2)$	$(2, +\infty)$
$f'(x)$	+	−	+
$f(x)$	↗	↘	↗

函数 $f(x)$ 在区间 $(-\infty, 1)$ 和 $(2, +\infty)$ 内单调增加,在区间 $(1,2)$ 上单调减少.

例 2.27　从 1998 年到 2005 年某地区大米的供应模型如下:

$$S = -0.004t^2 + 0.71t + 21.8 \quad (8 \leqslant t \leqslant 15)$$

S 指人均消费额(单位是元/(人·年)), $t = 8$ 代表 1998 年,试证明大米在 1998 年至 2005 年供应是单调递增的.

解　因为 $\dfrac{\mathrm{d}S}{\mathrm{d}t} = -0.008t + 0.71$, 在区间 $(8,15)$ 上 $\dfrac{\mathrm{d}S}{\mathrm{d}t} > 0$, 则 S 在 $[8,15]$ 上单调递增,也即玉米在 1998 年至 2005 年供应是单调增加的,如图 2.6 所示.

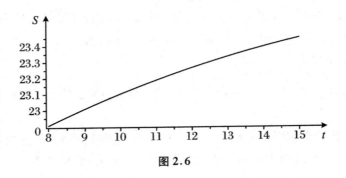

图 2.6

2.3.2　曲线的凹凸与拐点

函数的单调性反映在图形上,就是曲线的上升或下降,但如何上升,如何下降?

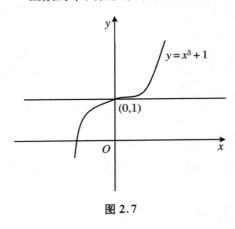

图 2.7

图 2.7 中的函数 $y = x^3 + 1$ 在整个实数轴上都是单调增加的,即曲线弧是单调上升的,但在 $(-\infty, 0)$ 与 $(0, +\infty)$ 这两段上,曲线上升的方式却有显著的差别. 在 $(-\infty, 0)$ 这段上,曲线的切线是在曲线的上方,曲线呈"凸"形;在 $(0, +\infty)$ 这段上,曲线的切线是在曲线的下方,曲线呈"凹"形,而在分界点 $(0,1)$ 处,曲线在切线的两侧.

一般地,有:

> **定义 2.4**　如果一条曲线的任一点的切线都位于曲线的上(下)方,则此曲线称为下凸(上凹)曲线或简称为凸(凹)的,曲线由凸转凹,或由凹转凸的转折点叫作拐点.

凹凸性是对曲线即函数的图形来说的,怎样判别曲线的凹凸性呢?我们先假定曲线 $y = f(x)$ 在某区间内是凸(凹)的,观察 $f(x)$ 具有何特征?如图 2.8 所示,曲线在某区间是凸的,则 x 由小变大时,在曲线上所对应切线斜率越变越小. 由于曲线在 x 处的斜率是 $f'(x)$,它是 x 的函数,因此,$f'(x)$ 随着 x 的增大而变小,即 $f'(x)$ 是单调减少的,由 2.3.1 节可知,$f(x)$ 在该区间内有 $f''(x) \leqslant 0$;同理,如果曲线 $y = f(x)$ 在某区间内是凹的,则有 $f''(x) \geqslant 0$.

反过来,如果函数在某区间内有 $f''(x)<0(>0)$,曲线在此区间内是否是凹(凸)的呢?事实上,如果在某区间内有 $f''(x)<0(>0)$,那么由 2.3.1 的结论知,$f'(x)$ 在这个区间内是单调减少(增加)的,此时,当 x 由小变大时,曲线切线的斜率越变越小(大),切线的方向按顺时针方向转动,由此可知,曲线在切线的下方(上方),因此,曲线是凸(凹)的.

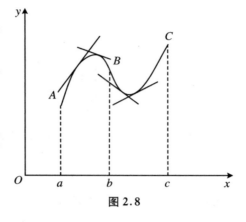

图 2.8

于是,我们有:

> **定义 2.5**　在某区间内,如果 $f''(x)<0$,则 $f(x)$ 的图形在这个区间内是凸的;如果 $f''(x)>0$,则 $f(x)$ 的图形在这个区间内是凹的.

例 2.28　求曲线 $y=3x^4-4x^3+1$ 的凹、凸的区间及拐点.

解　(1) 函数 $y=3x^4-4x^3+1$ 的定义域为 $(-\infty,+\infty)$;

(2) $y'=12x^3-12x^2$,$y''=36x^2-24x=36x\left(x-\dfrac{2}{3}\right)$;

(3) 解方程 $y''=0$,得 $x_1=0$,$x_2=\dfrac{2}{3}$;

(4) 列表 2.6 判断.

表 2.6

x	$(-\infty,0)$	0	$\left(0,\dfrac{2}{3}\right)$	$\dfrac{2}{3}$	$\left(\dfrac{2}{3},+\infty\right)$
$f''(x)$	$+$	0	$-$	0	$+$
$f(x)$	$\cup$	1	$\cap$	$11/27$	$\cup$

在区间 $(-\infty,0)$ 和 $\left(\dfrac{2}{3},+\infty\right)$ 上曲线是凹的,在区间 $\left(0,\dfrac{2}{3}\right)$ 上曲线是凸的.点 $(0,1)$ 和 $\left(\dfrac{2}{3},\dfrac{11}{27}\right)$ 是曲线的拐点.

例 2.29　在一个局限的市场环境中,某商品 P 销售量的增长通常遵从如图 2.9 所示的逻辑斯谛增长曲线,它描述了销售量的增长率是怎样随时间变化的,解释 t_0 和 L 的实际意义.

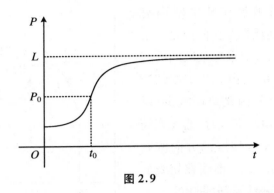

图 2.9

解　从图 2.9 可见,在区间 $(0,t_0)$ 内,曲线是凹增的.因此,商品的销售量是递增的,并且是逐渐增加的,所以,这时 $\dfrac{\mathrm{d}P}{\mathrm{d}t}$ 增加,即 $\dfrac{\mathrm{d}^2P}{\mathrm{d}t^2}>0$.在 t_0 时,商品销售增长的变化率达到了最大值,所以在时间 t 时商品销售量增长最快.在区间 $(t_0,+\infty)$ 内,曲线是凸增的,此时,商品销售增长的变化率逐渐变小,所以 $\dfrac{\mathrm{d}^2P}{\mathrm{d}t^2}<0$.$(t_0,P_0)$ 点为拐点,此时二次导数从正变负,且 $\dfrac{\mathrm{d}^2P}{\mathrm{d}t^2}=0$.

量值 L 代表时间 t 趋向于无穷大时商品销售量所能达到的极限值.称 L 为这个环境下的承载容量.即这个环境所能支撑的销售量的最大值.

2.3.3　函数的极值与最值

1. 函数的极值

观察图 2.10 中的函数 $y=f(x)$,在 $[x_1,x_2]$,$[x_3,x_4]$ 上单调增加,在 $[x_2,x_3]$,$[x_4,x_5]$ 上单调减少.

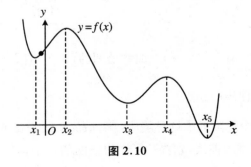

图 2.10

函数在 x_2, x_4 处从单调增加转成单调减少,函数值 $f(x_2), f(x_4)$ 比邻近的函数值都大,这种函数值称为极大值;类似地,$f(x_3)$ 称为极小值.一般地,有:

> **定义 2.6** 如果对某邻域内任意的一点 $x(x \neq x_0)$,总有 $f(x) \leqslant f(x_0)$,则称 $f(x_0)$ 为函数 $f(x)$ 的极大值,x_0 称为函数 $f(x)$ 的极大值点;对某邻域内任意的一点 $x(x \neq x_0)$,总有 $f(x) \geqslant f(x_0)$,则称 $f(x_0)$ 为函数 $f(x)$ 的极小值,x_0 称为函数 $f(x)$ 的极小值点.

函数的极大值与极小值统称为函数的**极值**,使函数取得极值的点称为**极值点**.

在函数取得极值处,曲线上的切线是水平的.但曲线上有水平切线的地方,函数不一定取得极值,但在极值点处不一定有切线.因此可得:

> 如果函数 $f(x)$ 在点 x_0 处有极值,且 $f'(x_0)$ 存在,则 $f'(x_0) = 0$.

注 2.9 使 $f'(x_0) = 0$ 的点,我们将它称为函数 $f(x)$ 的驻点.

注 2.10 $f'(x_0) = 0$ 是点 x_0 为极值点的必要条件,但不是充分条件.例如,函数 $f(x) = x^3$ 在 $x = 0$ 处为驻点,但不是极值点.同理,在导数不存在的点,函数也可能有极值,例如,函数 $f(x) = |x|$ 在 $x = 0$ 处不是驻点,但它是极值点.那么如何来判断一个函数的驻点和导数不存在的点是不是极值点呢?我们有:

> (1) 如果在点 x_0 的某邻域内,当 $x < x_0$ 时,$f'(x) > 0$,而当 $x > x_0$ 时,$f'(x) < 0$,则函数 $f(x)$ 在 x_0 处取得极大值 $f(x_0)$;
>
> (2) 如果在点 x_0 的某邻域内,当 $x < x_0$ 时,$f'(x) < 0$,而当 $x > x_0$ 时,$f'(x) > 0$,则函数 $f(x)$ 在 x_0 处取得极小值 $f(x_0)$;
>
> (3) 如果在点 x_0 的某邻域内当 $x < x_0$ 和 $x > x_0$ 时,$f'(x_0)$ 不变号,则函数 $f(x)$ 在 x_0 处无极值.

由此得出确定极值点和极值的步骤:

> (1) 求出导数 $f'(x)$;
>
> (2) 求出 $f'(x)$ 的全部驻点和不可导点;
>
> (3) 列表判断;
>
> (4) 写出函数的所有极值点和极值.

例 2.30 求函数 $y = x^3 - 3x^2 - 9x + 2$ 的极值.

解　函数的定义域:$(-\infty,+\infty)$.

导数:$y' = 3x^2 - 6x - 9 = 3(x+1)(x-3)$.

令 $y' = 0$ 得驻点:$x_1 = -1, x_2 = 3$.

列表 2.7.

表 2.7

x	$(-\infty,-1)$	-1	$(-1,3)$	3	$(3,+\infty)$
y'	$+$	0	$-$	0	$+$
y	↗	极大 $y(-1)=7$	↘	极小,$y(3)=-25$	↗

由表 2.7 可知,$x = -1$ 是极大值点,极大值为 $y(-1) = 7$,$x = 3$ 是极小值点,极小值为 $y(3) = -25$.

例 2.31　求函数 $f(x) = x - \dfrac{3}{2}\sqrt[3]{x^2}$ 的单调增减区间和极值.

解　$f'(x) = 1 - \dfrac{1}{\sqrt[3]{x}}$.

令 $f'(x) = 0$,得驻点 $x = 1$,不可导点为 $x = 0$.

列表 2.8.

表 2.8

x	$(-\infty,0)$	0	$(0,1)$	1	$(1,+\infty)$
$f'(x)$	$+$	不存在	$-$	0	$+$
$f(x)$	↗	极大值 0	↘	极小值 $-\dfrac{1}{2}$	↗

函数 $f(x)$ 在区间 $(-\infty,0)$ 和 $(1,+\infty)$ 内单调增加,在区间 $(0,1)$ 内单调减少.函数的极大值为 $f(0) = 0$,极小值为 $f(1) = -\dfrac{1}{2}$.

2. 函数的最值

在工农业生产、工程技术及科学实验中,常常会遇到这样一类问题:在一定条件下,怎样使"产品最多""用料最省""成本最低""效率最高"等问题,这类问题在数学上有时可归结为求某一函数(通常称为目标函数)的最大值或最小值问题.

由第 1 章闭区间上连续函数的性质知:如果函数 $f(x)$ 在闭区间 $[a,b]$ 上连续,则函数的最大值和最小值一定存在.与极值不同的是,最大值与最小值除可能在区间的内部取得外,也可能在区间的端点取得.若函数的最大值不在区间的端点取得,则最大值一定是函数的极大值.因此,函数在闭区间$[a,b]$上的最大值一定是函数的所有极大值和函数在区间端点的函数值中最大者.同理,函数在闭区间$[a,b]$上的最小值一定是函数的所有极小值和函数在区间端点的函数值中最小者.因此,连续函数$f(x)$在$[a,b]$上的最大值与最小值可以由区间端点的函数值与区间内驻点和不可导点的函数值相比而得出,其中最大的就是函数$f(x)$在$[a,b]$上的最大值,最小的就是函数$f(x)$在$[a,b]$上的最小值.

例 2.32　求 $y = 2x^3 - 6x^2 - 18x + 7$ 在$[1,4]$上的最大值与最小值.

解　令 $y' = 6x^2 - 12x - 18 = 6(x+1)(x-3) = 0$,得
$$x = 3, \quad x = -1(舍去)$$
而
$$y\,|_{x=3} = -47, \quad y\,|_{x=1} = -15, \quad y\,|_{x=4} = -33$$
所以,函数的最大值为 $y\,|_{x=4} = 33$,最小值为 $y\,|_{x=3} = -47$.

2.3.4　极值应用问题举例

首先来解决本章引子中的问题.

例 2.33　某房地产公司有 50 套公寓要出租,当租金定为每月 1 000 元时,公寓会全部租出去.当租金每月增加 50 元时,就有一套公寓租不出去,而租出去的房子每月需花费 100 元的整修维护费.试问房租定为多少可获得最大收入?

解　设房租为每月 x 元,租出去的房子有 $50 - \left(\dfrac{x - 1\,000}{50}\right)$ 套,每月总收入为
$$R(x) = (x - 100)\left(50 - \frac{x - 1\,000}{50}\right) = (x - 100)\left(70 - \frac{x}{50}\right)$$
$$R'(x) = \left(70 - \frac{x}{50}\right) + (x - 100)\left(-\frac{1}{50}\right) = 72 - \frac{x}{25}$$

令 $R'(x) = 0$,得 $x = 1\,800$(唯一驻点).

故每月每套租金为 1 800 元时收入最高.最大收入为 $R(1\,800) = 57\,800$(元).此时,没租出去的公寓有 $\dfrac{1\,800 - 1\,000}{50} = 16$(套).

例 2.34　要做一个容积为 V 的圆柱形罐头筒,怎样设计才能使所用材料最省?

解　设底半径为 r,高为 h,则
$$V = \pi r^2 h, \quad h = \frac{V}{\pi r^2}$$

因此总表面积为

$$S = 2\pi r^2 + 2\pi rh = 2\pi r^2 + \frac{2V}{r} \quad (r \in (0, +\infty))$$

求导得

$$S' = 4\pi r - \frac{2V}{r^2} = \frac{2(2\pi r^3 - V)}{r^2}$$

令 $S' = 4\pi r - \dfrac{2V}{r^2} = 0$,得驻点 $r_0 = \sqrt[3]{\dfrac{V}{2\pi}}$.

由驻点的唯一性和最小值的客观存在性,知 S 在驻点 r_0 处取得最小值,这时相应的高为 $h = \dfrac{V}{\pi r_0^2} = 2r$. 于是得出结论:当所做罐头筒的高和底直径相等时,所用材料最省.

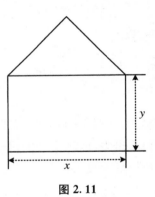

图 2.11

例 2.35　用一段长 20 m 的钢料做成如图 2.11 所示的窗框,上方为一等边三角形,下方为一个长方形. 问怎样取材,通过窗户的光线才最多?

解　当窗框面积(中间横料面积不计) 最大时,通过窗户的光线才最多.设长方形底为 x,高为 y.则 $4x + 2y = 20$,即 $y = 10 - 2x$.设窗框的面积为 S,则

$$S = xy + \frac{\sqrt{3}}{4}x^2 = 10x + \left(\frac{\sqrt{3}}{4} - 2\right)x^2$$

$$S' = 10 + \left(\frac{\sqrt{3}}{2} - 4\right)x$$

令 $S' = 0$,得驻点 $x = \dfrac{20}{8 - \sqrt{3}} \approx 3.190\,8$,这时 $y = 3.618\,3$. 又 $4x + 2y = 20$,且 $x, y > 0$,可得 $4x < 20$,因此有 $x \in (0,5)$.在开区间 $(0,5)$ 内只有一个驻点,所以,当窗户下面长方形的底和高分别取 $3.190\,8$ m 和 $3.618\,3$ m 时,通过窗户的光线最多.

例 2.36　某厂计划年产 a 台车床,分批生产,每批生产准备费为 b 元,每年每台库存费为 c 元.若平均库存量为批量的一半,问每批生产多少台,年库存费与生产准备费的和最小?

解　设批量为 x,则库存费与生产准备费的和为

$$P(x) = \frac{a}{x} \cdot b + \frac{x}{2} \cdot c = \frac{ab}{x} + \frac{c}{2}x \quad (x \in (0, a))$$

令 $P'(x) = -\dfrac{ab}{x^2} + \dfrac{c}{2} = 0$,得驻点 $x_0 = \sqrt{\dfrac{2ab}{c}}$.

由于 x_0 为唯一驻点,故在 x_0 处取得最小值. 因此当批量为 $\sqrt{\dfrac{2ab}{c}}$ 时,总费用最小.

例 2.37 某公司获得在一次国际比赛中销售一种新的大热狗的特许权,每销售一个这样的热狗需成本 1 元,现已知这种热狗在运动会上价格需求曲线近似为

$$P = 5 - \ln x \quad (0 < x \leqslant 50)$$

其中 x 为销售热狗的数量(以千个为单位),P 以元为单位. 试求价格为多少时,该公司利润最大?

解 由已知可求得收益函数 $R(x)$ 为

$$R(x) = P \cdot x = (5 - \ln x) \cdot x = 5x - x\ln x$$

其成本函数为

$$C(x) = 1 \cdot x = x$$

因此,利润函数为

$$L(x) = R(x) - C(x) = 5x - x\ln x - x = 4x - x\ln x$$

$$L'(x) = 4 - \ln x - x \cdot \frac{1}{x} = 3 - \ln x$$

令 $L'(x) = 0$,求得 $L(x)$ 临界点为 $x = e^3 \approx 20$,此时相应的热狗价格应为

$$P(20) = 5 - \ln 20 \approx 2(元)$$

由此可知,该公司在运动会上要销售 20(千个),即 2 万个热狗,每个热狗价格为 2 元时,达到利润最大.

例 2.38(鱼群的适度捕捞问题) 鱼群是一种可再生的资源,若目前鱼群的总数为 x(单位:kg),经过一年的成长与繁殖,第二年鱼群的总数为 y(单位:kg). 反映 x 与 y 之间相互关系的曲线称为再生曲线,记为 $y = f(x)$.

现设鱼群的再生曲线为 $y = rx\left(1 - \dfrac{x}{N}\right)$(其中 r 是鱼群的自然生长率,$r > 1$,N 是自然环境能够负荷的最大鱼群数量). 为使鱼群的数量保持稳定,在捕鱼时必须注意适度捕获. 问鱼群的数量控制在多大时,才能获取最大的持续捕捞量?

解 首先我们对再生曲线 $y = rx\left(1 - \dfrac{x}{N}\right)$ 的实际意义做简略解释.

由于 r 是自然增长率,故一般可认为 $y = rx$,但是,由于自然环境的限制,当鱼

群的数量过大时,其生长环境就会恶化,导致鱼群增长率的降低.为此,我们乘上了一个修正因子$\left(1 - \dfrac{x}{N}\right)$,于是$y = rx\left(1 - \dfrac{x}{N}\right)$,这样当$x \to N$时,$y \to 0$,即$N$是自然环境所能容纳的鱼群极限量.

设每年的捕获量为$h(x)$,则第二年的鱼群总量为$y = f(x) - h(x)$,要限制鱼群总量保持在某一个数值x,则$x = f(x) - h(x)$.

所以

$$h(x) = f(x) - x = rx\left(1 - \frac{x}{N}\right) - x = (r - 1)x - \frac{r}{N}x^2$$

现在求$h(x)$的最大值:

由$h'(x) = (r - 1) - \dfrac{2r}{N}x = 0$,得驻点$x^* = \dfrac{(r - 1)}{2r}N$.

由于驻点唯一,所以,$x^* = \dfrac{(r - 1)}{2r}N$是$h(x)$的最大值点.

因此,鱼群规模控制在$x^* = \dfrac{(r - 1)}{2r}N$时,可以使我们获得最大的持续捕捞量.此时

$$\begin{aligned}
h(x^*) &= (r - 1)x^* - \frac{r}{N}x^{*2} = (r - 1)\frac{r - 1}{2r}N - \frac{r}{N} \times \frac{(r - 1)^2}{4r^2}N^2 \\
&= \frac{(r - 1)^2}{4r}N
\end{aligned}$$

即最大持续捕捞量为$\dfrac{(r - 1)^2}{4r}N$.

奇妙的蜂房结构

蜜蜂以其辛勤的劳动给世界带来生机,为人类带来甜蜜.蜂房结构之精妙也令世人赞叹不已.达尔文曾说过:"蜂巢的精巧构造十分符合需要,如果一个人看到蜂房而不加赞扬,那他一定是个糊涂虫."那么蜂房的结构究竟奇妙在何处呢?科学家们经过考察发现,蜂窝是两排紧密排列起来的蜂房相嵌在一起的.每个蜂房的入口是一个正六边形(图2.12).蜂房的底部将两排蜂房隔开.奇妙的是,每个蜂房的底

部却不是正六边形,而是由三个全等的菱形组成的锥体表面.这些菱形的形状是一样的,其钝角为 $109°28'$,锐角为 $70°32'$. 由于底部不是一个平面,就会产生凹凸不平的形状,这使前后两排蜂房嵌在一起的"建筑物"比较牢固.但要解释菱形的钝角和锐角分别为 $109°28'$ 和 $70°32'$ 的原因,科学家们做了长期的研究,答案在微积分产生之后才得到.蜜蜂建造这样的蜂房使用的材料最节省.

图 2.12

$^*2.4$　多元函数微分学简介

在本书前面各章节中,我们研究的一元函数是因变量与一个自变量之间的关系,但在实际问题中,往往需要研究一个因变量与几个自变量之间的关系,因此就需要引入多元函数的概念.本节先介绍空间解析几何的一些基本概念,然后介绍二元函数微分学及其应用,三元及其以上的多元函数以此类推.

2.4.1　空间直角坐标系简介

坐标系:以 O 为公共原点,作三条互相垂直的数轴 Ox 轴(横轴),Oy 轴(纵轴),Oz 轴(竖轴),其中三条数轴符合右手规则.我们把点 O 叫作坐标原点,数轴 Ox,Oy,Oz 统称为坐标轴. xOy,yOz,zOx 三个坐标面.三个坐标面将空间分成八个部分,每一部分称为一个卦限(图 2.13).

点的坐标:设 M 为空间中一点,过 M 点作三个平面分别垂直于三条坐标轴,它们与 x 轴,y 轴,z 轴的交点依次为 P,Q,R(图 2.14),设 P,Q,R 三点在三个坐标轴的坐标依次为 x,y,z. 空间一点 M 就唯一地确定了一个有序数组 (x,y,z),称为 M 的直角坐标、x,y,z 分别称为点 M 的**横坐标**、**纵坐标**和**竖坐标**,记为 $M(x,y,z)$.

两点间的距离:设 $M_1(x_1,y_1,z_1)$,$M_2(x_2,y_2,z_2)$ 为空间两点,可以证明:这两点间的距离为

$$|M_1M_2| = \sqrt{(x_2 - x_1)^2 + (y_2 - y_1)^2 + (z_2 - z_1)^2}$$

特别地,点 $M(x,y,z)$ 与原点 $O(0,0,0)$ 的距离为

$$|OM| = \sqrt{x^2 + y^2 + z^2}$$

不难看出,上述两个公式是平面直角坐标系中两点间距离公式的推广.

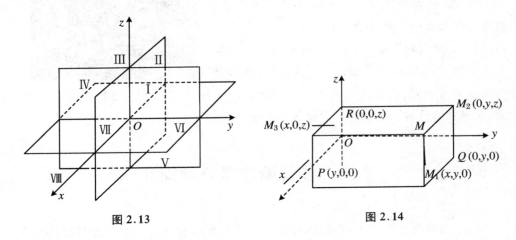

图 2.13　　　　　　　　　　　　　　　图 2.14

2.4.2　多元函数的概念

函数 $y = f(x)$ 是因变量与一个自变量之间的关系,即因变量的值只依赖于一个自变量,称为一元函数.但在许多实际问题中往往需要研究因变量与几个自变量之间的关系,即因变量的值依赖于几个自变量.

例如,某种商品的市场需求量不仅仅与其市场价格有关,而且与消费者的收入以及这种商品的其他代用品的价格等因素有关,即决定该商品需求量的因素不止一个而是多个.要全面研究这类问题,就需要引入多元函数的概念.

> **定义 2.7**　设 D 是平面上的一个非空点集,如果对于每个点 $(x,y) \in D$,变量 z 按照一定的法则 f 总有唯一确定的值与之对应,则称 z 是变量 x,y 的**二元函数**,记为
> $$z = f(x,y)$$
> 其中变量 x,y 称为自变量,z 称为因变量,集合 D 称为函数 $f(x,y)$ 的定义域,对应函数值的集合 $\{z \mid z = f(x,y),(x,y) \in D\}$ 称为该函数的值域.

类似地,可以定义三元函数 $u = f(x,y,z)$ 以及三元以上的函数. 二元以及二元以上的函数统称为**多元函数**.

与一元函数一样,定义域和对应法则是二元函数的两个要素.

一元函数的自变量只有一个,因而函数的定义域比较简单,是一个或几个区间.二元函数有两个自变量,定义域通常是由平面上一条或几条光滑曲线所围成的具有连通性的部分平面.即二元函数的定义域在几何上通常为一个或几个平面区域.

例 2.39　求下列二元函数的定义域,并绘出定义域的图形.

(1) $z = \sqrt{1 - x^2 - y^2}$;　　　　　　　　(2) $z = \ln(x + y)$.

解　(1) 要使函数 $z = \sqrt{1 - x^2 - y^2}$ 有意义,必须有 $1 - x^2 - y^2 \geqslant 0$,即有 $x^2 + y^2 \leqslant 1$.

故所求函数的定义域为 $D = \{(x, y) \mid x^2 + y^2 \leqslant 1\}$,图形为图 2.15.

(2) 要使函数 $z = \ln(x + y)$ 有意义,必须有 $x + y > 0$.故所有函数的定义域为 $D = \{(x, y) \mid x + y > 0\}$,图形为图 2.16.

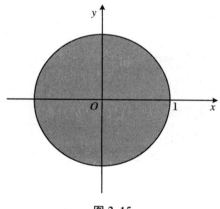

图 2.15

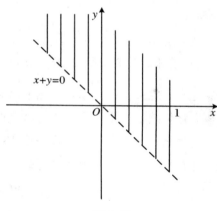

图 2.16

设函数 $z = f(x, y)$ 的定义域为 D,对于任意取定的 $P(x, y) \in D$,对应的函数值为 $z = f(x, y)$,这样,以 x 为横坐标、y 为纵坐标、z 为竖坐标在空间就确定一点 $M(x, y, z)$,当 $P(x, y)$ 取遍 D 上一切点时,得一个空间点集 $\{(x, y, z) \mid z = f(x, y),$ $(x, y) \in D\}$,这个点集称为二元函数 $z = f(x, y)$ 的图形.如图 2.17 所示,二元函数的图形通常为空间中的一张曲面.

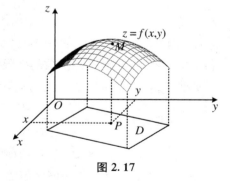

图 2.17

2.4.3　二元函数的极限与连续

在一元函数中,我们研究了当自变量趋于某一数值时函数的极限,而这时动点趋于定点的各种方式总是沿着坐标轴进行的.对于二元函数 $z = f(x, y)$,同样可以讨论当自变量 x 与 y 趋向于 x_0 和 y_0 时,函数 z 的变化状态.也就是说,研究当点 (x, y) 趋向 (x_0, y_0) 时,函数 $z = f(x, y)$ 的变化趋势.但是,二元函数的情况要比一元函数复杂得多.因为在坐标平面 xOy 上,(x, y) 趋向 (x_0, y_0) 的方式是多种多样的.

首先介绍邻域的概念.

> **定义 2.8**　设 $P_0(x_0, y_0)$ 是 xOy 平面上的一个点,δ 是某一正数,与点 $P_0(x_0, y_0)$ 距离小于 δ 的点 $P(x, y)$ 的全体,称为点 P_0 的 δ 邻域,记为 $U(P_0, \delta)$,即
>
> $$U(P_0, \delta) = \{P \mid \mid PP_0 \mid < \delta\} = \left\{(x, y) \mid \sqrt{(x - x_0)^2 + (y - y_0)^2} < \delta\right\}$$

有了邻域的概念以后,我们就可以定义二元函数极限的概念了.

> **定义 2.9**　如果当点 $P(x, y)$ 在点 $P_0(x_0, y_0)$ 的某去心邻域内沿任何路径无限趋于 $P_0(x_0, y_0)$ 时,对应的函数值 $z = f(x, y)$ 都无限趋近于一个常数 A,则称当点 $P(x, y)$ 趋向于 $P_0(x_0, y_0)$ 时,函数 $z = f(x, y)$ 以 A 为极限.记为
>
> $$\lim_{(x, y) \to (x_0, y_0)} f(x, y) = A$$

注 2.11　二元函数极限也叫二重极限,也可记为

$$\lim_{\substack{x \to x_0 \\ y \to y_0}} f(x, y)$$

注 2.12　在极限的计算中不是先 $x \to x_0$,再 $y \to y_0$,而是 $P(x, y)$ 以任意方式趋于 $P_0(x_0, y_0)$,比一元函数的极限要复杂很多.

类似地,我们也可以定义二元函数连续与间断的概念.

> **定义 2.10**　若 $\lim\limits_{(x, y) \to (x_0, y_0)} f(x, y) = f(x_0, y_0)$,则称函数 $z = f(x, y)$ 在点 $P_0(x_0, y_0)$ 处连续.否则称函数 $z = f(x, y)$ 在点 $P_0(x_0, y_0)$ 间断,点 $P_0(x_0, y_0)$ 称为该函数的间断点.

同样,如果 $f(x,y)$ 在平面区域 D 内的每一点都连续,则称该函数在区域 D 内连续.

二元函数的连续性的概念与一元函数是类似的,并且具有类似的性质:如在区域 D 内连续的二元函数的图形是空间中的一个连续曲面;二元连续函数经过有限次的四则运算后仍为二元连续函数;定义在有界闭区域 D 上的连续函数 $f(x,y)$ 一定可以在 D 上取得最大值和最小值.

2.4.4　多元函数的偏导数

在研究一元函数的变化率时曾引入导数的概念,对于多元函数同样需要研究函数关于自变量的变化率问题.但多元函数的自变量不止一个,函数关系也比较复杂,通常的方法是只让一个变量变化,固定其他的变量(即视为常数),研究函数关于这个变量的变化率.我们把这种变化率称为偏导数.

1. 多元函数的偏导数

(1) 偏导数的定义

对于二元函数,当我们相对固定其中一个自变量时,它就是一个一元函数了,于是我们仿照一元函数的导数的定义可得偏导数的定义.

> **定义 2.11**　对于函数 $z = f(x,y)$,在点 (x_0, y_0) 的某一邻域内固定 $y = y_0$,在 x_0 处给 x 以增量 Δx,相应地函数 $f(x,y)$ 有增量 $f(x_0 + \Delta x, y_0) - f(x_0, y_0)$,如果
> $$\lim_{\Delta x \to 0} \frac{f(x_0 + \Delta x, y_0) - f(x_0, y_0)}{\Delta x}$$
> 存在,则称此极限为函数 $z = f(x,y)$ 在点 (x_0, y_0) 处对 x 的偏导数,记为
> $$z'_x \Big|,\quad f'_x(x_0, y_0),\quad \frac{\partial f}{\partial x}\Big|_{\substack{x=x_0 \\ y=y_0}}\quad \text{或}\quad \frac{\partial z}{\partial x}\Big|_{\substack{x=x_0 \\ y=y_0}}$$

类似地,可定义函数 $z = f(x,y)$ 在点 (x_0, y_0) 处对 y 的偏导数
$$f'_y(x_0, y_0) = \lim_{\Delta y \to 0} \frac{f(x_0, y_0 + \Delta y) - f(x_0, y_0)}{\Delta y}$$

注 2.13　同样,还可记为 $z'_y \Big|_{\substack{x=x_0 \\ y=y_0}}, \dfrac{\partial f}{\partial y}\Big|_{\substack{x=x_0 \\ y=y_0}}$ 或 $\dfrac{\partial z}{\partial y}\Big|_{\substack{x=x_0 \\ y=y_0}}$ 等.

如果函数 $z = f(x,y)$ 在平面区域 D 内任一点 (x,y) 处都存在对 x(或 y)的偏导数,则称函数 $z = f(x,y)$ 在 D 内存在对 x(或 y)的**偏导函数**,简称函数 $f(x,y)$

在 D 内有偏导数,记为

$$z'_x, f'_x(x,y), \frac{\partial f}{\partial x} \text{ 或} \frac{\partial z}{\partial x}; \quad f'_y(x,y), \frac{\partial f}{\partial y} \text{ 或} \frac{\partial z}{\partial y}$$

从偏导数的定义中可以看出,偏导数的实质就是把一个变量固定,而将二元函数 $z = f(x,y)$ 看成另一个变量的一元函数的导数.因此求二元函数的偏导数,不需要引进新的方法,只需用一元函数的微分法,把一个自变量暂时视为常量,而对另一个自变量进行求导即可.即求 $\frac{\partial z}{\partial x}$ 时,把 y 视为常数而对 x 求导数;求 $\frac{\partial z}{\partial y}$ 时,把 x 视为常数而对 y 求导数.

注 2.14　$f(x,y)$ 在点 (x_0,y_0) 处的偏导数 $f'_x(x_0,y_0),f'_y(x_0,y_0)$,就是偏导函数 $f'_x(x,y),f'_y(x,y)$ 在 (x_0,y_0) 处的函数值.

例 2.40　设 $z = x^3 - 2x^2 y + 3y^4$,求 $\frac{\partial z}{\partial x},\frac{\partial z}{\partial y},\frac{\partial z}{\partial x}\Big|_{(1,1)}$ 和 $\frac{\partial z}{\partial y}\Big|_{(1,-1)}$.

解　对 x 求偏导数,就是把 y 看作常量对 x 求导数,$\frac{\partial z}{\partial x} = 3x^2 - 4xy$;

对 y 求偏导数,就是把 x 看作常量对 y 求导数,$\frac{\partial z}{\partial y} = -2x^2 + 12y^3$;

$$\frac{\partial z}{\partial x}\Big|_{(1,1)} = 3x^2 - 4xy\Big|_{\substack{x=1\\y=1}} = -1; \frac{\partial z}{\partial y}\Big|_{(1,-1)} = -2x^2 + 12y^3\Big|_{\substack{x=1\\y=-1}} = -14.$$

例 2.41　设 $z = x^y$,求 $\frac{\partial z}{\partial x},\frac{\partial z}{\partial y}$.

解　$\frac{\partial z}{\partial x} = yx^{y-1}, \quad \frac{\partial z}{\partial y} = x^y \ln x.$

(2) 偏导数的几何意义

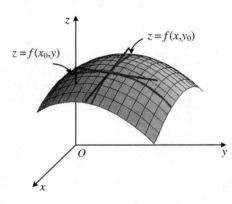

图 2.18

设 $M_0(x_0,y_0,f(x_0,y_0))$ 是曲面 $z = f(x,y)$ 上一点,过 M_0 作平面 $y = y_0$,与曲面相截得一条曲线(图 2.18),其方程为

$$\begin{cases} y = y_0 \\ z = f(x,y_0) \end{cases}$$

偏导数 $f'_x(x_0,y_0)$,就是导数 $\frac{\mathrm{d}}{\mathrm{d}x}f(x,y_0)\Big|_{x=x_0}$.在几何上,它是该曲线在点 M_0 处的切线 $M_0 T_x$ 对 x 轴的斜率.

同样,偏导数 $f'_y(x_0, y_0)$ 表示曲面 $z = f(x, y)$ 被平面 $x = x_0$ 所截得的曲线

$$\begin{cases} x = x_0 \\ z = f(x_0, y) \end{cases}$$

在点 M_0 处的切线 $M_0 T_y$ 对 y 轴的斜率.

（3）高阶偏导数

由上面的例子可以看出:函数 $z = f(x, y)$ 对于 x, y 的偏导数 $\dfrac{\partial z}{\partial x}, \dfrac{\partial z}{\partial y}$ 仍是 x, y

的二元函数,自然地可以考虑 $\dfrac{\partial z}{\partial x}$ 和 $\dfrac{\partial z}{\partial y}$ 能不能再求偏导数. 如果 $\dfrac{\partial z}{\partial x}, \dfrac{\partial z}{\partial y}$ 对自变量 x,

y 的偏导数也存在,则它们的偏导数称为 $f(x, y)$ 的二阶偏导数.

按照对变量求导次序有下列四种二阶偏导数.

$$\frac{\partial}{\partial x}\left(\frac{\partial z}{\partial x}\right) = \frac{\partial^2 z}{\partial x^2} = f''_{xx}(x, y) = z''_{xx}; \quad \frac{\partial}{\partial y}\left(\frac{\partial z}{\partial x}\right) = \frac{\partial^2 z}{\partial x \partial y} = f''_{xy}(x, y) = z''_{xy}$$

$$\frac{\partial}{\partial x}\left(\frac{\partial z}{\partial y}\right) = \frac{\partial^2 z}{\partial y \partial x} = f''_{yx}(x, y) = z''_{yx}; \quad \frac{\partial}{\partial y}\left(\frac{\partial z}{\partial y}\right) = \frac{\partial^2 z}{\partial y^2} = f''_{yy}(x, y) = z''_{yy}$$

其中 $f''_{xy}(x, y), f''_{yx}(x, y)$ 称为二阶**混合偏导数**. 类似地,有三阶、四阶和更高阶的偏导数,二阶及二阶以上的偏导数统称为**高阶偏导数**.

例 2.42　求函数 $z = x^3 y^2 - 3xy^3 - xy + 1$ 的二阶偏导数.

解　因为函数的一阶偏导数为

$$\frac{\partial z}{\partial x} = 3x^2 y^2 - 3y^3 - y, \quad \frac{\partial z}{\partial y} = 2x^3 y - 9xy^2 - x$$

所以,所求二阶偏导数为

$$\frac{\partial^2 z}{\partial x^2} = \frac{\partial}{\partial x}\left(\frac{\partial z}{\partial x}\right) = \frac{\partial}{\partial x}(3x^2 y^2 - 3y^3 - y) = 6xy^2$$

$$\frac{\partial^2 z}{\partial x \partial y} = \frac{\partial}{\partial y}\left(\frac{\partial z}{\partial x}\right) = \frac{\partial}{\partial y}(3x^2 y^2 - 3y^3 - y) = 6x^2 y - 9y^2 - 1$$

$$\frac{\partial^2 z}{\partial y \partial x} = \frac{\partial}{\partial x}\left(\frac{\partial z}{\partial y}\right) = \frac{\partial}{\partial x}(2x^3 y - 9xy^2 - x) = 6x^2 y - 9y^2 - 1$$

$$\frac{\partial^2 z}{\partial y^2} = \frac{\partial}{\partial y}\left(\frac{\partial z}{\partial y}\right) = \frac{\partial}{\partial y}(2x^3 y - 9xy^2 - x) = 2x^3 - 18xy$$

此例中的两个二阶混合偏导数相等,但这个结论并非对于任意可求二阶偏导数的二元函数都成立,但若函数 $z = f(x, y)$ 的两个二阶混合偏导数在点 (x, y) 处连续,则在该点处有

$$\frac{\partial^2 z}{\partial x \partial y} = \frac{\partial^2 z}{\partial y \partial x}$$

对于三元以上的函数也可以类似地定义高阶偏导数,而且在偏导数连续时,混合偏导数也与求偏导的次序无关.

2.4.5　多元函数的应用举例

在一元函数中,我们利用函数的导数求得函数的极值,进一步解决了有关实际问题的最优化问题.但在工程技术、管理技术、经济分析等实际问题中,往往涉及多元函数的极值和最值问题.本节就来重点讨论二元函数的极值问题,进而可以类推到更多元函数的极值问题.

1. 多元函数的极值

首先我们仿照一元函数极值的定义,给出二元函数极值的定义.

> **定义 2.12**　如果对于点 $P_0(x_0, y_0)$ 的某邻域内的任意异于 $P_0(x_0, y_0)$ 的点 $P(x, y)$,都有不等式 $f(x, y) < f(x_0, y_0)$,则称函数在 $P_0(x_0, y_0)$ 有极大值 $f(x_0, y_0)$;如果都有不等式 $f(x, y) > f(x_0, y_0)$ 则称函数在 $P_0(x_0, y_0)$ 有极小值 $f(x_0, y_0)$.

极大值、极小值统称为极值,使函数取得极值的点统称为极值点.求极值关键在于求出极值点,类似于一元函数的极值我们有下列结论:

> 设函数 $z = f(x, y)$ 在点 (x_0, y_0) 的某邻域内具有连续的二阶偏导数,且点 (x_0, y_0) 是函数的驻点,即 $f'_x(x_0, y_0) = 0, f'_y(x_0, y_0) = 0$. 若记 $f''_{xx}(x_0, y_0) = A, f''_{xy}(x_0, y_0) = B, f''_{yy}(x_0, y_0) = C$,则
>
> (1) 当 $B^2 - AC < 0$ 时,点 (x_0, y_0) 是极值点,且若 $A < 0$,点 (x_0, y_0) 是极大值点;若 $A > 0$,点 (x_0, y_0) 是极小值点.
>
> (2) 当 $B^2 - AC > 0$ 时,点 (x_0, y_0) 是非极值点.
>
> (3) 当 $B^2 - AC = 0$ 时,不能确定点 (x_0, y_0) 是否为极值点,需另做讨论.

例 2.43　求函数 $f(x, y) = x^3 - y^3 + 3x^2 + 3y^2 - 9x$ 的极值.

解　令 $\begin{cases} f_x = 3x^2 + 6x - 9 = 0 \\ f_y = -3y^2 + 6y = 0 \end{cases}$，得驻点：$(1,0)$，$(1,2)$，$(-3,0)$，$(-3,2)$.

$$A = f_{xx} = 6x + 6, \quad B = f_{xy} = 0, \quad C = f_{yy} = -6y + 6$$

得

$$B^2 - AC = 36(x + 1)(y - 1)$$

列表 2.9.

表 **2.9**

驻点	A	B	C	$B^2 - AC$	结论
$(1,0)$	$12 > 0$	0	$6 > 0$	$-72 < 0$	极小值点
$(1,2)$	$12 > 0$	0	$-6 < 0$	$72 > 0$	非极值点
$(-3,0)$	$-12 < 0$	0	$6 > 0$	$72 > 0$	非极值点
$(-3,2)$	$-12 < 0$	0	$-6 < 0$	$-72 < 0$	极大值点

故在点 $(1,0)$ 处函数取得极小值 $f(1,0) = -5$；在点 $(-3,2)$ 处函数取得极大值 $f(-3,2) = 31$.

2. 多元函数的最值

与一元函数相类似，对于有界闭区域 D 上连续的二元函数 $f(x,y)$，一定能在该区域上取得最大值和最小值. 使函数取得最值的点既可能在 D 的内部，也可能在 D 的边界上.

若函数的最值在区域 D 的内部取得，这个最值也是函数的极值，它必在函数的驻点或偏导数不存在的点处取得.

若函数的最值在区域 D 的边界上取得，往往比较复杂，在实际应用中可根据问题的具体性质来判断.

例 2.44　某工厂生产两种产品甲和乙，出售单价分别为 10 元与 9 元，生产 x 单位的产品甲与生产 y 单位的产品乙的总费用是

$$400 + 2x + 3y + 0.01(3x^2 + xy + 3y^2)(元)$$

求取得最大利润时，两种产品的产量各为多少？

解　$L(x,y)$ 表示获得的总利润，则总利润等于总收益与总费用之差，即有利润目标函数

$$L(x,y) = (10x + 9y) - [400 + 2x + 3y + 0.01(3x^2 + xy + 3y^2)]$$

$$= 8x + 6y - 0.01(3x^2 + xy + 3y^2) - 400 \quad (x > 0, y > 0)$$

令 $\begin{cases} L'_x = 8 - 0.01(6x + y) = 0 \\ L'_y = 6 - 0.01(x + 6y) = 0 \end{cases}$,解得唯一驻点(120,80).

又因 $A = L''_{xx} = -0.06 < 0, B = L''_{xy} = -0.01, C = L''_{yy} = -0.06$,得

$$AC - B^2 = 3.5 \times 10^{-3} > 0$$

进而得极大值 $L(120,80) = 320$. 根据实际情况,此极大值就是最大值.故生产120单位产品甲与 80 单位产品乙时所得利润最大,为 320 元.

3. 条件极值拉格朗日乘数法

对自变量有约束条件的极值问题,称为**条件极值**问题;而对自变量除了限制在定义域内外,并无其他条件的极值问题称为**无条件极值**问题.

对于条件极值问题,如果能从条件中表示出一个变量,代入目标函数,就把有条件的极值问题转化为无条件极值问题了.但在许多情形,我们不能由条件解得这样的表达式,因此需研究其他的求解条件极值问题的方法 —— **拉格朗日乘数法**.

求函数 $z = f(x, y)$ 在约束条件 $\varphi(x, y) = 0$ 下求极值的步骤为:

> (1) 构造辅助函数(称为拉格朗日函数)$F(x, y, \lambda) = f(x, y) + \lambda\varphi(x, y)$,其中 λ 为待定常数,称为拉格朗日乘数;
>
> (2) 求解方程组 $\begin{cases} F'_x(x, y, \lambda) = f'_x(x, y) + \lambda\varphi'_x(x, y) = 0 \\ F'_y(x, y, \lambda) = f'_y(x, y) + \lambda\varphi'_y(x, y) = 0, \\ F'_\lambda(x, y, \lambda) = \varphi(x, y) = 0 \end{cases}$ 消
>
> 去 λ,得出所有可能的极值点(x, y);
>
> (3) 判别求出的点(x, y)是否为极值点,通常可以根据问题的实际意义直接判定.

例 2.45 求表面积为 a^2 而体积为最大的长方体的体积.

解 设 x, y, z 分别为长方体三棱长,求 $V = xyz \ (x, y, z > 0)$ 的最大值,约束条件为

$$\varphi(x, y, z) = 2xy + 2yz + 2zx - a^2 = 0$$

构造拉格朗日函数 $F(x, y, z, \lambda) = xyz + \lambda(2xy + 2yz + 2zx - a^2)$,解方程组

$$\begin{cases} F_x = yz + \lambda 2(y+z) = 0 \\ F_y = xz + \lambda 2(x+z) = 0 \\ F_z = xy + \lambda 2(y+x) = 0 \\ F_\lambda = 2xy + 2yz + 2xz - a^2 = 0 \end{cases}$$

得 $x = y = z = \dfrac{\sqrt{6}}{6}a$，此时 $V = \dfrac{\sqrt{6}}{36}a^3$．由题意知，$V$ 的最大值为 $\dfrac{\sqrt{6}}{36}a^3$．

蜘蛛织网和平面直角坐标系的创立

据说，有一天，笛卡儿生病卧床，病情很重，尽管如此他还反复思考一个问题：几何图形是直观的，而代数方程是比较抽象的，能不能把几何图形和代数方程结合起来，也就是说能不能用几何图形来表示方程呢？要想达到此目的，关键是如何把组成几何图形的点和满足方程的每一组"数"挂上钩，他苦苦思索，拼命琢磨，通过什么样的方法，才能把"点"和"数"联系起来呢？突然，他看见屋顶角上的一只蜘蛛，拉着丝垂了下来．一会工夫，蜘蛛又顺着丝爬上去，在上边左右拉丝．蜘蛛的"表演"使笛卡儿的思路豁然开朗．他想，可以把蜘蛛看作一个点．他在屋子里可以上、下、左、右运动，能不能把蜘蛛的每一个位置用一组数确定下来呢？他又想，屋子里相邻的两面墙与地面交出了三条线，如果把地面上的墙角作为起点，把交出来的三条线作为三根数轴，那么空间中任意一点的位置就可以在这三根数轴上找到有顺序的三个数．反过来，任意给一组三个有顺序的数也可以在空间中找到一点 P 与之对应，同样道理，用一组数 (x, y) 可以表示平面上的一个点，平面上的一个点也可以用一组两个有顺序的数来表示，这就是坐标系的雏形．

阅读材料

Ⅰ　法国最有成就的数学家 —— 拉格朗日(Lagrange)

图 2.19

　　拉格朗日,法国数学家、物理学家及天文学家(图2.19).1736年1月25日生于意大利西北部的都灵,1755年19岁的他在都灵的皇家炮兵学校当数学教授;1766年应德国的普鲁士王腓特烈的邀请去了柏林,不久便成为柏林科学院通信院院士,在那里他居住了达二十年之久;1786年普鲁士王腓特烈逝世后,他应法王路易十六之邀,于1787年定居巴黎,其间出任法国米制委员会主任,并先后于巴黎高等师范学院及巴黎综合工科学校任数学教授;最后于1813年4月10日在巴黎逝世.

　　拉格朗日一生的科学研究所涉及的数学领域极其广泛.例如:他在探讨"等周问题"的过程中,用纯分析的方法发展了欧拉所开创的变分法,为变分法奠定了理论基础;他完成的《分析力学》一书,建立起完整和谐的力学体系;他的两篇著名的论文:《关于解数值方程》和《关于方程的代数解法的研究》,总结出一套标准方法即把方程化为低一次的方程(辅助方程或预解式)以求解,但这并不适用于五次方程;然而他的思想已蕴含着群论思想,这使他成为伽罗瓦建立群论之先导;在数论方面,他也显示出非凡的才能,费马所提出的许多问题都被他一一解答,他还证明了圆周率的无理性,这些研究成果丰富了数论的内容;他的巨著《解析函数论》为微积分奠定了理论基础,他试图把微分运算归结为代数运算,从而抛弃自牛顿以来一直令人困惑的无穷小量,并想由此出发建立全部分析学;另外他用幂级数表示函数的处理方法对分析学的发展产生了影响,成为实变函数论的起点.

　　数学界近百多年来的许多成就都可直接或间接地追溯于拉格朗日的工作,为此他在数学史上被认为是对分析数学的发展产生全面影响的数学家之一.

　　拉格朗日的研究工作中,约有一半同天体力学有关.他是分析力学的创立者,为把力学理论推广应用到物理学其他领域开辟了道路;他用自己在分析力学中的原理和公式,建立起各类天体的运动方程,他对三体问题的求解方法、流体运动的理论等都有重要贡献,他还研究了彗星和小行星的摄动问题,提出了彗星起源假说等.

Ⅱ　利用微分法建模案例

随着电子计算机的出现和不断完善,数学的应用已深入到经济、生态、人口、社会等领域,数学在经济管理和社会科学中的应用已受到越来越多人的重视.

众所周知,利用数学解决实际问题,首先要建立数学模型(Mathematical Model),然后才能在该模型的基础上对实际问题进行分析、计算和研究.

所谓数学模型,就是针对现实世界,用数学工具而进行的一种概括和描述所得到的数学结构,它用数学公式、符号、图表等刻画客观事物的本质属性与内在规律.数学模型并不是一个新概念,早在公元前300年,欧几里得所著的《几何原本》就是一个很好的数学模型,17世纪牛顿、莱布尼茨发明的微积分也是一个数学模型.其后,牛顿建立了万有引力定律,更可称之为大的数学模型,它不仅解释了行星的运动规律,而且对航天事业的发展也产生了巨大的影响.可以说,数学自产生以来,数学建模工作就从来没有停止过,而且它总是和工程、经济以及其他自然科学的发展紧密结合.

数学模型的分类,可以根据不同的分类原则分成不同的类型.按模型的应用领域分类,可分为人口模型、交通模型、物价指数模型、生态模型、经济模型等.按建立数学模型时使用的数学方法分类,可分为初等模型、几何模型、微分方程模型、运筹模型、模糊数学模型等.按数学模型的表现特征分类,可分为确定性和随机性模型、静态和动态模型、线性和非线性模型、离散和连续模型等.

构造数学模型不是一件容易的事,其过程主要包括以下步骤:

(1)模型准备.了解问题,明确目的.在建立模型前要了解实际问题的背景,明确建模的目的和要求,对实际问题进行深入的调查研究,去粗取精,去伪存真,找出主要矛盾,并按要求收集必要的数据.

(2)模型假设.对问题进行简化和假设.一般来讲,一个问题是复杂的,涉及的方面较多,不可能考虑到所有因素,这就要在明确目的、掌握资料的基础上抓住主要矛盾,舍去一些次要因素,对实际问题做出几个适当的假设,使复杂的实际问题得到必要的简化.

(3) 建立模型.从实际问题中抽象、简化、提升出数学问题.首先根据主要矛盾确定主要变量,然后利用适当的数学工具刻画变量间的关系,从而形成数学模型.模型要尽量简单,如果能用简单的数学模型获得满意解,就不必去建立复杂的数学模型.

(4) 对模型进行分析、检验和修改.建立数学模型的目的是为了解释自然现象、寻找规律,以便指导人们认识世界和改造世界.模型建立后要对模型进行分析,用各种方法(主要是数学方法,包括解方程、图解、逻辑推理、定理证明、稳定性讨论等,要求建模者掌握相应的数学知识,尤其是计算机技术、计算技巧.也可用其他精度要求由决策者提出),求得数学结果,将所求得的答案返回到实际问题中去,检验其合理性,并反复修改模型的有关内容,使其更切合实际,从而更具有实用性.

(5) 模型的应用.用建立的模型分析解释已有的现象,并预测未来的发展趋势,以便给人们的决策提供参考.

数学建模是一种创造性的劳动,成功的模型往往是科学与艺术的结晶.故建立数学模型的分析方法和操作途径就不可能用一些条条框框规定得十分死板,微积分是一门与数学模型结合紧密的主要课程,也是我们学习数学建模方法的启蒙学科,下面通过例子介绍利用微分法建立数学模型的过程.

不允许缺货的存储模型

1. 模型准备(背景介绍)

存储原料或货物对于企业、商品流动各部门都是不可少的.存储过多,会导致占用资金过多、存储费用过高等问题.但存储量过少,会导致订货批次增多而增加订货费用,有时造成的缺货可发生经营的损失.因此,怎样选择库存和订货是一个需要研究的问题.

如:某工厂平均每天需要某种原料20吨,已知每吨原料每天的保管费为0.75元,每次的订货费用为75元,如果工厂不允许缺货并且每次订货均可立即补充,请为该工厂做出最佳决策:即多长时间订一次货,每次订多少货才能使每天所花费的总费用最少?

2. 模型假设(分析问题)

在求解时需要考虑的问题有以下两项:

(1) 进货费用 T_1:包括订货费用 C_1 元(固定费用)与货物的成本费用 C 元/吨,

与订货数量有关(是可变费用).

（2）单位时间内的存储费用 T_2 : C 元 / 吨.

总费用 $T = T_1 + T_2$，其中 T_1 为进货费用，T_2 为存储费用.

（3）建立模型.设每隔 t 天订一次货，每次订货数量为 x，每次订货费用为 C_1，单位时间内每单位货物存储费用为 C，每天内对货物的需求量为 R.

在上述假定的条件下有 $x = Rt$，每次的进货费用为 $C_1 + Cx = C_1 + CRt$.

则平均每天的进货费用为 $T_1 = \dfrac{C_1}{t} + RC$.

每天的平均库存量为 $\dfrac{x}{2}$，平均库存费为 $T_2 = C_2 \cdot \dfrac{x}{2} = \dfrac{1}{2} C_2 Rt$.

则每天总费用为

$$T(t) = \frac{C_1}{t} + RC + \frac{C_2 Rt}{2}$$

3. 模型求解

制定最优存储方案，就归结为确定订货周期 t，使 $T(t)$ 达到最小值.因为

$$\frac{\mathrm{d}T(t)}{\mathrm{d}t} = -\frac{C_1}{t^2} + \frac{C_2 R}{2}$$

令 $\dfrac{\mathrm{d}T(t)}{\mathrm{d}t} = 0$，得驻点 $t_1 = \sqrt{\dfrac{2C_1}{RC_2}}$，而 $T''(t_1) = \sqrt{\dfrac{C^3 R^3}{2C_1}} > 0$.

所以，$t_1 = \sqrt{\dfrac{2C_1}{RC_2}}$ 时 $T(t)$ 取得最小值，由于 $x = Rt$，所以每批最佳订货量为

$$x = R \sqrt{\frac{2C_1}{RC_2}} = \sqrt{\frac{2C_1 R}{C_2}}.$$

上式是经济学中著名的经济订货批量公式，它表明订货费越高，需求量越大，则每次订货批量应越大；存储费用越高，则每次订货批量应越小.

4. 模型应用

把 $C_1 = 75$(元)，$C_2 = 0.75$(元 / 吨)，$R = 20$(天) 代入 $t_1 = \sqrt{\dfrac{2C_1}{RC_2}}$ 及 $x = Rt$ 得

$$t_1 = \sqrt{\frac{2 \times 75}{20 \times 0.75}} = 3.162\,3 \text{(天)}, \quad x = 63.246 \text{ (吨)}$$

习　题　2

1. 根据导数定义,求下列函数的导数:

(1) 设 $y = \sqrt{x}$,求 $y'|_{x=4}$;

(2) 设 $f(x) = \dfrac{1}{x^2}$,求 $f'(-1)$.

2. 求曲线 $y = \ln x$ 在点 $(1,0)$ 处的切线和法线方程.

3. 设 $f(x) = \begin{cases} x\sin\dfrac{1}{x} & (x \neq 0) \\ 0 & (x = 0) \end{cases}$,判别其在 $x = 0$ 处是否可导,是否连续.

4. 求下列函数的导数:

(1) $y = x^3 - 3x^2 + 4x - 5$;　　　　(2) $y = x^2 - 2^x + \log_2 x - 2^2$;

(3) $y = \dfrac{1}{5}x^{\frac{5}{2}} + \dfrac{1}{3}x^{\frac{3}{2}}$;　　　　(4) $y = x^2 \mathrm{e}^x$;

(5) $y = \sqrt{x} + x\sin x$;　　　　(6) $y = (2x - 1)(3x + 2)(4 - 5x)$;

(7) $y = \dfrac{\sin x}{x}$;　　　　(8) $y = \dfrac{x\tan x}{1 + x^2}$;

(9) $y = \mathrm{e}^{\sqrt{\sin x}}$;　　　　(10) $y = (x^4 - 1)^{\frac{3}{2}}$;

(11) $y = (\sin\sqrt{1 - 2x})^2$;　　　　(12) $y = \sin nx \sin^n x$;

(13) $y = \ln\left(x + \sqrt{1 + x^2}\right)$;　　　　(14) $y = x^{\sin x}$;

(15) $y = x^{\mathrm{e}^x}$;　　　　(16) $y = \sqrt[3]{\dfrac{(3 - x)(x + 1)}{(3 + x)^2}}$.

5. 求下列隐函数的导数 $\dfrac{\mathrm{d}y}{\mathrm{d}x}$:

(1) $y = 1 + x\mathrm{e}^y$;　　(2) $y\sin x - \cos(x - y) = 0$.

6. 设函数 $y = y(x)$ 由方程 $y^5 + 2y - x - 3x^7 = 0$ 确定,求 $\dfrac{\mathrm{d}y}{\mathrm{d}x}\Big|_{x=0}$.

7. 求下列函数的高阶导数:

(1) $y = 2x^3 + \ln x$,求 y'';

(2) $y = x^2 \mathrm{e}^{3x}$,求 y''.

8. 设 $y = x\cos x$，求 $y''\big|_{x=\frac{\pi}{2}}$.

9. 求函数 $y = x^2$ 在 $x = 1$ 和 $x = 3$ 处的微分.

10. 求下列函数的微分：

(1) $y = \dfrac{1}{2}x^3 + x + 6$；　(2) $y = x\ln x - x$.

11. 求下列函数在指定点处的微分：

(1) 已知 $y = \sqrt{\ln x}$；求 $\mathrm{d}y$ 及 $\mathrm{d}y\big|_{x=3}$；

(2) 已知 $y = \mathrm{e}^x\tan x$；求 $\mathrm{d}y$ 及 $\mathrm{d}y\big|_{x=\frac{\pi}{4}}$.

12. 求圆 $\begin{cases} x = a\cos t \\ y = a\sin t \end{cases}$ 在相应于 $t = \dfrac{\pi}{4}$ 点处的切线方程与法线方程.

13. 求由参数方程 $\begin{cases} x = \ln(1 + t^2) \\ y = t - \arctan t \end{cases}$ 所确定的函数的导数 $\dfrac{\mathrm{d}y}{\mathrm{d}x}$.

14. 有一批半径为 $1\,\mathrm{cm}$ 的球，为了提高球面的光洁度，要镀上一层铜，厚度定为 $0.01\,\mathrm{cm}$. 估计每个球需用多少铜（铜的密度是 $8.9\,\mathrm{g/cm^3}$）？

15. 求下列各数的近似值：

(1) $\sqrt[3]{65}$；　(2) $\cos 29°$；　(3) $\ln 1.002$.

16. 确定下列函数的单调区间：

(1) $y = x^3 - 3x^2 - 9x + 2$；

(2) $y = \sqrt[3]{x^2}(1 - x)$.

17. 求下列曲线的拐点及凹、凸的区间.

(1) $y = x^3 - 5x^2 + 3x + 5$；　(2) $y = \sqrt[3]{x - 4} + 2$.

18. 求下列函数的极值：

(1) $f(x) = -x^4 + \dfrac{8}{3}x^3 - 2x^2 + 2$；

(2) $f(x) = 3x^{\frac{2}{3}} - x$.

19. 求函数 $f(x) = x^3 - 3x^2$ 在区间 $[-1, 4]$ 上的最大值与最小值.

20. 设水以常速（以单位时间的体积计）注入图 2.20 所示的罐中，作水的高度关于时间 t 的函数 $y = f(t)$ 的图像，阐明凹性，并指出拐点.

图 2.20

21. 要建一个体积为 V 的有盖圆柱形氨水池,已知上下底的造价是四周的 2 倍,问这个氨水池底面半径为多大时总造价最低?

22. 设工厂 C 到铁路线的垂直距离为 20 km,垂足为 A. 铁路线上距离 B 为 100 km 处有一原料供应站,如图 2.21 所示. 现在要在铁路 AB 中间某处 D 修建一个原料中转车站,再由车站 D 向工厂修一条公路. 如果已知每千米的铁路运费与公路运费之比为 3∶5,那么,D 应选在何处,才能使原料供应站 B 运货到工厂 C 所需运费最省?

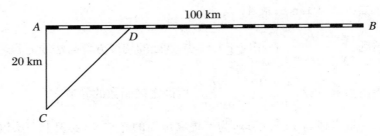

图 2.21

23. 求下列经济应用问题中的最大值或最小值:

(1) 假设某种商品的需求量 Q 是单价 P 的函数 $Q = 12\,000 - 80P$,商品的总成本 C 是需求量 Q 的函数 $C = 25\,000 + 50Q$,每单位商品需纳税 2 元. 试求使销售利润最大的商品价格和最大利润;

(2) 设价格函数 $P = 15\mathrm{e}^{-\frac{x}{3}}$($x$ 为产量)求最大收益时的产量、价格和收益;

(3) 某工厂生产某种商品,其年销售量为 100 万件,分为 N 批生产,每批生产需要增加生产准备费 1\,000 元,而每件商品的一年库存费为 0.05 元,如果年销售率是均匀的,且上批售完后立即生产出下批(此时商品的库存量的平均值为商品批量的一半). 问 N 为何值时,才能使生产准备费与库存费两项之和最小?

(4) 设某企业在生产一种商品 x 件时的总收益为 $R(x) = 100x - x^2$,总成本函数为 $C(x) = 200 + 50x + x^2$,问政府对每件商品征收货物税为多少时,在企业获得最大利润的情况下,总税额最大?

(5) 设生产某商品的总成本为 $C(x) = 10\,000 + 50x + x^2$($x$ 为产量),问产量为多少时,每件产品的平均成本最低?

24. 汽船所耗燃料与其行进的速度的立方成正比,已知汽船行进中,当速度是 10 千米 / 小时,燃料耗费是 a 元,其他耗费是 b 元(人力、保险以及各种耗费). 问汽船的经济速度是多少?

25. 某银行准备新开设某种定期存款业务,假设存款额与利率成正比. 若已知贷款收益率为 r,问存款利率定为多少时,贷款投资的纯收益最高?

26. 某商店每年销售某种商品 a 件,每次购进的手续费为 b 元,而每年库存费为 c 元,在该商品均匀销售的情况下(此时商品的平均库存数为批量的一半),问商店分几批购进此种商品,方能使手续费及库存费之和最少?

27. 商场的皮鞋柜销售某种品牌女鞋,从厂方每次进货需付订货费 $F = 400$(元),每双鞋的进价(包括运费)为 $c = 94$(元),而每双鞋在商场的期间的各种花费总数(统称之贮存费)为每月 18 元,假定这种女鞋在商场的销售速度均匀,为 $m = 144$(双 / 月).试问:为了降低成本,皮鞋柜承包商应间隔多少时间向厂方进一次货?每次又应进多少双鞋?如果这种女鞋的进货是以 18 双一箱为单位进行的,那么问题的答案又如何?

第 3 章　一元函数积分学

 教学要求

　　1. 理解原函数与不定积分的概念,掌握不定积分的基本性质和基本积分公式,掌握计算不定积分的换元积分法和分部积分法.

　　2. 了解定积分的概念和基本性质,了解定积分中值定理,理解积分上限的函数并会求它的导数,掌握牛顿-莱布尼茨公式,以及定积分的换元积分法和分部积分法.

　　3. 会利用定积分计算平面图形的面积和旋转体的体积及函数的平均值,会利用定积分求解简单的经济应用问题.

　　4. 了解广义积分的概念,会计算广义积分.

　　5. 了解微分方程的概念,会求并能利用简单的一阶微分方程求解实际问题.

 知识点

　　1. 不定积分

　　原函数与不定积分的定义　　积分基本公式　　不定积分的性质　　不定积分的计算法

　　2. 定积分

　　定积分的定义与性质　　牛顿-莱布尼茨公式　　定积分的计算法　　广义积分

　　3. 定积分的应用

　　几何应用　　日常应用　　微分方程模型

建议教学课时安排

课内学时	辅导（习题）学时	作业次数
18	4	6

如何计算收入分配的不平等程度
——从"基尼系数"谈起

　　基尼系数是国际上用来综合考察居民内部收入分配差异状况的一个重要分析指标,由意大利经济学家于 1922 年提出.其经济含义是:在全部居民收入中,用于进行不平均分配的那部分收入占总收入的百分比.基尼系数最大为"1",最小等于"0".前者表示居民之间的收入分配绝对不平均,即 100% 的收入被一个单位的人全部占有了;而后者则表示居民之间的收入分配绝对平均,即人与人之间收入完全平等,没有任何差异.但这两种情况只是在理论上的绝对化形式,在实际生活中一般不会出现.因此,基尼系数的实际数值只能介于 0 和 1 之间.

　　目前,国际上用来分析和反映居民收入分配差距的方法和指标很多.基尼系数由于给出了反映居民之间贫富差异程度的数量界线,可以较客观、直观地反映和监测居民之间的贫富差距,预报、预警和防止居民之间出现贫富两极分化,因此得到世界各国的广泛认同和普遍采用.按照国际惯例,基尼系数在 0.2 以下,表示居民之间收入分配"高度平均",0.2 ~ 0.3 范围表示"相对平均",0.3 ~ 0.4 范围表示"比较合理",同时,国际上通常把 0.4 作为收入分配贫富差距的"警戒线",认为 0.4 ~ 0.6 范围表示"差距偏大",0.6 以上表示"高度不平均".

　　2009 年 12 月,中国人民大学劳动人事学院院长、中国劳动学会副会长、中国薪酬专业委员会副会长曾湘泉在做客人民网时,谈到目前备受各方诟病的收入差距悬殊问题,引用财政部的最新调查,我国的收入分配差距已经达到"高度不平等"状态,10% 的富裕家庭占城市居民全部财产的 45%,而最低收入 10% 的家庭其财产总额占全部居民财产的 1.4%.从 1978 年到 1984 年,我国基尼系数稳定在 0.16 的水平.而从 1984 年开始,基尼系数一路攀升,2013 年国家统计局首度公布我国 2012 年基尼系数为 0.487.一般说 0.2 之下叫"高度平等",0.2 到 0.4 叫"低度的不平等",0.4 以上叫"高度不平等",我国现在 0.473 说明不平等的问题已经比较突出.

　　基尼系数如何计算呢?这就需要用到积分学的相关知识.

　　前面我们已经学过一元函数微分学,从本章开始我们将学习一元函数积分学的相关内容.一元函数积分学主要包括不定积分和定积分这两部分内容.不定积分是作为函数求导数的逆运算引入的,而定积分则是一种特殊的和的极限,它们既有区别又有联系.本章将分别介绍它们的概念、性质、计算方法及内在联系,并讨论定积分的一些简单应用.

3.1　不 定 积 分

3.1.1　不定积分的概念与性质

1. 原函数与不定积分的概念

　　在第 2.1 节中我们讨论了曲线上任一点的切线斜率问题,并由此引入了导数的概念,即若曲线方程为 $y = f(x)$,则曲线在任一点 x 处的切线斜率为 $k = f'(x)$,在实际问题中我们也需要解决与其相反的问题,如已知曲线在任一点 x 处的切线斜率 $k = f'(x)$.求曲线方程 $y = f(x)$.像这样一类从函数的导数(或微分)出发求原来的函数的问题是积分学的基本问题.于是我们定义:

> **定义 3.1**　设函数 $f(x)$ 在区间 I 上有定义, 如果存在函数 $F(x)$ 使得
>
> $$F'(x) = f(x) \quad (\text{或 } dF(x) = f(x)dx)$$
>
> 则称 $F(x)$ 是 $f(x)$ 在区间 I 上的一个原函数.

例如, 由于 $(\sin x)' = \cos x$, 故 $\sin x$ 是 $\cos x$ 在 $(-\infty, +\infty)$ 上的一个原函数; 又由于 $(x^2)' = (x^2 - 1)' = 2x$, 因而 x^2 和 $x^2 - 1$ 都是 $2x$ 在 $(-\infty, +\infty)$ 上的原函数. 同一个函数 $2x$ 可以有许多个原函数, 可见一个函数的原函数并不唯一. 那么它的原函数究竟有多少呢? 我们知道常数的导数是零, 所以, x^2 加上任意一个常数 C, 其和的导数都是 $2x$, 即

$$(x^2 + C)' = 2x$$

这就是说, $2x$ 的一个原函数 x^2 加上一个任意常数 C 后, 仍旧是它的原函数, 即 C 每取一个值就得到一个原函数.

一般来说, 如果 $F(x)$ 是 $f(x)$ 在区间 I 上的一个原函数, 则 $F(x) + C$ (C 为任意常数) 也都是 $f(x)$ 的原函数.

我们要问: 除了 $F(x) + C$ 以外, $f(x)$ 还有没有其他形式的原函数呢?

事实上, 如果 $G(x)$ 也是 $f(x)$ 的一个原函数, 即 $G'(x) = f(x)$, 那么

$$[G(x) - F(x)]' = G'(x) - F'(x) \equiv 0$$

于是有 $G(x) - F(x) = C$, 亦即 $G(x) = F(x) + C$. 故若 $F(x)$ 是 $f(x)$ 在区间 I 上的一个原函数, 则 $F(x) + C$ (C 为任意常数) 仍是 $f(x)$ 的原函数, 而且 $f(x)$ 的任何原函数都可以表示成 $F(x) + C$ 的形式.

因此, 如果 $F(x)$ 是 $f(x)$ 的一个原函数, 那么 $F(x) + C$ (C 为任意常数) 就是 $f(x)$ 的全体原函数. 于是我们得出:

> **定义 3.2**　函数 $f(x)$ 的全体原函数称为 $f(x)$ 的不定积分, 记作
>
> $$\int f(x)dx$$
>
> 其中 $\int$ 称为积分号, x 称为积分变量, $f(x)$ 称为被积函数, $f(x)dx$ 称为被积表达式.

根据定义, 如果 $F(x)$ 是 $f(x)$ 在区间 I 上的一个原函数, 那么 $F(x) + C$ 就是 $f(x)$ 的不定积分, 即

$$\int f(x)\mathrm{d}x = F(x) + C$$

因而不定积分 $\int f(x)\mathrm{d}x$ 可以表示 $f(x)$ 的任意一个原函数.

例如 $\int \cos x\mathrm{d}x = \sin x + C$；又如 $\int x^2\mathrm{d}x = \dfrac{1}{3}x^3 + C$.

由上面的讨论可以看出:求原函数与求导数互为逆运算,也就是说,对一个函数先求不定积分再求微分,则两者的作用便互相抵消,即

$$\left[\int f(x)\mathrm{d}x\right]' = f(x)$$

或

$$\mathrm{d}\int f(x)\mathrm{d}x = f(x)\mathrm{d}x$$

反过来,若先求微分再求不定积分,抵消后只相差一个常数,即

$$\int F'(x)\mathrm{d}x = F(x) + C$$

或

$$\int \mathrm{d}F(x) = F(x) + C$$

2. 基本积分表

根据不定积分的定义和第 2 章基本初等函数的微分公式,即可写出对应的不定积分公式.把这些公式列成下面的基本积分表 3.1(其中的 C 与 C_1 均为任意常数).

表 3.1

$\int 0\mathrm{d}x = C$	$\int x^\alpha\mathrm{d}x = \dfrac{1}{1+\alpha}x^{\alpha+1} + C(\alpha \neq -1)$
$\int \dfrac{1}{x}\mathrm{d}x = \ln|x| + C$	$\int \sin x\mathrm{d}x = -\cos x + C$
$\int \cos x\mathrm{d}x = \sin x + C$	$\int \sec^2 x\mathrm{d}x = \tan x + C$
$\int \csc^2 x\mathrm{d}x = -\cot x + C$	$\int \mathrm{e}^x\mathrm{d}x = \mathrm{e}^x + C$
$\int a^x\mathrm{d}x = \dfrac{1}{\ln a}a^x + C(a > 0, a \neq 1)$	$\int \dfrac{1}{1+x^2}\mathrm{d}x = \arctan x + C = -\operatorname{arccot} x + C_1$
$\int \dfrac{1}{\sqrt{1-x^2}}\mathrm{d}x = \arcsin x + C = -\arccos x + C_1$	

以上这些公式是计算不定积分的基础.

3. 不定积分的性质

由导数运算法则和不定积分的定义,可得到如下运算法则:

> (1) 设函数 $f(x)$, $g(x)$ 的不定积分都存在,则
> $$\int [f(x) \pm g(x)] \mathrm{d}x = \int f(x)\mathrm{d}x \pm \int g(x)\mathrm{d}x$$
> (2) 设函数 $f(x)$ 的不定积分存在, k 为不等于零的常数,则
> $$\int kf(x)\mathrm{d}x = k\int f(x)\mathrm{d}x$$

利用这些性质和积分基本公式,便可求出一些简单函数的积分.

例 3.1　求 $\int (x^2 + 4\mathrm{e}^x - 3)\mathrm{d}x$.

解　$\displaystyle\int (x^2 + 4\mathrm{e}^x - 3)\mathrm{d}x = \int x^2 \mathrm{d}x + 4\int \mathrm{e}^x \mathrm{d}x - \int 3\mathrm{d}x$

$$= \frac{1}{3}x^3 + C_1 + 4(\mathrm{e}^x + C_2) - (3x + C_3)$$

$$= \frac{1}{3}x^3 + 4\mathrm{e}^x - 3x + C_1 + 4C_2 - C_3.$$

令 $C_1 + 4C_2 - C_3 = C$,得到

$$\int (x^2 + 4\mathrm{e}^x - 3)\mathrm{d}x = \frac{1}{3}x^3 + 4\mathrm{e}^x - 3x + C$$

例 3.2　求 $\displaystyle\int \frac{(x-1)^2}{x}\mathrm{d}x$.

解　$\displaystyle\int \frac{(x-1)^2}{x}\mathrm{d}x = \int \frac{x^2 - 2x + 1}{x}\mathrm{d}x = \int \left(x - 2 + \frac{1}{x}\right)\mathrm{d}x$

$$= \int x\mathrm{d}x - 2\int \mathrm{d}x + \int \frac{1}{x}\mathrm{d}x$$

$$= \frac{1}{2}x^2 - 2x + \ln|x| + C.$$

例 3.3　求 $\displaystyle\int \frac{1}{\sin^2 x \cos^2 x}\mathrm{d}x$.

解　$\displaystyle\int \frac{1}{\sin^2 x \cos^2 x}\mathrm{d}x = \int \frac{\sin^2 x + \cos^2 x}{\sin^2 x \cos^2 x}\mathrm{d}x = \int \frac{1}{\cos^2 x}\mathrm{d}x + \int \frac{1}{\sin^2 x}\mathrm{d}x$

$$= \tan x - \cot x + C.$$

下面我们通过几个例子来说明求一个函数的原函数方法的应用.

例 3.4　已知曲线 $y = f(x)$,其斜率为 $\dfrac{dy}{dx} = 2x$,并且曲线经过点 $(2,5)$,求 $y = f(x)$ 的表达式.

解　由题可知,函数 $y = f(x)$ 为 $2x$ 的一个原函数,则 $y = \displaystyle\int 2x\,dx = x^2 + C$. 又 $x = 2$ 时,$y = 5 \Rightarrow C = 1$.这样我们便得出函数的表达式为 $y = x^2 + 1$.

例 3.5　某广播电台希望通过策划一系列的广告活动来增加其听众,管理人员希望听众 $S(t)$ 的增长率为 $S'(t) = 60t^{\frac{1}{2}}$,$t$ 是自策划实施后的天数.电台目前的听众为 27 000 人,如果电台希望其听众达到 41 000 人,那么要实施多久这样的计划?

解　因为

$$S'(t) = 60t^{\frac{1}{2}} \quad \Rightarrow \quad S(t) = 60\int t^{\frac{1}{2}}\,dt = 60\,\frac{t^{\frac{3}{2}}}{\frac{3}{2}} + C = 40t^{\frac{3}{2}} + C$$

又 $S(0) = 40(0)^{\frac{3}{2}} + C = 27\,000$,可得 $C = 27\,000$.所以 $S(t) = 40t^{\frac{3}{2}} + 27\,000$, 令 $S(t) = 41\,000 \Rightarrow t = 49.664\,419$.

因此计划要实施 50 天,观众才能达到 41 000 人.

3.1.2　不定积分的积分方法

1. 换元积分法

利用基本积分表与积分的两个运算性质,我们虽然已经会求一些函数(即积分表中的那些被积函数及其线性组合)的不定积分,但这是远远不够的.即使像 $\tan x$,$\sin 2x$ 这样一些简单的函数的积分也不能求出,因此有必要寻求更有效的积分方法.

(1)第一换元积分法(凑微分法)

先看一个例子:

例 3.6　求 $\displaystyle\int \dfrac{x\,dx}{1 + x^2}$.

解　因 $(1 + x^2)' = 2x$,与被积函数的分子只差常数倍数 2,如果将分子补成 $2x$,即可将原式变形:

$$原式 = \frac{1}{2}\int \frac{2x\,dx}{1 + x^2} = \frac{1}{2}\int \frac{d(1 + x^2)}{1 + x^2} \quad (令\ u = 1 + x^2)$$

$$= \frac{1}{2}\int \frac{du}{u} = \frac{1}{2}\ln|u| + C = \frac{1}{2}\ln|1 + x^2| + C \quad (代回\ u = 1 + x^2)$$

可见,此例解法的关键是凑了微分 $\mathrm{d}(1 + x^2)$. 于是,有

$$\int f[\varphi(x)]\varphi'(x)\mathrm{d}x = \int f[\varphi(x)]\mathrm{d}\varphi(x) = \int f(u)\mathrm{d}u$$
$$= F(u) + C = F[\varphi(x)] + C$$

其中函数 $u = \varphi(x)$ 是可导的,且 $F(u)$ 是 $f(u)$ 的一个原函数.

上述公式就是第一换元积分法,从上述公式可看出它主要分四步完成:

$$\int f[\varphi(x)]\varphi'(x)\mathrm{d}x \overset{\text{凑微分}}{=} \int f[\varphi(x)]\mathrm{d}\varphi(x) \overset{\underset{u = \varphi(x)}{\text{变量代换}}}{=} \int f(u)\mathrm{d}u$$

$$\overset{\text{积分}}{=} F(u) + C \overset{\underset{u = \varphi(x)}{\text{还原}}}{=} F[\varphi(x)] + C$$

在这里,首先把被积表达式通过引入中间变量凑成某个已知函数的微分形式,然后再利用基本积分表求出积分. 因此有时也把第一换元积分法称为凑微分法.

下面再举一些例子.

例 3.7　求 $\displaystyle\int \mathrm{e}^{2x}\mathrm{d}x$.

解　根据基本积分表有

$$\int \mathrm{e}^{u}\mathrm{d}u = \mathrm{e}^{u} + C$$

根据凑微分,当 $u = 2x$ 时,也有

$$\int \mathrm{e}^{2x}\mathrm{d}(2x) = \mathrm{e}^{2x} + C$$

这样一来,比较 $\displaystyle\int \mathrm{e}^{x}\mathrm{d}x$ 和 $\displaystyle\int \mathrm{e}^{2x}\mathrm{d}x$,我们发现:两者的被积表达式只相差一个数 2.

因此,如果凑上一个常数,那么它就变成了

$$\int \mathrm{e}^{2x}\mathrm{d}x = \int \frac{\mathrm{e}^{2x}}{2}\mathrm{d}(2x) = \frac{1}{2}\int \mathrm{e}^{2x}\mathrm{d}(2x)$$

再令 $2x = u$,那么上述积分就变为

$$\int \mathrm{e}^{2x}\mathrm{d}x = \frac{1}{2}\int \mathrm{e}^{u}\mathrm{d}u = \frac{1}{2}\mathrm{e}^{u} + C$$

再将 $u = 2x$ 代入上式即可. 综上所述

$$\int \mathrm{e}^{2x}\mathrm{d}x \overset{\text{凑微分}}{=} \frac{1}{2}\int \mathrm{e}^{2x}\mathrm{d}(2x) \overset{\underset{2x = u}{\text{变量替换}}}{=} \frac{1}{2}\int \mathrm{e}^{u}\mathrm{d}u \overset{\text{积分}}{=} \frac{1}{2}\mathrm{e}^{u} + C \overset{\underset{u = 2x}{\text{变量回代}}}{=} \frac{1}{2}\mathrm{e}^{2x} + C$$

例 3. 8　求 $\displaystyle\int \frac{1}{3x+1}\mathrm{d}x$.

解　$\displaystyle\int \frac{1}{3x+1}\mathrm{d}x = \frac{1}{3}\int \frac{1}{3x+1}(3x+1)'\mathrm{d}x$

$$= \frac{1}{3}\int \frac{1}{3x+1}\mathrm{d}(3x+1)$$

$$\overset{3x+1=u}{=} \frac{1}{3}\int \frac{1}{u}\mathrm{d}u = \frac{1}{3}\ln|u| + C$$

$$\overset{u=3x+1}{=} \frac{1}{3}\ln|3x+1| + C.$$

例 3. 9　求 $\displaystyle\int x\mathrm{e}^{x^2}\mathrm{d}x$.

解　$\displaystyle\int x\mathrm{e}^{x^2}\mathrm{d}x = \frac{1}{2}\int \mathrm{e}^{x^2}(2x)\mathrm{d}x = \frac{1}{2}\int \mathrm{e}^{x^2}(x^2)'\mathrm{d}x$

$$\overset{x^2=u}{=} \frac{1}{2}\int \mathrm{e}^u\mathrm{d}u$$

$$= \frac{1}{2}\mathrm{e}^u + C \overset{u=x^2}{=} \frac{1}{2}\mathrm{e}^{x^2} + C.$$

在中间变量比较简单时,特别是方法熟练后,中间变量的代换符号可以不写出来.

例 3. 10　求 $\displaystyle\int \cos^2 x\mathrm{d}x$.

解　$\displaystyle\int \cos^2 x\mathrm{d}x = \int \frac{1+\cos 2x}{2}\mathrm{d}x$

$$= \frac{1}{2}\left(\int \mathrm{d}x + \int \cos 2x\mathrm{d}x\right)$$

$$= \frac{1}{2}x + \frac{1}{4}\int \cos 2x\mathrm{d}(2x)$$

$$= \frac{x}{2} + \frac{\sin 2x}{4} + C.$$

例 3. 11　求 $\displaystyle\int \tan x\mathrm{d}x$.

解　$\displaystyle\int \tan x\mathrm{d}x = \int \frac{\sin x}{\cos x}\mathrm{d}x = -\int \frac{\mathrm{d}\cos x}{\cos x}$

$$= -\ln|\cos x| + C.$$

例 3. 12　求 $\displaystyle\int \frac{1}{x^2-a^2}\mathrm{d}x$.

解　$\displaystyle\int \frac{1}{x^2 - a^2}\mathrm{d}x = \frac{1}{2a}\left(\int \frac{1}{x-a} - \frac{1}{x+a}\right)\mathrm{d}x$

$$= \frac{1}{2a}\int \frac{1}{x-a}\mathrm{d}(x-a) - \frac{1}{2a}\int \frac{1}{x+a}\mathrm{d}(x+a)$$

$$= \frac{1}{2a}\ln|x-a| - \frac{1}{2a}\ln|x+a| + C$$

$$= \frac{1}{2a}\ln\left|\frac{x-a}{x+a}\right| + C.$$

（2）第二换元积分法

凑微分法是不定积分换元法的第一种形式，另一种是下面的第二换元积分法.

第一换元积分法公式的核心是 $\displaystyle\int f[\varphi(x)]\varphi'(x)\mathrm{d}x = \int f[\varphi(x)]\mathrm{d}\varphi(x) = $

$\displaystyle\int f(u)\mathrm{d}u$. 从公式的左边演算到右边，就是凑微分换元：$u = \varphi(x)$. 如果我们从公式的右边演算到左边，就成为换元的另一种形式，称为第二换元法. 即如果 $u = \varphi(x)$ 是单调可导函数，那么有公式：

$$\int f(u)\mathrm{d}u \overset{\substack{\text{换元}\\ u=\varphi(x)}}{=\!=\!=} \int f[\varphi(x)]\varphi'(x)\mathrm{d}x$$

$$\overset{\text{积分}}{=\!=\!=} F(x) + C \overset{\substack{\text{回代}\\ x=\varphi^{-1}(u)}}{=\!=\!=} F(\varphi^{-1}(u)) + C$$

第二换元积分法常用于被积函数含有根式的情况，中心任务是消去根式.

例 3.13　求 $\displaystyle\int \frac{\sin\sqrt{x}\,\mathrm{d}x}{\sqrt{x}}$.

解　令 $\sqrt{x} = t$，则 $x = t^2$（此处 $\varphi(t) = t^2$），$\mathrm{d}x = 2t\,\mathrm{d}t$. 于是

$$\int \frac{\sin\sqrt{x}\,\mathrm{d}x}{\sqrt{x}} = \int \frac{\sin t}{t}\cdot 2t\,\mathrm{d}t = 2\int \sin t\,\mathrm{d}t$$

$$= -2\cos t + C = -2\cos\sqrt{x} + C\,(\text{代回 } t = \varphi^{-1}(x) = \sqrt{x})$$

思考　换元 $\sqrt{x} = t$ 的目的在于将被积函数中的无理式转换成有理式，然后积分. 那么像根式 $\sqrt{x^2 - a^2}$，$\sqrt{x^2 + a^2}$，$\sqrt{a^2 - x^2}\,(a > 0)$ 的被积函数的积分，又如何换元呢？

答　根据根式的特征，我们常作下列三角代换，如表 3.2 所示.

表 3.2

被积函数含根式	换元方法	运用的三角公式
$\sqrt{x^2 - a^2}$	$x = a\sec t$	$\sec^2 t - 1 = \tan^2 t$
$\sqrt{x^2 + a^2}$	$x = a\tan t$	$\tan^2 t + 1 = \sec 2t$
$\sqrt{a^2 - x^2}$	$x = a\sin t$	$1 - \sin^2 t = \cos^2 t$

例 3.14　求 $\displaystyle\int \frac{\mathrm{d}x}{\sqrt{x^2 - a^2}}$ $(a > 0)$.

解　令 $x = a\sec t$，则 $\mathrm{d}x = a\sec t\tan t\,\mathrm{d}t$，于是

$$原式 = \int \frac{a\sec t\tan t\,\mathrm{d}t}{a\tan t} = \int \sec t\,\mathrm{d}t = \ln|\sec t + \tan t| + C_1$$

到此需将 t 代回原积分变量 x，用到反函数 $t = \sec\dfrac{x}{a}$，但这种做法较繁. 下面介绍一种直观的便于实施的图解法：

作直角三角形（图 3.1），其一锐角为 t 及三边 $x, a, \sqrt{x^2 - a^2}$ 满足 $\sec t = \dfrac{x}{a}$. 因此

$$原式 = \ln\left|\frac{x}{a} + \frac{\sqrt{x^2 - a^2}}{a}\right| + C_1 = \ln\frac{\left|x + \sqrt{x^2 - a^2}\right|}{a} + C_1$$

$$= \ln\left|x + \sqrt{x^2 - a^2}\right| + (C_1 - \ln a)\xlongequal{C = C_1 - \ln a} \ln\left|x + \sqrt{x^2 - a^2}\right| + C$$

其中 C_1 是任意常数，$-\ln a$ 是常数，由此 $C = C_1 - \ln a$ 仍是任意常数.

例 3.15　求 $\displaystyle\int \frac{\mathrm{d}x}{\sqrt{x^2 + a^2}}$ $(a > 0)$.

解　令 $x = a\tan t$，则 $\mathrm{d}x = a\sec 2t\,\mathrm{d}t$，于是

$$原式 = \int \frac{a\sec 2t\,\mathrm{d}t}{a\sec t} = \int \sec t\,\mathrm{d}t = \ln|\sec t + \tan t| + C_1$$

利用图解（图 3.2）换元得

$$原式 = \ln\left|\frac{\sqrt{x^2 + a^2}}{a} + \frac{x}{a}\right| + C_1 = \ln\left|x + \sqrt{x^2 + a^2}\right| + C_1 - \ln a$$

$$\xlongequal{C = C_1 - \ln a} \ln\left|x + \sqrt{x^2 + a^2}\right| + C$$

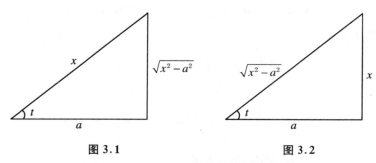

图 3.1　　　　　　　　　　　　　　　　**图 3.2**

注 3.1　　补充公式(这些公式可直接使用),如表 3.3 所示.

表 3.3

$\int \tan x \mathrm{d}x = -\ln\|\cos x\| + C$	$\int \cot x \mathrm{d}x = \ln\|\sin x\| + C$
$\int \sec x \mathrm{d}x = \ln\|\sec x + \tan x\| + C$	$\int \csc x \mathrm{d}x = \ln\|\csc x - \cot x\| + C$
$\int \dfrac{1}{a^2 + x^2}\mathrm{d}x = \dfrac{1}{a}\arctan\dfrac{x}{a} + C$	$\int \dfrac{1}{x^2 - a^2}\mathrm{d}x = \dfrac{1}{2a}\ln\left\|\dfrac{x-a}{x+a}\right\| + C$
$\int \dfrac{1}{\sqrt{a^2 - x^2}}\mathrm{d}x = \arcsin\dfrac{x}{a} + C$	$\int \dfrac{\mathrm{d}x}{\sqrt{x^2 \pm a^2}} = \ln(x + \sqrt{x^2 \pm a^2}) + C$

2. 分部积分法

除了换元积分外,还有一个重要的积分公式,即分部积分公式.

设函数 $u = u(x)$ 及 $v = v(x)$ 具有连续导数.那么,两个函数乘积的导数公式为

$$(u(x)v(x))' = u'(x)v(x) + u(x)v'(x)$$

移项得

$$u(x)v'(x) = (u(x)v(x))' - u'(x)v(x)$$

对这个等式两边求不定积分,得

$$\int u(x)v'(x)\mathrm{d}x = u(x)v(x) - \int u'(x)v(x)\mathrm{d}x$$

这个公式称为分部积分公式.简记为 $\int u\mathrm{d}v = uv - \int v\mathrm{d}u$.

下面通过例子说明公式的用法.

例 3.16　　求 $\int x\cos x\mathrm{d}x$.

解　　这个积分用换元积分法得不到结果,用分部积分法来求,就必须把被积表达式适当地分成 u 和 $\mathrm{d}v$ 两部分乘积.试设

$$u = x, \mathrm{d}v = \cos x \mathrm{d}x \quad \Rightarrow \quad \mathrm{d}u = \mathrm{d}x, v = \sin x$$

代入分部积分公式,得

$$\int x\cos x \mathrm{d}x = \int u \mathrm{d}v = uv - \int v \mathrm{d}u$$

即

$$\int x\cos x \mathrm{d}x = x\sin x - \int \sin x \mathrm{d}x$$

而 $\int v \mathrm{d}u = \int \sin x \mathrm{d}x$ 比原不定积分容易积出,所以

$$\int x\cos x \mathrm{d}x = x\sin x - \int \sin x \mathrm{d}x = x\sin x + \cos x + C$$

可见,如上选取 u 和 $\mathrm{d}v$ 是成功的,否则取 $u = \cos x, \mathrm{d}v = x\mathrm{d}x$,则 $\mathrm{d}u = -\sin x\mathrm{d}x$, $v = \dfrac{1}{2}x^2$,代入分部积分公式,得

$$\int x\cos x \mathrm{d}x = \frac{1}{2}x^2\cos x + \frac{1}{2}\int x^2\sin x \mathrm{d}x$$

不难看出,右边的积分比原积分更复杂,应放弃此种设法.

综上所述,选取 u 和 $\mathrm{d}v$ 时,一般有下面两个原则:

> (1) 由 $\mathrm{d}v$ 求 v 容易,且由 $\mathrm{d}v$ 求 v 时,可不加积分常数 C;
>
> (2) $\int v \mathrm{d}u$ 比 $\int u \mathrm{d}v$ 容易求出.

例 3.17 求 $\int x\mathrm{e}^x \mathrm{d}x$.

解 设 $u = x, \mathrm{d}v = \mathrm{e}^x \mathrm{d}x$,则 $\mathrm{d}u = \mathrm{d}x, v = \mathrm{e}^x$.

于是

$$\int x\mathrm{e}^x \mathrm{d}x = \int x\mathrm{d}\mathrm{e}^x = x\mathrm{e}^x - \int \mathrm{e}^x \mathrm{d}x = x\mathrm{e}^x - \mathrm{e}^x + C$$

例 3.18 $\int x^2\ln x \mathrm{d}x$.

解 设 $u = \ln x, \mathrm{d}v = x^2\mathrm{d}x$,则 $\mathrm{d}u = \dfrac{1}{x}\mathrm{d}x, v = \dfrac{1}{3}x^3$.

于是

$$\int x^2\ln x \mathrm{d}x = \frac{1}{3}\int \ln x \mathrm{d}x^3 = \frac{1}{3}x^3\ln x - \int \frac{1}{3}x^3 \cdot \frac{1}{x}\mathrm{d}x$$

$$= \frac{1}{3} x^3 \ln x - \frac{1}{3} \int x^2 \mathrm{d}x = \frac{1}{3} x^2 \ln x - \frac{1}{9} x^3 + C$$

一般地，被积函数具有下列形式时可用分部积分法解决：对于 $\int x^n \mathrm{e}^x \mathrm{d}x$，$\int x^n \sin x \mathrm{d}x$，$\int x^n \cos x \mathrm{d}x$ 等，可设 $u = x^n$，余下为 $\mathrm{d}v$；对于 $\int x^n \ln x \mathrm{d}x$，$\int x^n \arcsin x \mathrm{d}x$，$\int x^n \arctan x \mathrm{d}x$ 等，可设 $\mathrm{d}v = x^n \mathrm{d}x$，余下为 u.

初学者可像上述例题一样，将 u 和 $\mathrm{d}v$ 分别写出来，以免出错. 熟练后，这些步骤也都可省略.

例 3. 19　求 $\int \arctan x \mathrm{d}x$.

解　$\int \arctan x \mathrm{d}x \overset{\underset{u = \arctan x}{}}{\underset{\mathrm{d}v = \mathrm{d}x}{=}} x \arctan x - \int x \mathrm{d} \arctan x$

$$= x \arctan x - \int x \frac{1}{1 + x^2} \mathrm{d}x$$

$$= x \arctan x - \frac{1}{2} \int \frac{\mathrm{d}(x^2 + 1)}{1 + x^2}$$

$$= x \arctan x - \frac{1}{2} \ln (1 + x^2) + C.$$

例 3. 20　求 $\int \mathrm{e}^x \sin x \mathrm{d}x$.

解　因为

$$\int \mathrm{e}^x \sin x \mathrm{d}x = \int \sin x \mathrm{d} \mathrm{e}^x$$

$$= \mathrm{e}^x \sin x - \int \mathrm{e}^x \mathrm{d} \sin x$$

$$= \mathrm{e}^x \sin x - \int \mathrm{e}^x \cos x \mathrm{d}x$$

$$= \mathrm{e}^x \sin x - \int \cos x \mathrm{d} \mathrm{e}^x$$

$$= \mathrm{e}^x \sin x - \mathrm{e}^x \cos x + \int \mathrm{e}^x \mathrm{d} \cos x$$

$$= \mathrm{e}^x \sin x - \mathrm{e}^x \cos x - \int \mathrm{e}^x \sin x \mathrm{d}x$$

移项，整理得

$$\int \mathrm{e}^x \sin x \mathrm{d}x = \frac{1}{2} \mathrm{e}^x (\sin x - \cos x) + C$$

注 3.2　（1）此例中在第二次凑微分时，必须与第一次凑的微分形式相同．否则将产生恶性循环．

（2）由不定积分的定义，在积分号"$\int$"一旦消失之后积分常数 C 必须添上．

例 3.21　求 $\int x^2 \mathrm{e}^x \mathrm{d}x$．

解　$\int x^2 \mathrm{e}^x \mathrm{d}x = \int x^2 \mathrm{d}\mathrm{e}^x = x^2 \mathrm{e}^x - \int \mathrm{e}^x \mathrm{d}x^2$

$$= x^2 \mathrm{e}^x - 2\int x \mathrm{e}^x \mathrm{d}x$$

$$= x^2 \mathrm{e}^x - 2\int x \mathrm{d}\mathrm{e}^x$$

$$= x^2 \mathrm{e}^x - 2x\mathrm{e}^x + 2\int \mathrm{e}^x \mathrm{d}x$$

$$= x^2 \mathrm{e}^x - 2x\mathrm{e}^x + 2\mathrm{e}^x + C.$$

（3）当使用了一次分部积分法还不能求出其不定积分时，可继续使用分部积分法，直至求出．

3.1.3　不定积分的讨论

我们已经学习了不定积分的几种常用方法，通过学习知道，利用前面学过的各种积分公式与方法，可解决一批初等函数的不定积分问题，且积分的计算要比导数的计算来得灵活、复杂，但又有规律性．由此我们自然想到能否找到一个简捷的途径而使运算大大简化呢？而有时同一个初等函数的积分使用不同的方法，结果却不相同，这是为什么呢？同样地，还有一种初等函数的积分，看似简单，却积不出，这又是为什么？下面简单说明如下：

1. 运算简化问题

为了实用的方便，根据积分的规律性，常常把常用的积分公式汇集成表，这种表叫作积分表．求积分时，可根据被积函数的类型直接地或经过简单变形后，在表内查得所需的结果，在许多数学手册中往往列举了几百个不定积分公式，它们不是基本的，不需要熟记，但可以作为备查之用．随着现代计算技术的发展，利用相关软件即可求得，故不再举例说明．

2. 运算结果的表达形式问题

根据不定积分定义，原函数有无数多个，选择不同的方法，所求出的结果可能

是不同的. 如:

例 3.22　求 $\int \sin x \cos x \, dx$.

解　令 $\sin x = u$, 则 $\cos x \, dx = du$, 于是

$$\int \sin x \cos x \, dx = \int u \, du = \frac{1}{2} u^2 + C = \frac{1}{2} \sin^2 x + C$$

如果令 $\cos x = u$, 则有

$$\int \sin x \cos x \, dx = -\int \cos x \, d\cos x = -\frac{1}{2} \cos^2 x + C$$

如果将 $\sin x \cos x$ 改写成 $\frac{1}{2} \sin 2x + C$, 则

$$\int \sin x \cos x \, dx = \frac{1}{2} \int \sin 2x \, dx = -\frac{1}{4} \cos 2x + C$$

由于做了三种不同的变量代换, 使所得的结果有不同的表达形式, 但结果都是正确的. 其原因是在这三个结果中, 除去积分常数外, 彼此之间仅相差一个常数. 事实上, 由三角函数的平方关系立知

$$\frac{1}{2} \sin^2 x = -\frac{1}{2} \cos^2 x + \frac{1}{2} = -\frac{1}{4} \cos 2x - \frac{1}{4}$$

即三个结果都是 $\sin x \cos x$ 的原函数族, 因此都是正确的.

3. "积不出"问题

有些函数穷尽前面的积分方法, 总得不出一个结果, 习惯上就说"积不出", 这是怎么回事呢? 是原函数不存在吗? 事实上, 对于初等函数来说, 在其定义区间内是连续的, 从而原函数一定存在, 但不一定是初等函数. 原函数是初等函数, 积分结果都能用有限形式表示; 如果原函数存在, 但不是初等函数, 则积分结果就不能用有限形式表示. 例如不定积分 $\int e^{-x^2} \, dx, \int \frac{\sin x}{x} \, dx, \int \sqrt{1 - k \sin^2 x} \, dx \, (0 < k < 1)$ 等, 都不能表示为有限形式. 如何用非初等函数来表达这些积分呢? 有待于学习更深的高等数学知识, 如级数. 限于篇幅, 本教材不涉及, 有兴趣的同学可参看其他的高等数学教材.

"积分"一词及积分号的由来

"积分"一词于 1859 年由李善兰（1811～1882）和伟烈亚力（Alexande Wylie，1815～1887）合译的《代数积拾级》（原书为美国罗密士（Eliao Loomis）所写《Analytical Geometry and Calculus》）中序言中首创，"康熙时，西国来本之（莱布尼茨）、奈端（即牛顿）二家又创微分、积分二术 …… 其理大要：凡线面体皆设由小到大，一刹那所增之积即微分也，其全积即积分也".用词非常贴切，这些译法传至日本，以至于今天中日两国的微积分名词多有相同.

牛顿和莱布尼茨分别发明了微积分，但今天所用的积分符号却是由莱布尼茨发明的.

莱布尼茨于 1675 年以"omn. l"表示 l 的总和（积分（Integrals）），而 omn 为 omnia（意即所有、全部）之缩写.其后他又改写为"$\int$"，以"$\int 1$"表示所有 l 的总和（Summa）."$\int$"为字母 S 的拉长.此外，他又于 1694 年至 1695 年之间，在"$\int$"号后置一逗号，如"$\int xx\mathrm{d}x$".至 1698 年，约翰·伯努利把逗号去掉，后更发展为现今之用法.因此，有人说，莱布尼茨是一位天才般的符号大师，这一点都不过分.他曾说："要发明，就要挑选恰当的符号，要做到这一点，就要用含义简明的少量符号来表达和比较忠实地描绘事物的内在本质，从而最大限度地减少人的思维劳动."正像印度阿拉伯数学促进算术和代数发展一样，莱布尼茨所创造的这些数学符号对微积分的发展起了很大的促进作用.欧洲的数学得以迅速发展，莱布尼茨的巧妙符号功不可没.

3.2　定　积　分

3.2.1　定积分的概念与性质

1. 定积分问题的引例

引例 3.1　曲边梯形的面积.

如图 3.3 所示,欧式窗户是当今房屋窗户建筑中常用的一种形式.如何计算这种窗户的采光面积呢?

为方便计算我们假定一种房屋建筑的窗户如图 3.4 所示(单位:cm),其曲线段是抛物线型.试计算窗户的采光面积.

图 3.3

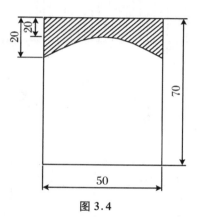

图 3.4

要求出图 3.4 的采光面积,只需求出其矩形的面积再减去阴影部分的面积即可,图 3.4 中阴影部分如图 3.5 所示.

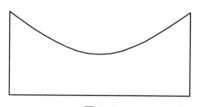

图 3.5

该图形由三条直线(其中两条互相平行且与第三条垂直)与一条连续曲线所围成,这样的图形称为曲边梯形.如何求该曲边图形的面积?我们采用等分的方法进行(图 3.6).

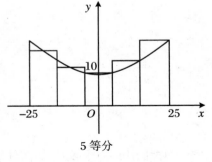

5 等分

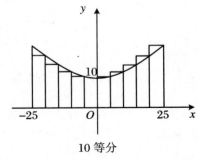

10 等分

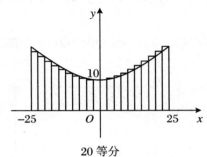

20 等分

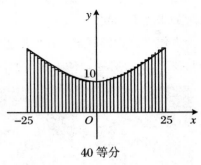

40 等分

图 3.6

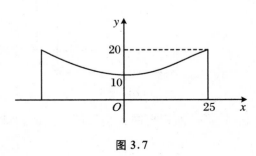

图 3.7

从图 3.6 中可见,等分越细,精确度越高.

如图 3.7 所示,我们求得抛物线的方程为 $f(x) = 0.016x^2 + 10$,下面我们计算一下 10 等分后面积的近似值.

第一步,分割:将区间 $[-25,25]$ 等分成 10 等分,得到 10 个小区间,每个小区间的长度为

$$\Delta x_i = x_i - x_{i-1} = 5 \quad (i = 1,2,\cdots,10)$$

第二步,近似代替:$\Delta A_i \approx f(x_i)\Delta x_i (i = 1,2,\cdots,10)$.

第三步,求和:$A = \sum_{i=1}^{10} \Delta A_i \approx \sum_{i=1}^{10} f(x_i)\Delta x_i = 670(\mathrm{cm}^2)$.

即曲边梯形的面积大约是 670 cm². 因此,该窗户的采光面积大约是

$$50 \times 70 - 670 = 2\,830(\mathrm{cm}^2)$$

第四步,精确化(取极限):求得窗户的采光面积为

$$A = \sum_{i=1}^{n} \Delta A_i \approx \sum_{i=1}^{n} f(x_i) \Delta x_i = \sum_{i=1}^{n} \left[0.016 \times \left(-25 + \frac{50i}{n} \right)^2 + 10 \right] \frac{50}{n}$$

$$A = \lim_{n \to \infty} \sum_{i=1}^{n} f(x_i) \Delta x_i = \lim_{n \to \infty} \sum_{i=1}^{n} \left[0.016 \times \left(-25 + \frac{50i}{n} \right)^2 + 10 \right] \frac{50}{n}$$

以上四步概括起来就是说,设法先在局部上"以直代曲",找出面积 A 的一个近似值;然后,通过取极限,求得 A 的精确值. 即用极限方法解决了求曲边梯形的面积问题.

引例 3.2 求变速直线运动的路程.

设物体做直线运动,其速度 $v(t)$ 是时间 t 的一个连续函数,求物体在时间间隔 $[a,b]$ 内所经过的路程 s.

我们知道,当物体做匀速直线运动时,物体所经过的路程公式为

$$s = v(t)$$

其中 v 是一个常数. 现在,速度不是均匀的,因此不能用上述公式计算路程. 由于速度 $v(t)$ 是一个连续函数,因此在时间间隔很短的情况下,用类似求曲梯形面积的做法,以"均匀代非均匀",把变速运动近似看成匀速运动,找出路程的近似值;然后,在时间间隔无限变小的过程中,求出近似值的极限,得到路程的精确值. 具体步骤如下:

(1) 分割:把区间 $[a,b]$ 任意分成 n 个小区间,设分点为

$$a = t_0 < t_1 < t_2 < \cdots < t_{n-1} < t_n = b$$

每个小区间的长度为

$$\Delta t_i = t_i - t_{i-1} \quad (i = 1,2,\cdots,n)$$

并设物体在第 i 个时间间隔 $[t_{i-1},t_i]$ 内所经过的路程为 $\Delta s_i (i = 1,2,\cdots,n)$.

(2) 近似代替:在时间间隔 $[t_{i-1},t_i]$ 上任取一个时刻 $\tau_i (t_{i-1} \leqslant \tau_i \leqslant t_i)(i = 1,2,\cdots,n)$,以物体在时刻 τ_i 的速度 $v(\tau_i)$ 去近似代替变化的速度 $v(t)$,得到物体在这段时间里所走过的路程 Δs_i 的一个近似值

$$\Delta s_i \approx v(\tau_i) \Delta t_i \quad (i = 1,2,\cdots,n)$$

(3) 求和:把这些近似值加起来,就得到总路程 s 的一个近似值

$$s = \sum_{i=1}^{n} \Delta s_i \approx \sum_{i=1}^{n} v(\tau_i) \Delta t_i$$

(4) 取极限:将区间 $[a,b]$ 无限细分下去,使得每个 $\Delta t_i \to 0 (i = 1,2,\cdots,n)$,记 $\lambda = \max_{1 \leqslant i \leqslant n} |\Delta t_i|$,其极限就是总路程 s 的精确值,即

$$s = \lim_{\lambda \to 0} \sum_{i=1}^{n} v(\tau_i) \Delta t_i$$

上面的两个例子,一个是几何问题,一个是物理问题.尽管它们的具体实际意义不同,但解决问题的方法却完全一样,且从数量关系上看最后都归结为计算某种整体的量,即求"和数极限"问题,在计算这些量时所遇到的困难和解决困难的方法都是相同的,类似的问题还有很多.

2. 定积分的定义

我们抽去前面所讨论的几何问题和物理问题的实际背景,抽出其数量关系的共同特征,于是我们得到下面定积分的概念:

> **定义 3.3**　设函数 $f(x)$ 在区间 $[a,b]$ 上有界,将区间 $[a,b]$ 任意分成 n 个小区间,设分点依次为 $a = x_0 < x_1 < x_2 < \cdots < x_{n-1} < x_n = b$. 在每一个小区间 $[x_{i-1},x_i]$ 上任取一点 ξ_i,作乘积 $f(\xi_i)\Delta x_i$, $(\Delta x_i = x_i - x_{i-1}, i = 1,2,\cdots,n)$ 及和式
>
> $$\sum_{i=1}^{n} f(\xi_i)\Delta x_i$$
>
> 记 $\lambda = \max_{1 \leqslant i \leqslant n} |\Delta x_i|$,若当 $\lambda \to 0$ 时,$\sum_{i=1}^{n} f(\xi_i)\Delta x_i$ 存在,与区间 $[a,b]$ 的分法及 ξ_i 的取法无关的极限值,则称其极限值为函数 $f(x)$ 在区间 $[a,b]$ 上的定积分,并称 $f(x)$ 在区间 $[a,b]$ 上可积.记为
>
> $$\int_a^b f(x)\mathrm{d}x$$
>
> 其中 $f(x)$ 称为被积函数,x 称为积分变量,$[a,b]$ 称为积分区间,a 称为积分下限,b 称为积分上限.

由定积分的定义,有

$$\int_a^b f(x)\mathrm{d}x = \lim_{\lambda \to 0} \sum_{i=1}^{n} f(\xi_i)\Delta x_i$$

有了定积分的概念以后,上面的两个例子就可以用定积分来表示了.

在引例3.1中,曲边梯形的面积 S 是曲边函数 $y = f(x)$ 在区间 $[-25,25]$ 上的定积分,即

$$S = \int_{-25}^{25} f(x)\mathrm{d}x$$

在引例 3.2 中,物体运动所经过的路程 s 是速度函数 $v = v(t)$ 区间 $[a,b]$ 上

的定积分,即

$$v = \int_a^b v(t)\mathrm{d}x$$

需要注意的是:定积分与不定积分是两个完全不同的概念.定积分是一个数值,而不定积分是一个函数族.因此

> $f(x)$ 在区间$[a,b]$上的定积分是由被积函数 $f(x)$ 和积分区间 $[a,b]$ 所确定,它与积分变量采用什么字母表示是无关.即
>
> $$\int_a^b f(x)\mathrm{d}x = \int_a^b f(t)\mathrm{d}t = \int_a^b f(y)\mathrm{d}y$$

另外,在定积分的定义中,下限 a 总是小于上限 b 的.为了今后使用方便,我们规定:

> (1) 当 $a > b$ 时,$\int_a^b f(x)\mathrm{d}x = -\int_b^a f(x)\mathrm{d}x$;
>
> (2) 当 $a = b$ 时,$\int_a^b f(x)\mathrm{d}x = 0$.

由前面的讨论可知,

> 当 $f(x) \geqslant 0$ 时,定积分$\int_a^b f(x)\mathrm{d}x$ 表示以 $y = f(x)$ 为曲边的曲边梯形的面积 A(图 3.8).当 $f(x) \leqslant 0$ 时,有 $-f(x) \geqslant 0$,此时定积分 $\int_a^b f(x)\mathrm{d}x$ 是曲边梯形面积的负值(图 3.9).

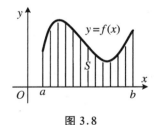

图 3.8　　　　　　　　　图 3.9

一般地,

> 函数 $f(x)$ 在区间$[a,b]$上的定积分在几何上表示由曲线 $y = f(x)$,直线 $x = a$,$x = b$,$y = 0$ 所围成的几个曲边梯形的面积的代数

和（即在 x 轴上方的面积取正号,在 x 轴下方的面积取负号）.设这几个曲边梯形的面积为 A_1,A_2,A_3（图 3.10）,则有

$$\int_a^b f(x)\mathrm{d}x = A_1 - A_2 + A_3$$

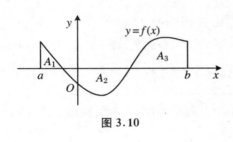

图 3.10

特别地,在区间 $[a,b]$ 上 $f(x) \equiv 1$ 时,由定积分的定义直接可得

$$\int_a^b 1\mathrm{d}x = \int_a^b \mathrm{d}x = b - a$$

这就是说,定积分 $\int_a^b \mathrm{d}x$ 在数值上等于区间长度.从几何上看,宽度为 1 的矩形的面积在数值上等于矩形的底边长度.

3. 定积分的基本性质

由定积分的定义,我们不难得到定积分的一些简单性质:

(1) $\int_a^b [f(x) \pm g(x)]\mathrm{d}x = \int_a^b f(x)\mathrm{d}x \pm \int_a^b g(x)\mathrm{d}x$.

(2) $\int_a^b kf(x)\mathrm{d}x = k\int_a^b f(x)\mathrm{d}x$（$k$ 为一任意常数）.

(3) $\int_a^b f(x)\mathrm{d}x = \int_a^c f(x)\mathrm{d}x + \int_c^b f(x)\mathrm{d}x$（$c$ 为 $[a,b]$ 上的一个分点）.

性质(3)称为定积分对于积分区间的可加性.顺便指出,如果 c 在 b 右边或在 a 的左边,只要 $f(x)$ 在相应的区间上可积,这个性质仍然成立.

3.2.2　定积分的计算

1. 微积分基本定理

直接用定义计算定积分是非常困难的,因此必须进一步寻求比较切实可行的计算方法,我们将发现定积分与不定积分之间有密切的关系,它可以通过求被积函数的不定积分来计算.

我们知道定积分 $\int_a^b f(x)\mathrm{d}x$ 是一个数值,它由被积函数 $f(x)$ 与积分区间 $[a,b]$ 确定,如果被积函数 $f(x)$ 已经给定,则定积分就由上、下限来确定;如果下限也已经给定,这个数就仅由上限来确定了.这样对于每一个上限,通过定积分就有唯一

确定的值与之对应. 因此, 如果我们把定积分上限看作一个自变量 x, 则定积分 $\int_a^x f(x)\mathrm{d}x (a \leqslant x \leqslant b)$ 就定义了 x 的一个函数. 由于定积分与积分变量的记号无关, 所以为明确起见, 可以把积分变量 x 记成其他变量, 如 t, 则上面定积分

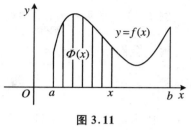

图 3.11

可以写成 $\int_a^x f(t)\mathrm{d}t$. 它定义了 $[a,b]$ 上的一个函数 (图 3.11) 记为 $\Phi(x)$, 则

$$\Phi(x) = \int_a^x f(t)\mathrm{d}t \quad (a \leqslant x \leqslant b)$$

关于函数 $\Phi(x)$ 具有下面两条重要性质, 它们在整个微积分学中起着重要的作用.

原函数存在定理

定理 3.1 设函数 $f(x)$ 在 $[a,b]$ 上连续, 则函数 $\Phi(x)(a \leqslant x \leqslant b)$ 在 $[a,b]$ 上可导, 且 $\Phi'(x) = f(x)(a \leqslant x \leqslant b)$. 即 $\Phi(x)$ 是 $f(x)$ 在 $[a,b]$ 上的一个原函数.

这个定理告诉我们, $\Phi(x) = \int_a^x f(t)\mathrm{d}t$ 是连续函数 $f(x)$ 的一个原函数, 即

$$\Phi'(x) = \frac{\mathrm{d}}{\mathrm{d}x}\left[\int_0^x f(t)\mathrm{d}t\right] = f(x)$$

因此, 称其为原函数存在定理. 根据这条性质我们可推出:

微积分学基本定理

定理 3.2 设函数 $f(x)$ 在 $[a,b]$ 上连续, 且 $F(x)$ 是 $f(x)$ 的一个原函数, 则 $\int_a^b f(x)\mathrm{d}x = F(b) - F(a) = F(x)\Big|_a^b$.

这个公式称为微积分学基本公式.

由于这个公式是由牛顿和莱布尼茨发现的, 因此也称为牛顿-莱布尼茨公式. 它揭示了定积分与不定积分之间的联系, 并把计算定积分的问题转化为计算不定积分的问题, 为我们计算定积分提供了一种简便的方法.

公式告诉我们, 要求已知函数 $f(x)$ 在 $[a,b]$ 上的定积分, 只要先求出函数 $f(x)$ 在 $[a,b]$ 上任意一个原函数 $F(x)$, 然后再计算它在 a 点到 b 点的改变量之差 $F(b) - F(a)$ 即可.

例 3.23   求定积分 $\int_0^1 x^2 \mathrm{d}x$.

解   我们知道 $F(x) = \frac{1}{3}x^3$ 是 x^2 的一个原函数,根据牛顿-莱布尼茨公式,有

$$\int_0^1 x^2 \mathrm{d}x = \frac{1}{3}x^3 \Big|_0^1 = \frac{1}{3}$$

可见这比用定积分的定义计算它要简便得多.

例 3.24   求定积分 $\int_0^{\frac{\pi}{2}} \cos x \mathrm{d}x$.

解 $\int_0^{\frac{\pi}{2}} \cos x \mathrm{d}x = \sin x \Big|_0^{\frac{\pi}{2}} = \left[\sin \frac{\pi}{2} - \sin 0 \right] = 1$.

2. 定积分的换元积分法

先看一个例子.

例 3.25   计算 $\int_0^a \sqrt{a^2 - x^2} \mathrm{d}x (a > 0)$.

解   先利用换元积分法计算不定积分 $\int \sqrt{a^2 - x^2} \mathrm{d}x (a > 0)$.

设 $x = a\sin t$, $-\frac{\pi}{2} \leqslant t \leqslant \frac{\pi}{2}$,那么 $\sqrt{a^2 - x^2} = \sqrt{a^2 - a^2 \sin^2 t} = a\cos t$, $\mathrm{d}x = a\cos t \mathrm{d}t$,于是

$$\int \sqrt{a^2 - x^2} \mathrm{d}x = \int a\cos t \cdot a\cos t \mathrm{d}t$$

$$= a^2 \int \cos^2 t \mathrm{d}t = a^2 \left(\frac{1}{2}t + \frac{1}{4}\sin 2t \right) + C$$

因为 $t = \arcsin \frac{x}{a}$, $\sin 2t = 2\sin t \cos t = 2 \frac{x}{a} \cdot \frac{\sqrt{a^2 - x^2}}{a}$,所以

$$\int \sqrt{a^2 - x^2} \mathrm{d}x = a^2 \left(\frac{1}{2}t + \frac{1}{4}\sin 2t \right) + C = \frac{a^2}{2}\arcsin \frac{x}{a} + \frac{1}{2}x\sqrt{a^2 - x^2} + C$$

再利用牛顿-莱布尼茨公式,有

$$\int_0^a \sqrt{a^2 - x^2} \mathrm{d}x = \left[\frac{a^2}{2}\arcsin \frac{x}{a} + \frac{1}{2}x\sqrt{a^2 - x^2} \right]_0^a$$

$$= \left(\frac{a^2}{2}\arcsin 1 + 0 \right) - (0 + 0) = \frac{\pi a^2}{4}$$

这种方法是求出关于新变量的原函数后,还要把旧变量代回去,而这一步是很繁琐的. 我们根据定积分的特征对不定积分的换元积分法进行改造,就得到了如下的定积分的换元积分公式.

$$\int_a^b f(x)\mathrm{d}x \xlongequal{\ \diamond\, x=\varphi(t)\ } \int_\alpha^\beta f[\varphi(t)]\varphi'(t)\mathrm{d}t$$

利用定积分的换元积分法计算定积分时要注意下面两点：

（1）代换中要求函数 $x = \varphi(t)$ 在区间 $[\alpha,\beta]$ 上单调有连续的导数，当 t 在 $[\alpha,\beta]$ 上变化时，x 的值在 $[a,b]$ 上变化，且 $\varphi(\alpha) = a$，$\varphi(\beta) = b$.

（2）换元同时要换限，并只需在新的积分限下计算定积分，不必再代回.

再利用定积分的换元积分法计算例 3.25.

设 $x = a\sin t, \mathrm{d}x = a\cos t\mathrm{d}t$. 当 $x = 0$ 时，$t = 0$. 而当 $x = a$ 时，$t = \dfrac{\pi}{2}$. 于是

$$\int_0^a \sqrt{a^2 - x^2}\mathrm{d}x = \int_0^{\frac{\pi}{2}} a\cos t \cdot a\cos t\mathrm{d}t$$

$$= a^2 \int_0^{\frac{\pi}{2}} \cos^2 t\mathrm{d}t = \frac{a^2}{2}\int_0^{\frac{\pi}{2}}(1 + \cos 2t)\mathrm{d}t$$

$$= \frac{a^2}{2}\left[t + \frac{1}{2}\sin 2t\right]_0^{\frac{\pi}{2}} = \frac{1}{4}\pi a^2$$

这样就简便多了.

例 3.26　计算 $\displaystyle\int_0^{\frac{\pi}{2}} \cos^5 x\sin x\mathrm{d}x$.

解　令 $t = \cos x, \mathrm{d}t = -\sin x\mathrm{d}x$. 当 $x = 0$ 时，$t = 1$. 而当 $x = \dfrac{\pi}{2}$ 时，$t = 0$. 于是

$$\int_0^{\frac{\pi}{2}} \cos^5 x\sin x\mathrm{d}x = -\int_0^{\frac{\pi}{2}} \cos^5 x\mathrm{d}\cos x$$

$$= -\int_1^0 t^5\mathrm{d}t = \int_0^1 t^5\mathrm{d}t = \left[\frac{1}{6}t^6\right]_0^1 = \frac{1}{6}$$

注 3.3　如果在积分过程中，仅使用凑微分方法，基本积分变量不变，则不变限.上例我们也可以这样计算：

$$\int_0^{\frac{\pi}{2}} \cos^5 x\sin x\mathrm{d}x = -\int_0^{\frac{\pi}{2}} \cos^5 x\mathrm{d}\cos x$$

$$= -\left[\frac{1}{6}\cos^6 x\right]_0^{\frac{\pi}{2}} = -\frac{1}{6}\cos^6 \frac{\pi}{2} + \frac{1}{6}\cos^6 0 = \frac{1}{6}$$

例 3.27　证明 $\displaystyle\int_0^\pi f(\sin x)\mathrm{d}x = 2\int_0^{\frac{\pi}{2}} f(\sin x)\mathrm{d}x$.

证　$\displaystyle\int_0^\pi f(\sin x)\mathrm{d}x = \int_0^{\frac{\pi}{2}} f(\sin x)\mathrm{d}x + \int_{\frac{\pi}{2}}^\pi f(\sin x)\mathrm{d}x$.

对

$$\int_{\frac{\pi}{2}}^\pi f(\sin x)\mathrm{d}x, 令 \; x = \pi - t, 则 \; \mathrm{d}x = -\mathrm{d}t$$

从而

$$\int_{\frac{\pi}{2}}^\pi f(\sin x)\mathrm{d}x = \int_{\frac{\pi}{2}}^0 f[\sin(\pi - t)]\mathrm{d}(-t) = \int_{\frac{\pi}{2}}^0 f(\sin t)\mathrm{d}(-t)$$

$$= \int_0^{\frac{\pi}{2}} f(\sin t)\mathrm{d}t = \int_0^{\frac{\pi}{2}} f(\sin x)\mathrm{d}x$$

3. 定积分的分部积分法

与不定积分的分部积分法相似，也有如下定积分的分部积分法.

设函数 $u(x), v(x)$ 在区间 $[a, b]$ 上具有连续导数 $u'(x), v'(x)$，则

$$\int_a^b u(x)v'(x)\mathrm{d}x = (u(x)v(x))_a^b - \int_a^b u'(x)v(x)\mathrm{d}x$$

或

$$\int_a^b u\,\mathrm{d}v = [uv]_a^b - \int_a^b v\,\mathrm{d}u$$

这就是定积分的分部积分公式.

例 3.28　求积分 $\displaystyle\int_0^1 x\mathrm{e}^x\mathrm{d}x$.

解　$\displaystyle\int_0^1 x\mathrm{e}^x\mathrm{d}x = \int_0^1 x\mathrm{d}\mathrm{e}^x$

$$= x\mathrm{e}^x\big|_0^1 - \int_0^1 \mathrm{e}^x\mathrm{d}x$$

$$= x\mathrm{e}^x\big|_0^1 - \mathrm{e}^x\big|_0^1 = 1.$$

例 3.29　计算 $\displaystyle\int_0^1 \mathrm{e}^{\sqrt{x}}\mathrm{d}x$.

解　令 $\sqrt{x} = t$，则

$$\int_0^1 \mathrm{e}^{\sqrt{x}}\mathrm{d}x = 2\int_0^1 \mathrm{e}^t t\,\mathrm{d}t = 2\int_0^1 t\mathrm{d}\mathrm{e}^t = 2(t\mathrm{e}^t)_0^1 - 2\int_0^1 \mathrm{e}^t\mathrm{d}t$$

$$= 2\mathrm{e} - 2(\mathrm{e}^t)_0^1 = 2$$

例 3.30　与摩托车相关的交通死亡事故一直占交通事故中的大份额,调查显示某市因驾驶摩托车而死亡的人数 m 可由下面模型给出:

$$m(t) = 853.3 + 65.92\ln t \quad (1 \leqslant t \leqslant 16)$$

t 表示距 1979 年的年数,$t = 1$ 表示 1980 年.

问该市 1980 至 1995 年因驾驶摩托车而死亡的总人数 A.

解　$A = \displaystyle\int_1^{16} \left[843.3 + 65.92\ln t\right]\mathrm{d}t = 843.3t \Big|_1^{16} + 65.92\int_1^{16}\ln t\,\mathrm{d}t$

$\qquad = 843.3t \Big|_1^{16} + 65.92\left[t\ln t \Big|_1^{16} - \int_1^{16} t\,\mathrm{d}\ln t\right]$

$\qquad = 843.3t \Big|_1^{16} + 65.92\left[t\ln t \Big|_1^{16} - \int_1^{16} 1\,\mathrm{d}t\right]$

$\qquad = 843.3t \Big|_1^{16} + 65.92\left[t\ln t - t\right]\Big|_1^{16} = 12\,649.5 + 1\,935.5 = 14\,585.$

故该市 1980 年至 1995 年因驾驶摩托车而死亡的总人数为 14 585.

最后,需要说明的是:定积分的换元积分法和分部积分法是为了简化计算服务的,它的基础是不定积分的计算. 只要熟练掌握了不定积分的计算,首先通过求不定积分的方法求出被积函数的原函数,再通过 N-L 公式,总能求出定积分的值.

小 知 识

微积分诞生的意义

由于生产实际的需要,力学和天文学的推动,以及从阿基米德以来多少代人的努力,在 17 世纪下半叶,终于由牛顿和莱布尼茨综合、发展了前人的工作,几乎同时建立了微积分. 微积分是人类智力的伟大结晶. 它给出一整套的科学方法,开创了科学的新纪元,并因此加强与加深了数学的作用.

微积分给数学注入了旺盛的生命力,使数学获得了极大的发展,取得了空前的繁荣. 如微分方程、无穷级数、变分法等数学分支的建立,以及复变函数、微分几何的产生. 严密的微积分的逻辑基础理论进一步显示了它在数学领域的普遍意义.

有了微积分,人类把握了运动的过程,微积分成了物理学的基本语言、寻求问题解答的有力工具.有了微积分就有了工业大革命,有了大工业生产,也就有了现代化的社会.航天飞机、宇宙飞船等现代化的交通工具都是微积分的直接后果.在微积分的帮助下,牛顿发现了万有引力定律,发现了宇宙中没有哪一个角落不在这些定律所包含的范围内,强有力地证明了宇宙的数学设计.

现代的工程技术直接影响到人们的物质生产,而工程技术的基础是数学,都离不开微积分.如今微积分不但成了自然科学和工程技术的基础,而且还渗透到广泛的经济、金融活动中,也就是说微积分在人文社会科学领域中也有着其广泛的应用.

现代微积分理论的建立,一方面,消除了微积分长期以来带有的"神秘性",使得贝克莱主教等神学信仰者对微积分的攻击彻底破产,而且在思想上和方法上深刻影响了近代数学的发展.这就是微积分对哲学的启示,对人类文化的启示和影响.

所以,恩格斯说:"在一切理论成就中,未必再有什么像 17 世纪下半叶微积分的发现那样被看作人类精神的最高胜利了.如果在某个地方我们看到人类精神的纯粹的和唯一的功绩,那就正是在这里." 当代数学分析权威柯朗(R.Courant)指出:"微积分乃是一种震撼心灵的智力奋斗的结晶."

3.3　定积分的应用与推广

在讨论定积分的应用之前,我们首先介绍根据定积分解决实际问题的思想方法形成的一种常用的方法 —— 微元法.

本章 3.2 节开始时提出的曲边梯形的面积问题和变速直线运动的路程问题,我们都是采用分割、近似代替、求和、取极限四个步骤建立所求量的积分式来解决的.实际上仔细分析这四步,可简化为两步:

> 第一步,无限细分,将 $[a,b]$ 分成无穷多个小区间,任取一个记成 $[x,x+\mathrm{d}x]$,小区间的长度为 $\mathrm{d}x$,所要求的总量 A 在这一小区间上相应的部分量为 $\mathrm{d}A=f(x)\mathrm{d}x$,称其为总量的微元(或元素);
>
> 第二步,无限求和,即 $\int_a^b f(x)\mathrm{d}x$ 用来表示所求的总量 A,即微分累积成积分.

一般地,有:

如果实际问题中所求量与一个变量的变化区间有关,且对区间具有可加性,上述这种"无限细分"和"无限求和"两步解决问题的方法均能用,这种方法常称为**微元法**(或**元素法**).

下面就用微元法来讨论定积分在几何、经济等领域里的应用.

3.3.1　积分的几何应用

1. 平面图形的面积

我们已经知道,由连续曲线 $y = f(x)(x \geqslant 0)$ 以及直线 $x = a$,$x = b(a < b)$ 和 x 轴所围成的曲边梯形的面积为 $A = \int_a^b f(x)\mathrm{d}x$,若 $y = f(x)$ 在 $[a,b]$ 上不都是非负的,则所围成的面积为 $A = \int_a^b |f(x)|\mathrm{d}x$.

一般地,求由两条连续曲线 $y = f(x)$,$y = g(x)(f(x) \geqslant g(x))$ 及直线 $x = a$,$x = b(a < b)$ 所围成的平面图形的面积,如图 3.12 所示,可在区间 $[a,b]$ 内任取小区间 $[x, x + \mathrm{d}x]$,绘出图中的阴影矩形,则面积微元为 $\mathrm{d}A = [f(x) - g(x)]\mathrm{d}x$.

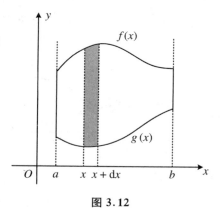

图 3.12

于是所求面积为

$$A = \int_a^b [f(x) - g(x)]\mathrm{d}x$$

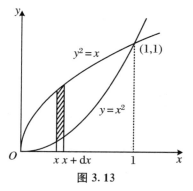

图 3.13

例 3.31　求由两条抛物线 $y = x^2$,$x = y^2$ 所围成的图形的面积(图 3.13).

解　为了具体定出图形的所在范围,先求出这两条抛物线的交点,为此,解方程组

$$\begin{cases} y = x^2 \\ x = y^2 \end{cases}$$

得到两组解:$x = 0$,$y = 0$ 及 $x = 1$,$y = 1$,即这两条抛物线的交点为 $(0,0)$ 及 $(1,1)$,从而知道这个图形在直线 $x = 0$ 及 $x = 1$ 之间.

取横坐标 x 为积分变量,它的变化区间为 $[0,1]$,相应于 $[0,1]$ 上任一小区间 $[x,x+\mathrm{d}x]$ 的窄曲边梯形的面积近似高为 $\sqrt{x}-x^2$、底为 $\mathrm{d}x$ 的矩形的面积,从而得面积微元

$$\mathrm{d}A = (\sqrt{x}-x^2)\mathrm{d}x$$

于是所求的面积为

$$A = \int_0^1 (\sqrt{x}-x^2)\mathrm{d}x = \left[\frac{3}{2}x^{\frac{3}{2}} - \frac{1}{3}x^3\right]_0^1 = \frac{2}{3} - \frac{1}{3} = \frac{1}{3}$$

例 3.32　求抛物线 $y^2 = 2x$ 与直线 $x-y-4=0$ 所围的平面图形的面积.

解　首先画草图(图 3.14),求出抛物线与直线的交点 $(2,-2)$ 与 $(8,4)$.

从图 3.14 可见,所求面积 A 等于位于 y 轴右侧的两个同底曲边梯形面积之差,

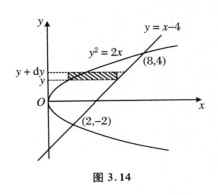

图 3.14

因此,取纵坐标 y 为积分变量,y 的变化范围为 $[-2,4]$,在 $[-2,4]$ 上任取一小区间 $[y,y+\mathrm{d}y]$,于是面积微元为

$$\mathrm{d}A = \left[(y+4) - \frac{1}{2}y^2\right]\mathrm{d}y$$

从而得所求面积为

$$A = \int_{-2}^4 \left[(y+4) - \frac{1}{2}y^2\right]\mathrm{d}y$$
$$= \left(\frac{y^2}{2} + 4y - \frac{y^3}{6}\right)\Big|_{-2}^4 = 18$$

注 3.4　此题如果取 x 为积分变量,计算就比较复杂,所以,用微元法时,积分变量应选择得当.

2. 由截面面积求立体体积

设 Ω 为一空间立体,它夹在垂直于 x 轴的两平面 $x=a$ 及 $x=b$ 之间($a<b$,图 3.15),求其体积 V.现用微元法导出由截面面积函数求空间立体体积的公式.

在 $[a,b]$ 内任取相邻两点 x 与 $x+\mathrm{d}x$,过这两点分别作垂直于 x 轴的平面,则从 Ω 上截出一薄片.设 x 处截面面积函数为 $A(x)$,由于 $A(x)$ 的连续性,当 $\mathrm{d}x$ 很小时,以底面积为 $A(x)$、高为 $\mathrm{d}x$ 的薄柱体体积就是体积微元 $\mathrm{d}V = A(x)\mathrm{d}x$,它是薄片的体积 ΔV 的近似值,即

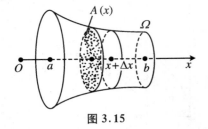

图 3.15

$$\Delta V \approx \mathrm{d}V = A(x)\mathrm{d}x$$

从而有

$$V = \int_a^b A(x)\mathrm{d}x$$

特别地,设 $f(x)$ 是 $[a,b]$ 上的连续函数,由曲线 $y = f(x)$,直线 $x = a$,$x = b(a < b)$ 和 x 轴所围成的曲边梯形,绕 x 轴旋转一周所得的空间立体 Ω 称为旋转体.在 $[a,b]$ 内任取相邻两点 x 和 $x + \mathrm{d}x$,过这两点作 x 轴的垂直平面,则过 x 点的截面面积函数为

$$A(x) = \pi f^2(x) \quad \{x \in [a,b]\}$$

从而得旋转体的体积微元

$$\mathrm{d}V = A(x)\mathrm{d}x = \pi f^2(x)\mathrm{d}x$$

于是

> 旋转体的体积公式为
>
> $$V = \pi \int_a^b f^2(x)\mathrm{d}x$$

例 3.33　求椭圆 $\dfrac{x^2}{a^2} + \dfrac{y^2}{b^2} = 1$ 内部绕 x 轴旋转一周的旋转体体积 V.

解　该旋转体可以看成由曲线 $y = b\sqrt{1 - \dfrac{x^2}{a^2}}$ 与直线 $y = 0$,$x = -a$,$x = a$ 围成的曲边梯形(图 3.16)绕 x 轴旋转得到的.于是按公式得(利用对称性)

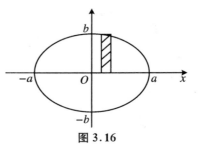

图 3.16

$$V = 2\int_0^a \pi y^2 \mathrm{d}x = 2\int_0^a \pi b^2 \left(1 - \frac{x^2}{a^2}\right)\mathrm{d}x$$

$$= \frac{2\pi b^2}{a^2}\int_0^a (a^2 - x^2)\mathrm{d}x$$

$$= \frac{2\pi b^2}{a^2}\left[a^2 \int_0^a \mathrm{d}x - \int_0^a x^2 \mathrm{d}x\right]$$

$$= \frac{2\pi b^2}{a^2}\left[a^2 \cdot a - \frac{1}{3}x^3 \Big|_0^a\right]$$

$$= \frac{2\pi b^2}{a^2}\left(a^3 - \frac{1}{3}a^3\right) = \frac{4}{3}\pi ab^2$$

特别地，当 $a = b = R$ 时，球体体积公式 $V = \dfrac{4}{3}\pi R^3$.

3.3.2　定积分其他领域的应用举例

定积分就是求某种总量的数学模型，它的应用不仅在几何学方面而且在社会的各个领域都有着广泛有效的应用，显示了它的巨大魅力.也正是这些广泛应用，推动着积分学的不断发展和完善.下面通过举例说明其应用.

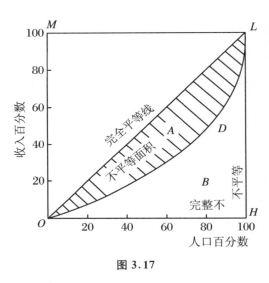

图 3.17

例 3.34（国民收入分配）　现在我们来回答本章引子中提出的国民收入分配不平等问题.

我们先看图 3.17 中劳伦兹(O. Lorenz) 曲线.横轴 OH 表示人口（按收入从低到高分组）的累计百分比，纵轴 OM 表示收入的累计百分比.

当收入完全平等时，人口累计百分比等于收入累计百分比，劳伦兹曲线为过原点，倾角为 $45°$ 的直线；当收入完全不平等时，极少部分（例如，1%）的人口却占有几乎（100%）全部的收入，劳伦兹曲线为折线 OHL.

实际上，一般国家的收入分配，既不会完全平等，也不会完全不平等，而是介于二者之间，即劳伦兹曲线是如图 3.17 所示的位于完全平等线与完全不平等线之间的凹曲线 $\overparen{ODL}$.显然，劳伦兹曲线与完全平等线的偏离程度的大小（即图示阴影 $ODLO(A)$ 面积），决定了该国国民收入分配不平等的程度.

为方便计算，以横轴 OH 为 x 轴，纵轴 OM 为 y 轴，再假定该国某一时期国民收入分配的劳伦兹曲线可近似由 $y = f(x)$ 表示，则

$$A = ODLO \text{ 所围面积} = \int_0^1 [x - f(x)]\mathrm{d}x = \frac{1}{2}x^2 - \int_0^1 f(x)\mathrm{d}x = \frac{1}{2} - \int_0^1 f(x)\mathrm{d}x$$

即

不平等面积 $A = $ 最大不平等面积$(A + B) - B = \dfrac{1}{2} - \displaystyle\int_0^1 f(x)\mathrm{d}x$

不平等面积 A 所占最大不平等面积$(A + B)$ 的比例 $\dfrac{A}{A + B}$

表示一个国家国民收入在国民之间分配的不平等程度. 在经济学上,称为基尼(Gini) 系数,记作 G. 显然,当 $G = 0$ 时,是完全平等情形;当 $G = 1$ 时,是完全不平等情形.

结合上述公式可得基尼系数

$$G = \frac{A}{A + B} = \frac{\dfrac{1}{2} - \displaystyle\int_0^1 f(x)\mathrm{d}x}{\dfrac{1}{2}} = 1 - 2\int_0^1 f(x)\mathrm{d}x$$

例如,某国某年国民收入在国民之间分配的劳伦兹曲线可近似地由 $y = x^2$, $x \in [0,1]$ 表示,试求该国的基尼系数.

如图 3.18 所示,由于

$$A = \frac{1}{2} - \int_0^1 f(x)\mathrm{d}x = \frac{1}{2} - \int_0^1 x^2 \mathrm{d}x$$

$$= \frac{1}{2} - \frac{1}{3}x^3 \Big|_0^1 = \frac{1}{6}$$

故该国的基尼系数为

$$G = \frac{A}{A + B} = \frac{\dfrac{1}{6}}{\dfrac{1}{2}} = \frac{1}{3} = 0.3\dot{3}$$

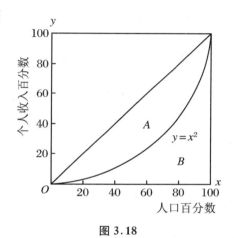

图 3.18

例 3.35(广告策略) 某出口公司每月销售额是 $1\,000\,000$ 美元,平均利润是销售额的 10%. 根据公司以往的经验,广告宣传期间月销售额的变化率近似服从如下式的增长曲线

$$1\,000\,000\mathrm{e}^{0.02t} \quad (t \text{ 以月为单位})$$

公司现在需要决定是否举行一次类似的总成本为 $130\,000$ 美元的广告活动. 按惯例,对于超过 $100\,000$ 美元的广告活动,如果新增销售额产生的利润超过广告投资的 10%,则决定做广告. 试问该公司按惯例是否应该做此广告.

解 由题意知,在 12 个月后的总销售额是当 $t = 12$ 时的定积分,即

$$\text{总销售额} = \int_0^{12} 1\,000\,000\mathrm{e}^{0.02t} \mathrm{d}t = \frac{1\,000\,000\mathrm{e}^{0.02t}}{0.02}$$

$$= 50\,000\,000(\mathrm{e}^{0.024} - 1) \approx 135\,560\,000(\text{美元})$$

公司的利润是销售额的 10%,所以新增销售额产生的利润是

$$0.10 \times (13\,560\,000 - 12\,000\,000) = 156\,000(\text{美元})$$

156 000 美元利润是由于花费 130 000 美元的广告费而取得的广告所产生的,实际利润是

$$156\ 000 - 130\ 000 = 26\ 000(美元)$$

这表明赢利大于广告成本的 10%,故公司应该做此广告.

例 3.36(收入流的现值与终值)　设从 $t = 0$ 开始,企业连续获得收入,t 年时的收入为 $f(t)$,称 $f(t)$ 为收入流,是收入流量(或称货币流量,直到年时的总收入,不计息) 的变化率,即单位时间内的收入.设 $f(t)$ 在 $[0, T]$ 上连续,年利率为 r,计算连续复利,怎样计算 T 年后的总收入的终值?现值又是多少?

解　在时间段 $[t, t + \Delta t]$ 内收入的近似值为 $f(t)\Delta t$,按连续复利计算,这些收入在收入期末的终值为 $f(t)\Delta t \mathrm{e}^{r(T-t)}$,由定积分的微元法,总收入的终值为

$$F = \int_0^T f(t)\mathrm{e}^{r(T-t)}\mathrm{d}t$$

其现值为

$$F_0 = F\mathrm{e}^{-rT} = \mathrm{e}^{-rT}\int_0^T f(t)\mathrm{e}^{r(T-t)}\mathrm{d}t = \int_0^T f(t)\mathrm{e}^{-rt}\mathrm{d}t$$

若 $f(t)$ 为常数 a,称为均匀收入流,此时终值为

$$F = \int_0^T a\mathrm{e}^{r(T-t)}\mathrm{d}t = \frac{a}{r}(\mathrm{e}^{rT} - 1)$$

现值为

$$F_0 = \int_0^T a\mathrm{e}^{-rt}\mathrm{d}t = \frac{a}{r}(1 - \mathrm{e}^{-rT})$$

收入流类似于系列收付款项,而均匀收入流类似于年金,不同的是,计算现值与终值时,前者计算连续复利而后者计算普通复利.

例 3.37　一位居民准备购买一座别墅,现价为 300 万元.加以分期付款方式购买,经测算每年需付 21 万元,20 年付清.银行的存款年利率为 4%,按连续复利计息.请你帮这位购房者做一决策:是采用一次性付款合算,还是分期付款合算?

解　若分期付款,付款总额的现值为

$$F_0 = \int_0^{20} 21\mathrm{e}^{-0.04t}\mathrm{d}t = \frac{21}{0.04}(1 - \mathrm{e}^{-0.04 \times 20}) \approx 289.1(万元) < 300(万元)$$

所以,分期付款合算.

3.3.3　定积分的推广 —— 无穷限的反常积分

前面所讲的定积分是在有限区间 $[a, b]$ 上连续函数的积分,在实际问题中还

会遇到无限区间上的积分.

让我们首先看一个例题.函数 $y = 1/x^2$ 在无穷区间 $[1, + \infty)$ 上是正的连续函数,我们来考查位于曲线 $y = 1/x^2$ 下方,x 轴上方,横坐标 1 与 $b (b > 1)$ 之间的曲边梯形的面积(图 3.19),这个面积为

$$A = \int_1^b \frac{1}{x^2} \mathrm{d}x = -\frac{1}{x} \Big|_1^b = 1 - \frac{1}{b}$$

令 b 增大,则我们考查的面积也增大,见图 3.19,若令 $b \to + \infty$,则图 3.19 中阴影部分的面积趋于 1,即

$$\lim_{b \to + \infty} \left(1 - \frac{1}{b} \right) = 1$$

我们看到,尽管阴影部分的面积随 b 增大而增大,但当 $b \to + \infty$ 时,这块面积并未无限地增加,而是以常数 1 为其极限,事实上,虽然从 1

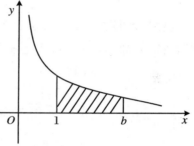

图 3.19

开始,向右的那个以阴影部分为其一部分的长条的长度是无限的,但因其高度降落得太快,所以总的面积仍然是有限的;但若长条的高度降落得不够快,则有可能使无穷长的长条面积变成无限.例如,把 $y = \frac{1}{x^2}$ 换成 $y = \frac{1}{x}$,则

$$A = \int_1^b \frac{1}{x} \mathrm{d}x = \ln b$$

当 $b \to + \infty$ 时,$\lim_{b \to + \infty} \ln b = + \infty$,直观地讲,从 1 开始向右,函数 $y = 1/x$ 图形下方,x 轴上方夹的长条之面积为无界的.

受上面情形之启发,我们引入了所谓积分限为无穷的积分的概念.

定义 3.4 如果极限 $\lim\limits_{b \to + \infty} \int_a^b f(x) \mathrm{d}x$ 存在,则称此极限为函数 $f(x)$ 在无穷区间 $[a, + \infty)$ 上的反常积分,记作 $\int_a^{+\infty} f(x) \mathrm{d}x$,即

$$\int_a^{+\infty} f(x) \mathrm{d}x = \lim_{b \to + \infty} \int_a^b f(x) \mathrm{d}x$$

这时也称反常积分 $\int_a^{+\infty} f(x) \mathrm{d}x$ 收敛,并称这个极限值为反常积分的值.

> 如果上述极限不存在,函数 $f(x)$ 在无穷区间 $[a,+\infty)$ 上的反常积分 $\int_a^{+\infty} f(x)\mathrm{d}x$ 就没有意义,此时称反常积分 $\int_a^{+\infty} f(x)\mathrm{d}x$ 发散.

类似地,可定义 $\int_{-\infty}^b f(x)\mathrm{d}x$,即 $\int_{-\infty}^b f(x)\mathrm{d}x = \lim\limits_{a\to-\infty}\int_a^b f(x)\mathrm{d}x$;亦可定义 $\int_{-\infty}^{+\infty} f(x)\mathrm{d}x$,即 $\int_{-\infty}^{+\infty} f(x)\mathrm{d}x = \int_{-\infty}^a f(x)\mathrm{d}x + \int_a^{+\infty} f(x)\mathrm{d}x$.

显然,无穷限的反常积分是定积分概念的推广.由于极限下的积分是定积分,所以由定义即知,可以沿用定积分的计算方法来计算无穷限的反常积分:如果 $F(x)$ 是 $f(x)$ 的原函数,则

$$\int_a^{+\infty} f(x)\mathrm{d}x = \left[F(x)\right]_a^{+\infty} = \lim_{x\to+\infty} F(x) - F(a)$$

$$\int_{-\infty}^b f(x)\mathrm{d}x = \left[F(x)\right]_{-\infty}^b = F(b) - \lim_{x\to-\infty} F(x)$$

$$\int_{-\infty}^{+\infty} f(x)\mathrm{d}x = \left[F(x)\right]_{-\infty}^{+\infty} = \lim_{x\to+\infty} F(x) - \lim_{x\to-\infty} F(x)$$

例 3.38 计算反常积分 $\int_1^{+\infty}\dfrac{1}{x^2}\mathrm{d}x$.

解 $\int_1^{+\infty}\dfrac{1}{x^2}\mathrm{d}x = \left(-\dfrac{1}{x}\right)_1^{+\infty} = \lim\limits_{x\to\infty}\left(-\dfrac{1}{x}\right) - (-1) = 1$.

例 3.39 计算反常积分 $\int_{-\infty}^{+\infty}\dfrac{1}{1+x^2}\mathrm{d}x$.

解 $\int_{-\infty}^{+\infty}\dfrac{1}{1+x^2}\mathrm{d}x = (\arctan x)_{-\infty}^{+\infty} = \lim\limits_{x\to+\infty}\arctan x - \lim\limits_{x\to-\infty}\arctan x$

$$= \dfrac{\pi}{2} - \left(-\dfrac{\pi}{2}\right) = \pi.$$

例 3.40 讨论反常积分 $\int_a^{+\infty}\dfrac{1}{x^p}\mathrm{d}x(a>0)$ 的敛散性.

解 当 $p=1$ 时,$\int_a^{+\infty}\dfrac{1}{x^p}\mathrm{d}x = \int_a^{+\infty}\dfrac{1}{x}\mathrm{d}x = (\ln x)_a^{+\infty} = +\infty$.

当 $p<1$ 时,$\int_a^{+\infty}\dfrac{1}{x^p}\mathrm{d}x = \left(\dfrac{1}{1-p}x^{1-p}\right)_a^{+\infty} = +\infty$.

当 $p>1$ 时,$\int_a^{+\infty}\dfrac{1}{x^p}\mathrm{d}x = \left(\dfrac{1}{1-p}x^{1-p}\right)_a^{+\infty} = \dfrac{a^{1-p}}{p-1}$.

因此, 当 $p > 1$ 时, 此反常积分收敛, 其值为 $\dfrac{a^{1-p}}{p-1}$; 当 $p \leqslant 1$ 时, 此反常积分发散.

小知识

托尔斯泰与微积分

托尔斯泰(图 3.20)的巨著《战争与和平》有这样一段话:

"人类的聪明才智不理解运动的连续性. 人类只有在他从某种运动中任意抽出若干单位来进行考察时才逐渐理解. 但是把运动分成愈来愈小的单位, 这样处理我们只能接近问题的答案, 却永远得不到最后的答案. 只有采取无穷小以及求出它们的总和, 我们才能得到问题的答案. 数学的一个分支, 已经有了处理无穷小求和的技术, 从而纠正了人类的智力由于只考察运动的个别单位所不能不犯下的和无法

图 3.20

避免的错误. 在探讨历史的运动规律时, 情况完全一样. 由无数人的肆意行为组成的人类运动是连续的. 人们肆意行动的总和永远不能用一个历史人物(一个人、国王或统帅)的活动来表达, 只有采取无穷小的观察单位 —— 历史的微分, 并且运用积分的方法(就是得到这些无穷小的总和), 我们才有希望了解历史的规律."

其中出现的术语, 用到微分积分的概念与方法. 例如:

无穷小、无穷小求和、无穷小的观察单位、历史的微分、积分的方法等.

3.4　微分方程模型

微积分研究的对象是函数关系, 但在实际问题中, 往往很难直接得到所研究的变量之间的函数关系, 却比较容易建立起这些变量与它们的导数或微分之间的联系, 从而得到一个关于未知函数的导数或微分的方程, 即微分方程. 通过求解这种方程,同样可以找到指定未知量之间的函数关系.因此,微分方程是数学联系实际并应用于实际的重要途径和桥梁,是各个学科进行科学研究的强有力的工具.

如果说"数学是一门理性思维的科学,是研究、了解和知晓现实世界的工具",那么微分方程就是显示数学的这种威力和价值的一种体现.现实世界中的许多实际问题都可以抽象为微分方程问题.例如,生物总数的预测、物体的运动轨迹、电磁波的传播等,都可以归结为微分方程问题.这时微分方程也称为所研究问题的数学模型.

3.4.1　两种重要的一阶微分方程

在自然科学和社会生活的许多领域里,经常碰到这样一类问题,在这些问题中变量之间的关系是通过自变量、未知函数及其导数或微分的方程给出.

> 含有未知函数的导数或微分的方程称为**微分方程**;
>
> 方程中未知函数的导数的最高阶数,称为**微分方程的阶**;
>
> 如果把某个函数及其导数(或微分)代入微分方程,能使方程成为恒等式,则该函数称为**微分方程的解**;
>
> 我们把一阶微分方程中含有一个任意常数的解称为一阶微分方程的**通解**,不含任意常数的解称为微分方程的**特解**;
>
> 确定特解的条件称为**初始条件**或**定值条件**.

例如,$y = x^2 + C$ 是微分方程 $\dfrac{\mathrm{d}y}{\mathrm{d}x} = 2x$ 的通解,$y|_{x=1} = 2$ 为方程的初始条件.而 $y = x^2 + 1$ 则是方程在该初始条件下的特解.

下面介绍一种常见的一阶微分方程:

> 形如
> $$\frac{\mathrm{d}y}{\mathrm{d}x} = f(x)g(y)$$
> 那么通常把方程称为可分离变量方程.

这种微分方程的解法是:先将含有变量 x 与 y 的函数及微分分列等号的两端,然后积分之.

将方程变形:
$$\frac{\mathrm{d}y}{g(y)} = f(x)\mathrm{d}x$$

再对上式两边分别积分

$$\int \frac{\mathrm{d}y}{g(y)} = \int f(x)\mathrm{d}x$$

设 $G(y), F(x)$ 分别是 $\dfrac{1}{g(y)}, f(x)$ 的原函数,就得到方程的通解为

$$G(y) = F(x) + C$$

例 3.41　求微分方程 $\dfrac{\mathrm{d}y}{\mathrm{d}x} = 2xy$ 的通解.

解　分离变量得

$$\frac{\mathrm{d}y}{y} = 2x\mathrm{d}x$$

两端积分得

$$\int \frac{\mathrm{d}y}{y} = \int 2x\mathrm{d}x$$

故

$$\ln |y| = x^2 + C_1$$

从而

$$y = \pm\, \mathrm{e}^{x^2 + C_1} = \pm\, \mathrm{e}^{C_1} \cdot \mathrm{e}^{x^2}$$

记 $C = \pm\, \mathrm{e}^{C_1}$,则得到题设方程的通解

$$y = C\mathrm{e}^{x^2}$$

例 3.42　已知曲线上各点的切线斜率等于该点横坐标的两倍,且曲线过点 $(1,2)$,求此曲线方程.

解　设所求曲线方程为 $y = f(x)$, $M(x,y)$ 为该曲线上任意一点.依题意,在点 M 处有

$$\frac{\mathrm{d}y}{\mathrm{d}x} = 2x$$

这是一个含有未知函数导数的等式.为求曲线,两端对 x 积分便有

$$y = \int 2x\mathrm{d}x + C$$

即 $y = x^2 + C$,其中 C 为任意常数.由题设要求,曲线经过点 $(1,2)$,将其代入上式,求得 $C = 1$,于是所求曲线方程为

$$y = x^2 + 1$$

注 3.5　对于可分离的微分方程的一种特殊形式

形如

$$\frac{\mathrm{d}y}{\mathrm{d}x} + P(x)y = 0$$

的可分离变量的微分方程，又称为一阶齐次线性方程.

利用变量可分离方程的解法，易求得其通解为

$$y = C\mathrm{e}^{-\int P(x)\mathrm{d}x} \quad （C 为任意常数）$$

并由此引申出：

形如

$$\frac{\mathrm{d}y}{\mathrm{d}x} + P(x)y = Q(x)$$

的方程我们把它称为一阶线性微分方程. 其中函数 $P(x)$, $Q(x)$ 是某一区间 I 上的连续函数. 若 $Q(x) \neq 0$，则称之为一阶非齐次线性微分方程；若 $Q(x) \equiv 0$，就是上述的一阶齐次线性方程.

现在的问题是：如何求解一阶非齐次线性微分方程的通解呢？通常的做法是：在求出对应齐次方程的通解后，将通解中的常数 C 变易为待定函数 $u(x)$，并设一阶非齐次方程解的形式为

$$y = u(x)\mathrm{e}^{-\int P(x)\mathrm{d}x}$$

代入一阶非齐次线性方程，求出 $u(x)$，即得该方程的通解

$$y = \mathrm{e}^{-\int P(x)\mathrm{d}x}\left(\int Q(x)\mathrm{e}^{\int P(x)\mathrm{d}x}\mathrm{d}x + C\right)$$

这种方法通常称为常数变易法，结果可以当公式直接使用.

例 3.43　　求微分方程 $\dfrac{\mathrm{d}y}{\mathrm{d}x} + y = \mathrm{e}^{-x}$ 的通解.

解　　注意到

$$P(x) = 1, \quad Q(x) = \mathrm{e}^{-x}$$

由一阶线性微分方程通解公式得

$$y = \mathrm{e}^{-\int \mathrm{d}x}\left(\int \mathrm{e}^{-x} \cdot \mathrm{e}^{\int \mathrm{d}x}\mathrm{d}x + C\right)$$

故所求通解为

$$y = (x + C)\mathrm{e}^{-x}$$

例 3.44　　求下列微分方程 $y' + \dfrac{y}{x} = \dfrac{\sin x}{x}$ 满足初始条件 $y|_{x=\pi} = 1$ 的特解.

解　注意到

$$P(x) = \frac{1}{x}, \quad Q(x) = \frac{\sin x}{x}$$

由公式得通解为

$$y = \mathrm{e}^{-\int \frac{1}{x}\mathrm{d}x} \left(\int \frac{\sin x}{x} \mathrm{e}^{\int \frac{1}{x}\mathrm{d}x} \mathrm{d}x + C \right) = \frac{1}{x} \left(\int \sin x\, \mathrm{d}x + C \right) = \frac{1}{x} (-\cos x + C)$$

由 $y\big|_{x=\pi} = 1$，得 $C = \pi - 1$，故所求特解为

$$y = \frac{1}{x} (\pi - 1 - \cos x)$$

3.4.2　微分方程模型举例

下面介绍几个应用微分方程解决实际问题（数学模型）的实例.

1. 学习曲线模型

每个人掌握一种新技能或学习一种新知识，由于在学习过程中不断地积累和总结经验，从不懂到懂，从入门到逐渐熟练，从知之甚少到逐渐精通，他们的学习效率就越来越高. 根据心理学研究的成果，通常可以利用一条曲线来预测，并抽象出其数量关系，这条曲线就称为学习曲线，这个数量关系就称为学习曲线模型. 它在工农业生产和学生的学习中均有广泛的应用.

例 3.45　某学生要用 3 小时的时间准备参加一项记忆力测试，共有 60 件事实需要记忆. 根据心理学研究知道，一个人能够记忆一件事的速度与剩下未记住的事数目成正比. 就是说，未记的事越多，或者他头脑中已记住的事越少，那么当时他记忆的速度越快. 于是，如果该学生在开始后 t 分钟已记忆 $y = y(t)$ 件事，此时记忆速度为 $\dfrac{\mathrm{d}y}{\mathrm{d}t} = k(60 - y)$，其中 k 是正的常数. 且对所有 $t \in [0, 180]$，$y \leqslant 60$. 假定开始时记忆数 $y(0) = 0$，在前 20 分钟内记住了 20 件事. 试问：

（1）前 1 小时内，他能记忆多少件事实，即求 $y(60)$；

（2）整个 3 小时内，他能记忆多少件事实，即求 $y(180)$.

解　我们需求微分方程

$$\begin{cases} \dfrac{\mathrm{d}y}{\mathrm{d}t} = k(60 - y) \\ y(0) = 0, \ y(20) = 15 \end{cases}$$

的特解. 现分离变量：$\dfrac{\mathrm{d}y}{60 - y} = k\,\mathrm{d}t$.

积分

$$\int \frac{\mathrm{d}y}{60 - y} = \int k \mathrm{d}t \quad \Rightarrow \quad -\ln(60 - y) = kt - \ln C$$

得通解:$y = 60 - 60\mathrm{e}^{-kt}$.

代入初值条件 $y(0) = 0$ 及 $y(20) = 15$,于是有 $C = 60, k = \frac{1}{20}\ln\frac{4}{3}$.

得特解:$y = 60 - 60\mathrm{e}^{-\frac{t}{20}\ln\frac{4}{3}}$. 现在,

$$y(60) = 60 - 60\mathrm{e}^{-3\ln\frac{4}{3}} = 60 - 60 \times \left(\frac{3}{4}\right)^3 \approx 34.7$$

$$y(180) = 60 - 60\mathrm{e}^{-9\ln\frac{4}{3}} = 60 - 60 \times \left(\frac{3}{4}\right)^9 \approx 55.5$$

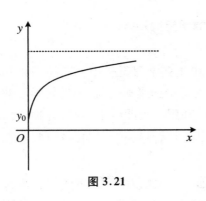

图 3.21

因此该学生前 1 小时内约能记忆 35 件事,而整个 3 小时内约能记忆 56 件事.

注 3.6 一般地,有学习曲线为 $y(t) = A - (A - y_0)\mathrm{e}^{-kt}$,其曲线走向如图 3.21 所示.

可见:$y(t)$ 为一个人胜任某项工作的能力,刚开始一段时间内,通过学习和工作经验的积累,能力提高得很快,曲线较陡(斜率较大);到一定程度以后,能力提高的速度放慢,曲线变得比较平缓(斜率较小);且能力不能超越某个极限水平 $y = A$.

2. 生物总数预测模型

生物总数的变化是离散型的,并按整数变化的.但是,当总数非常大时,为研究方便,可以近似地认为:某种生物总数(例如人口总数)是随时间连续可微地变化的.

设 $y(t)$ 表示在时间 t 的生物总数,$r(t,y)$ 表示其出生率和死亡率之差(增长率),生物总数的变化率 $\frac{\mathrm{d}y}{\mathrm{d}t}$ 等于 $r(t,y) \cdot y(t)$,在最简单的模型中,可取 r 为常数 k. 于是,生物总数增长所遵循的微分方程是

$$\frac{\mathrm{d}y(t)}{\mathrm{d}t} = ky(t)$$

这就是 200 年前人口理论学家马尔萨斯(Malthus)著名的生物总数增长定律.

如果在时间 t_0 时,已知生物总数为 y_0 时,即已给初始条件 $y(t_0) = y_0$,则

$y(t)$ 应满足在该初始条件下的微分方程

$$\begin{cases} \dfrac{\mathrm{d}y(t)}{\mathrm{d}t} = ky(t) \\ y(t_0) = y_0 \end{cases}$$

上述初始条件问题的解法是：先将方程分离变量，得

$$\frac{\mathrm{d}y(t)}{y(t)} = k\,\mathrm{d}t$$

两边从 t_0 到 t 积分，有

$$\ln y(t) - \ln y(t_0) = k(t - t_0)$$

即

$$y(t) = y_0 \mathrm{e}^{k(t-t_0)}$$

因此，得到的结论是：遵循马尔萨斯生物总数增长定律的任何生物总数都随时间按指数函数方式增长.

例 3.46　某城镇的人口增长速度与当时人口数成正比. 若 1960 年人口数是 5 万人，到 1990 年达到 7.5 万人，请你预测一下 2020 年时该城镇将有多少人？

解　令 t 表示从 1960 年开始计算的年数，1960：$t = 0$；$y(t)$ 表示 t 年后人口数. 列表如下：

t	0(1960)	30(1990)	60(2020)
y	5 万	7.5 万	$y(60)$

为确定比例系数 k，将两条件 $y(30) = 7.5$ 代入马尔萨斯生物总数增长定律公式：$7.5 = 5\mathrm{e}^{k\cdot30}$，解得 $k = \dfrac{1}{30}\ln\dfrac{3}{2}$. 于是得所求函数 $y = 5\mathrm{e}^{\frac{t}{30}\ln\frac{3}{2}}$ 或 $y = 5\left(\dfrac{3}{2}\right)^{\frac{t}{30}}$.

故

$$y(60) = 5 \times \left(\frac{3}{2}\right)^2 = 11.25(万)$$

即我们预测 2020 年该城镇将有 11.25 万人.

马尔萨斯的生物总数模型又称为指数模型，根据这个模型，随着时间趋向无穷大，群体的总数也变成无穷大，这显然是不理想的，也不符合实际. 因此必须要做一些改进. 仍拿人口预测来说，利用马尔萨斯的生物总数公式，可以推算出世界人口总数在 2510 年将是 2×10^{14}，在 2635 年将是 1.8×10^{15}. 到 2670 年再增加一倍将是 3.6×10^{15}. 这是一些天文数字. 我们知道地球表面的总面积近似为 5.1×10^{14} 平方

米,地球表面有近 80% 被水覆盖. 即使将来在水上生活与在陆地上生活一样舒适,也不难看出,到 2510 年,平均每人仅有 2.55 平方米;到 2635 年,每人仅有 0.28 平方米,可谓肩并肩,刚够立足;而到 2670 年,人类只好一个人站在另一个人的肩上排成两层了. 这一人口展望,说明上述数学模型的不合理性,需要修正.

　　其实,随着数量的增加,自然资源、环境条件等因素对人口增长的限制越来越大,人口增长到一定数量之后,增长率要随人口的增长而减小. 于是人们纷纷对这个模型提出了各种修正,其中最著名的就是 19 世纪 30 年代比利时生物数学家维尔豪斯(Verhulst) 提出的修改的生物总数模型,也称逻辑斯蒂模型. 其基本假设是

$$r(t, y) = a - by(t)$$

　　即增长率为线性递减函数,其中正常数 a 与 b 称为生命系数. 这时,人口增长的数学模型成为下列微分方程

$$\frac{\mathrm{d}y(t)}{\mathrm{d}t} = (a - by(t))y(t), \quad y(t_0) = y_0$$

这是可分离变量型,对其求解,并代入初始条件,易得

$$y(t) = \frac{ay_0 \mathrm{e}^{a(t-t_0)}}{a - by_0 + by_0 \mathrm{e}^{a(t-t_0)}} = \frac{ay_0}{by_0 + (a - by_0)\mathrm{e}^{-a(t-t_0)}}$$

令 $t \to +\infty$,有

$$\lim_{t \to +\infty} y(t) = \frac{a}{b}$$

因此,无论初始值如何,生物总数总是趋于极限值 a/b.

　　为了利用上述结果来断定地球上未来的人口总数. 一些生态学家测得 $a = 0.029$. 而 b 的值依赖于不同国家不同时期的社会经济条件. 我们还知道,当人口总数为 3.06×10^9 时(1961 年的世界人口总数),世界人口每年的增长率为 2%,由于

$$\frac{1}{y(t)} \cdot \frac{\mathrm{d}y(t)}{\mathrm{d}t} = a - by(t)$$

所以应有

$$0.02 = 0.029 - b(3.06 \times 10^9)$$

从而求出 $b = 2.941 \times 10^{-12}$(可见 $b \ll a$). 于是,在上述估计下,世界人口总数将以

$$\frac{a}{b} = \frac{0.029}{2.941 \times 10^{-12}} = 9.86 \times 10^9 (\text{人})$$

为极限.

　　根据我国人口统计资料,$t_0 = 2000$(年)时,我国人口总数 $y(t_0) = 1.29533 \times 10^9$,而年平均人口增长率为 1.8%. 利用前面的方法可推出我国 2020 年,中国人口

总量将达到 14.6 亿. 人口总量高峰将出现在 2033 年前后, 达 15 亿左右.

3. 年代鉴定问题

例 3.47　在巴基斯坦的一个洞穴里, 发现了具有古代尼安德特人特征的人骨碎片, 科学家们把它们带到实验室, 做 ^{14}C 年代测定. 分析表明 ^{14}C 与 ^{12}C 的比例仅仅是活组织内的 6.24%, 问此人生活在多少年前?

问题分析:

(1) 放射性衰变的这种性质可以描述为"放射性物质在任意时刻的衰变速度都与该物质现存的数量成比例", 而 ^{14}C 的比例数为每年八千分之一.

(2) ^{14}C 年代测定可计算出生物体的死亡时间. 所以, 我们的问题实际上就是: "这人死去多久了?".

解　设 t 为死后年数, $M(t)$ 为比例数, 则 $y(t) = {}^{14}\text{C}/{}^{12}\text{C}$ (mg ^{14}C/mg ^{12}C), 由分析 (1) 可得对应的微分方程为

$$\frac{\mathrm{d}M}{\mathrm{d}t} = \frac{-M}{8\,000} \tag{3.1}$$

对于方程 (3.1), 先变形为

$$\frac{\mathrm{d}M}{M} = -\frac{\mathrm{d}t}{8\,000} \tag{3.2}$$

两边同取不定积分得 $\ln M = -\dfrac{t}{8\,000} + C_1$, 再求解得

$$M = C\mathrm{e}^{-\frac{t}{8\,000}} \quad (\text{其中 } C = \mathrm{e}^{C_1})$$

即为方程 (3.1) 的通解.

又设 $t = 0$ 时, $M(0) = M_0$, 故 $C = M_0$. 因此

$$M = M_0 \mathrm{e}^{-\frac{t}{8\,000}} \tag{3.3}$$

由题设, 将 $M = 0.062\,4M_0$ 代入 (3.3) 得

$$0.062\,4M_0 = M_0 \mathrm{e}^{-\frac{t}{8\,000}}$$

解得 $t = -8\,000\ln 0.062\,4 \approx 22\,400$ (年), 所以可判定此人生活在大约 22 400 年前.

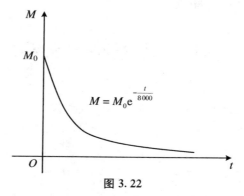

图 3.22

式 (3.3) 的图形如图 3.22 所示.

4. 酒驾判定模型

例 3.48　警方规定对司机酒后驾车时血液中酒精含量大于 (等于)

20 毫克 /100 毫升、小于 80 毫克 /100 毫升的行为属于饮酒驾车,含量大于(等于)80 毫克 /100 毫升的行为属于醉酒驾车.已知血液中酒精含量的减少速度与浓度(酒精含量)成正比.若一交通事故发生 4 小时后,测得驾驶人血液中酒精含量是50 毫克 /100 毫升.再过 2 小时,测得驾驶人血液中酒精含量降为 40 毫克 /100 毫升.请你判断,事故发生时,驾驶人属于何种驾驶(饮酒或醉酒)?

解　设 $x(t)$ 为 t 时刻驾驶人血液中酒精的含量(单位:毫克 /100 毫升)."血液中酒精含量的减少速度与浓度成正比"告诉我们:

$$\frac{\mathrm{d}x}{\mathrm{d}t} = -kx$$

分离变量得

$$\frac{\mathrm{d}x}{x} = -k\,\mathrm{d}t$$

两边积分得 $\ln|x| = -kt + c_1$,再求解得 $x = Ce^{-kt}\ (C = \pm e^{c_1})$.

假设事故发生时,驾驶人血液中酒精含量是 x_0 毫克 /100 毫升.即 $x(0) = x_0$,代入 $x = Ce^{-kt}$ 得 $C = x_0$,即 $x = x_0 e^{-kt}$.

再由题设条件 $x(4) = 50, x(6) = 40$,代入 $x = x_0 e^{-kt}$ 可得

$$\begin{cases} 50 = x_0 e^{-4k} \\ 40 = x_0 e^{-6k} \end{cases}$$

解得 $x_0 = 1\,250/16 < 80$,所以事故发生时,驾驶人属于饮酒驾驶.

小 知 识

从诺贝尔经济学奖看经济中的数学应用与发展

现代经济学诞生 200 多年来,就世界范围而言,其理论和方法不断改进完善,逐步向精密化、科学化、"数学化"、公理化、符号化方向发展.如今,作为重要的分析研究工具,数学、数学模型、"数学化"已成为现代经济学理论架构的方法论支点.不言而喻,无论从历史上看还是从逻辑上看,对经济学的研究充分运用数理统计、数学方法,并趋向"数学化",乃是这门学科发展的必由之路.从诺贝尔经济学奖开设至今的获奖成果看,也基本反映了这一趋势.

我们知道,诺贝尔奖设立之初(1901 年),只有物理学、化学、生理学或医学、文

学与和平五个奖项,直到 1969 年,才设立经济学奖.诺贝尔经济学奖从 1969 年首届授予计量经济学的奠基人 R. Fisher(挪威,1895 ～ 1979)和 J. Tinbergen(荷兰,1903 ～ 1994)以来,就与数学结下不解之缘.正如瑞典著名经济学家、后来的瑞典皇家科学院院长 E. Lundberg 在首届颁奖仪式上的讲话所说:"在过去四十年中,经济科学日益朝着用数学表达经济内容和统计定量的方向发展 …… 正是这条经济研究路线 —— 数理经济学和计量经济学,表明了最近几十年这个学科的发展."

　　从历届诺贝尔经济学奖的得主中,我们都会发现,无论是在宏观领域、微观领域,或是在经济学的其他领域,数学都被越来越广泛地得到运用.首届诺贝尔经济学奖得主是计量经济学的创始人丁伯根和弗里希,他们运用动态模型分析经济活动,揭示了数学在经济学中的重要性.希克斯、阿罗、德布鲁用数学方法证明了一般均衡理论;康托罗维奇和库普曼斯用数学方法研究资源配置最优化问题;哈维尔默运用概率论解决了经济计量学中的识别和检验问题;马科维茨、米勒、夏普用数学模型研究公司财务、资产组合与定价理论;默顿和斯科尔斯的期权定价理论大量运用了数学;纳什等人运用的博弈论本来就是数学的一个分支;克莱因、莫迪利安尼曾构建过大型的宏观经济计量模型;赫克曼和麦克法登建立了相关问题的微观经济模型;里昂惕夫用数学建立了投入 — 产出方法;诺斯和福格尔用经济计量方法研究历史,建立了计量史学 …… 在他们研究的经济问题中,数学如果不是最重要的分析工具,便是最重要的工具之一.

*3.5　二重积分简介

　　前面,我们通过一元函数的积分和的极限给出定积分的概念,把这一思想用到二元函数上,即可得到二重积分.

3.5.1　二重积分的概念

1. 曲顶柱体的体积

　　有一空间立体 Ω,它的底是 xOy 面上的有界区域 D,它的侧面是以 D 的边界曲线为准线,而母线平行于 z 轴的柱面,它的顶是曲面 $z = f(x,y)$.当 $(x,y) \in D$ 时,$f(x,y)$ 在 D 上连续且 $f(x,y) \geqslant 0$,以后称这种立体为曲顶柱体.那么如何求曲顶柱体的体积呢?

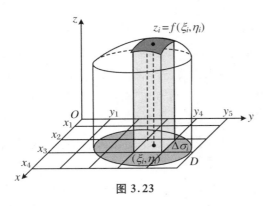

图 3.23

如图 3.23 所示，用网格线将区域 D 划分成 n 块小区域，$\Delta D_1, \Delta D_2, \cdots, \Delta D_n$，小闭区域 ΔD_i 的面积记作 $\Delta\sigma_i$ $(i = 1, 2, \cdots, n)$，设以 ΔD_i 为底的小曲顶柱体的体积为 $\Delta V_i (i = 1, 2, \cdots, n)$，则原曲顶柱体的体积为

$$V = \sum_{i=1}^{n} \Delta V_i$$

在 ΔD_i 上任取一点 (ξ_i, η_i)，以 $f(\xi_i, \eta_i)$ 为高的小长方体的体积 $f(\xi_i, \eta_i)\Delta\sigma_i$ 可近似当作小曲顶柱体的体积 ΔV_i

$$\Delta V_i \approx f(\xi_i, \eta_i)\Delta\sigma_i \quad (i = 1, 2, \cdots, n)$$

从而所求曲顶柱体体积近似地等于这 n 个小长方体体积之和

$$V = \sum_{i=1}^{n} \Delta V_i \approx \sum_{i=1}^{n} f(\xi_i, \eta_i)\Delta\sigma_i$$

如图 3.24 所示，当划分成的区域越来越小时，小长方体的和与曲顶柱体近似程度越好. 各个小区域的直径的最大值记为 λ，如果当 $\lambda \to 0$ 时上式右端和式的极限存在，那么就定义此极限为所求曲顶柱体的体积 V，即

$$V = \lim_{\lambda \to 0} \sum_{i=1}^{n} f(\xi_i, \eta_i)\Delta\sigma_i$$

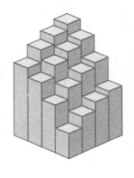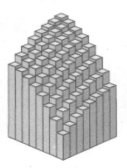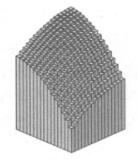

图 3.24

上述问题是一个几何问题，我们将所求的量最终归结为一种和式的极限. 另外，还有许多物理、几何、经济学上的量也都可以归结为这种和式的极限，因此有必要在普遍意义下研究这种形式的极限. 于是我们抽象出二重积分的定义.

2. 二重积分定义

设 $f(x,y)$ 是有界闭区域 D 上的有界函数,将闭区域 D 任意划分成 n 个小闭区域 $\Delta D_1,\Delta D_2,\cdots,\Delta D_n$,记小闭区域 ΔD_i 的面积为 $\Delta\sigma_i(i=1,2,\cdots,n)$. 在每个 ΔD_i 上任取一点 (ξ_i,η_i),做乘积 $f(\xi_i,\eta_i)\Delta\sigma_i(i=1,2,\cdots,n)$,再做和 $\sum\limits_{i=1}^{n}f(\xi_i,\eta_i)\Delta\sigma_{i1}$. 如果不论对区域 D 怎样划分,也不论在 ΔD_i 上怎样选取 (ξ_i,η_i),当所有小区域的直径的最大值 $\lambda\to0$ 时,和 $\sum\limits_{i=1}^{n}f(\xi_i,\eta_i)\Delta\sigma_i$ 的极限存在,那么称此极限为函数 $f(x,y)$ 在闭区域 D 上的二重积分,记作 $\iint\limits_{D}f(x,y)\mathrm{d}\sigma$,即

$$\iint\limits_{D}f(x,y)\mathrm{d}\sigma=\lim_{\lambda\to0}\sum_{i=1}^{n}f(\xi_i,\eta_i)\Delta\sigma_i$$

其中 $f(x,y)$ 称为被积函数,$f(x,y)\mathrm{d}\sigma$ 称为被积表达式,$\mathrm{d}\sigma$ 称为面积元素,x,y 称为积分变量,D 称为积分区域.

注 3.7　曲顶柱体的体积就是其高度函数 $f(x,y)$ 在底面 D 上的二重积分

$$V=\iint\limits_{D}f(x,y)\mathrm{d}\sigma$$

这就是 $f(x,y)\geqslant0$ 时二重积分 $\iint\limits_{D}f(x,y)\mathrm{d}\sigma$ 的几何意义. 特别地,有 $\iint\limits_{D}1\mathrm{d}\sigma=\iint\limits_{D}\mathrm{d}\sigma=\sigma$(其中,$\sigma$ 指的是区域 D 的面积).

注 3.8　在直角坐标系中用平行于坐标轴的直线网来划分区域 D 时,可把面积元素 $\mathrm{d}\sigma$ 记作 $\mathrm{d}x\mathrm{d}y$,二重积分记作 $\iint\limits_{D}f(x,y)\mathrm{d}x\mathrm{d}y$.

注 3.9　二重积分的性质完全类似于定积分的性质,这里不再列出.

3.5.2　二重积分的计算

1. 直角坐标下二重积分计算

考虑积分区域的两种基本图形.

（Ⅰ）设积分区域 D 可用不等式 $y_1(x)\leqslant y\leqslant y_2(x)$,$a\leqslant x\leqslant b$ 来表示(图 3.25),其中 $y_1(x),y_2(x)$ 在 $[a,b]$ 上连续.

首先假定 $f(x,y)\geqslant0$,由二重积分几何意义知,$\iint\limits_{D}f(x,y)\mathrm{d}\sigma$ 的值等于以 D 为

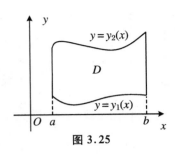

图 3.25

底、以 $z = f(x,y)$ 为顶的曲顶柱体的体积. 我们用定积分来计算这个曲顶柱体体积(图 3.26).

过区间 $[a,b]$ 上任一点 x 的截面的面积为

$$S(x) = \int_{y_1(x)}^{y_2(x)} f(x,y)\mathrm{d}y$$

再由定积分的微元法,得到曲顶柱体的体积

$$V = \int_a^b S(x)\mathrm{d}x = \int_a^b \left[\int_{y_1(x)}^{y_2(x)} f(x,y)\mathrm{d}y\right]\mathrm{d}x$$

于是

$$\iint\limits_D f(x,y)\mathrm{d}\sigma = \int_a^b \mathrm{d}x \int_{y_1(x)}^{y_2(x)} f(x,y)\mathrm{d}y \qquad (3.4)$$

二重积分即化成二次积分,在上面讨论中事先假定了 $f(x,y) \geqslant 0$,但实际上公式(3.4)的成立并不受此限制.

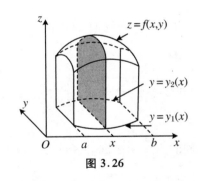

图 3.26

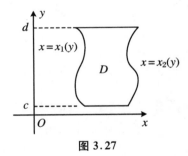

图 3.27

(Ⅱ) 类似地,如果积分区域可以用不等式

$$x_1(y) \leqslant x \leqslant x_2(y), \quad c \leqslant y \leqslant d$$

来表示(图 3.27),其中 $x_1(y), x_2(y)$ 在 $[c,d]$ 上连续,则二重积分 $\iint\limits_D f(x,y)\mathrm{d}\sigma$ 可以化成二次积分

$$\iint\limits_D f(x,y)\mathrm{d}\sigma = \int_c^d \mathrm{d}y \int_{x_1(y)}^{x_2(y)} f(x,y)\mathrm{d}x \qquad (3.5)$$

注 3.10　　在用公式(3.4)或(3.5)计算二重积分时,关键是确定定积分的上、下限,这往往需要画出区域 D,借助直观图思考.

注 3.11　以上两种积分区域 D 都满足条件：过 D 的内部、且平行于 x 轴或 y 轴的直线与 D 的边界曲线相交不多于两点. 如果 D 不满足此条件，可将 D 分成若干部分（图 3.28），使其每一部分都符合这个条件，再利用二重积分性质（3）解决二重积分的计算问题.

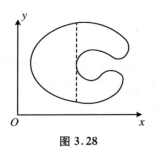

图 3.28

例 3.49　计算二重积分 $\iint\limits_{D} xy\mathrm{d}\sigma$，其中 D 是由直线 $y = 1, x = 2$ 及 $y = x$ 所围成的闭区域.

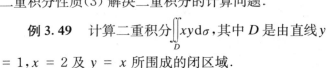

图 3.29

解　区域 D 如图 3.29 所示，可以将它看成一个 $x -$ 型区域，即 $D = \{(x,y) \mid 1 \leqslant x \leqslant 2, 1 \leqslant y \leqslant x\}$，于是

$$\iint\limits_{D} xy\mathrm{d}\sigma = \int_1^2 \mathrm{d}x \int_1^x xy\mathrm{d}y$$

$$= \int_1^2 x \cdot \frac{1}{2} y^2 \Big|_{y=1}^{y=x} \mathrm{d}x$$

$$= \int_1^2 \left(\frac{1}{2} x^3 - \frac{1}{2} x\right)\mathrm{d}x = \frac{9}{8}$$

也可以将 D 看成一个 $y -$ 型区域，即 $D = \{(x,y) \mid 1 \leqslant y \leqslant 2, y \leqslant x \leqslant 2\}$，于是

$$\iint\limits_{D} xy\mathrm{d}\sigma = \int_1^2 \mathrm{d}y \int_y^2 xy\mathrm{d}x$$

$$= \int_1^2 y \frac{1}{2} x^2 \Big|_{x=y}^2 \mathrm{d}y$$

$$= \int_1^2 \left(2y - \frac{1}{2} y^3\right)\mathrm{d}y = \frac{9}{8}$$

由上面的例子可以看到，计算二重积分的关键是区域，要注意的是区域的区别，同时还要考虑被积函数.

例 3.50　计算 $\iint\limits_{D} 2xy^2\mathrm{d}\sigma$，其中 D 由抛物线 $y^2 = x$ 与直线 $y = x - 2$ 围成.

解　如图 3.30 所示，求得抛物线与直线的交点为 $(4,2)$、$(-1,1)$，它可表示为

$$y^2 \leqslant x \leqslant y + 2 \quad (-1 \leqslant y \leqslant 2)$$

由公式（3.5）得

$$\iint\limits_{D} 2xy^2\mathrm{d}\sigma = \int_{-1}^2 \mathrm{d}y \int_{y^2}^{y+2} 2xy^2\mathrm{d}x = \int_{-1}^2 y^2 (x^2)_{y^2}^{y+2}\mathrm{d}y$$

$$= \int_{-1}^{2} (y^4 + 4y^3 + 4y^2 - y^6)\mathrm{d}y = 15\frac{6}{35}$$

如果用公式(3.4),就必须用直线 $x = 1$ 将区域 D 分成 D_1: $-\sqrt{x} \leqslant y \leqslant \sqrt{x}$, $0 \leqslant x \leqslant 1$ 和 D_2: $x - 2 \leqslant y \leqslant \sqrt{x}$, $1 \leqslant x \leqslant 4$ 两部分(图3.31),由二重积分的性质得

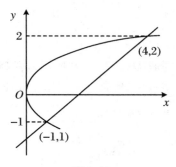

图 3. 30　　　　　　　　　　图 3. 31

$$\iint\limits_{D} 2xy^2 \mathrm{d}\sigma = \iint\limits_{D_1} 2xy^2 \mathrm{d}\sigma + \iint\limits_{D_2} 2xy^2 \mathrm{d}\sigma$$

$$= \int_{0}^{1} \mathrm{d}x \int_{-\sqrt{x}}^{\sqrt{x}} 2xy^2 \mathrm{d}y + \int_{1}^{4} \mathrm{d}x \int_{x-2}^{\sqrt{x}} 2xy^2 \mathrm{d}y$$

显然,这种做法比用公式(3.5)麻烦.

以上两例说明,在二重积分的计算中,积分次序的选取是十分重要的,选取时应兼顾以下两个方面:

① 使每一次积分都能容易计算;

② 使积分区域尽量不分块或少分块.

2. 利用极坐标计算二重积分

如果有界闭区域 D 的边界曲线用极坐标方程表示比较简单,且被积函数 $f(x, y)$ 用极坐标表示也比较简单时,利用极坐标来计算二重积分可能更方便.

当极坐标系的极点、极轴分别与直角坐标系的原点、x 轴正半轴重合时,引入极坐标变换:

$$x = r\cos\theta, \quad y = r\sin\theta$$

则被积函数 $f(x, y) = f(r\cos\theta, r\sin\theta)$,面积元素 $\mathrm{d}\sigma = r\mathrm{d}r\mathrm{d}\theta$,从而有

$$\iint\limits_{D} f(x, y)\mathrm{d}x\mathrm{d}y = \iint\limits_{D} f(r\cos\theta, r\sin\theta) r\mathrm{d}r\mathrm{d}\theta$$

上式右边的二重积分的计算仍是化为二次积分来计算.

下面对三种情形的积分区域给出极坐标下二重积分的计算公式.

（Ⅰ）极点在积分区域 D 的外部(图 3.32).这时 D 可以用不等式 $r_1(\theta) \leqslant r \leqslant r_2(\theta)(\alpha \leqslant \theta \leqslant \beta)$ 来表示,则极坐标系中的二重积分可化为如下的二次积分:

$$\iint\limits_{D} f(r\cos\theta, r\sin\theta) r\mathrm{d}r\mathrm{d}\theta = \int_{\alpha}^{\beta} \mathrm{d}\theta \int_{r_1(\theta)}^{r_2(\theta)} f(r\cos\theta, r\sin\theta) r\mathrm{d}r \quad (3.6)$$

（Ⅱ）极点在积分区域 D 的边界上(图 3.33). 这时 D 可用不等式 $0 \leqslant r \leqslant r(\theta)(\alpha \leqslant \theta \leqslant \beta)$ 来表示,则极坐标系中的二重积分可化为如下的二次积分:

$$\iint\limits_{D} f(r\cos\theta, r\sin\theta) r\mathrm{d}r\mathrm{d}\theta = \int_{\alpha}^{\beta} \mathrm{d}\theta \int_{0}^{r(\theta)} f(r\cos\theta, r\sin\theta) r\mathrm{d}r \quad (3.7)$$

（Ⅲ）极点在积分区域 D 的内部(图 3.34).这时积分区域 D 由曲线 $r = r(\theta)$ 围成,极点在 D 的内部,D 可表示为:$0 \leqslant r \leqslant r(\theta)(0 \leqslant \theta \leqslant 2\pi)$.则极坐标系中的二重积分可化为如下的二次积分:

$$\iint\limits_{D} f(r\cos\theta, r\sin\theta) r\mathrm{d}r\mathrm{d}\theta = \int_{0}^{2\pi} \mathrm{d}\theta \int_{0}^{r(\theta)} f(r\cos\theta, r\sin\theta) r\mathrm{d}r \quad (3.8)$$

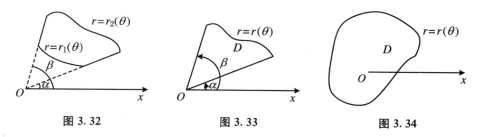

图 3.32　　　　　　　　图 3.33　　　　　　　　图 3.34

例 3.51　计算二重积分 $\iint\limits_{D}(x^2 + y^2)\mathrm{d}x\mathrm{d}y$,其中 D 为圆环域的一部分:$1 \leqslant x^2 + y^2 \leqslant 4(x \geqslant 0, y \geqslant 0)$.

解　积分区域 D 如图 3.35 所示,做极坐标变换,化圆 $x^2 + y^2 = 1$ 和 $x^2 + y^2 = 4$ 的极坐标方程为 $r = 1$ 和 $r = 2$,D 可表示为

$$1 \leqslant r \leqslant 2 \quad \left(0 \leqslant \theta \leqslant \frac{\pi}{2}\right)$$

则由公式(3.6)有

$$\iint\limits_{D} (x^2 + y^2)\,dxdy = \iint\limits_{D} r^2 r\,drd\theta = \int_0^{\frac{\pi}{2}} d\theta \int_1^2 r^3\,dr = \int_0^{\frac{\pi}{2}} \left[\frac{r^4}{4}\right]_1^2 d\theta$$

$$= \int_0^{\frac{\pi}{2}} \frac{15}{4}\,d\theta = \frac{15}{8}\pi$$

注意,在计算熟练后,可直接有

$$\int_0^{\frac{\pi}{2}} d\theta \int_1^2 r^2 r\,dr = \left(\int_0^{\frac{\pi}{2}} d\theta\right)\left(\int_1^2 r^2 r\,dr\right) = \frac{\pi}{2}\frac{15}{4} = \frac{15}{8}\pi$$

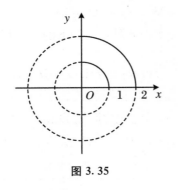 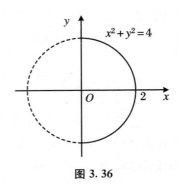

图 3.35　　　　　　　　　　图 3.36

例 3.52　　计算 $\iint\limits_{D} xy^2\,dxdy$,其中 D 为半圆域:$x^2 + y^2 \leqslant 4, x \geqslant 0$.

解　　积分区域 D 如图 3.36 所示,圆 $x^2 + y^2 = 4$ 的极坐标方程为 $r = 2$,则 D 可表示为 $0 \leqslant r \leqslant 2, -\frac{\pi}{2} \leqslant \theta \leqslant \frac{\pi}{2}$,于是由公式(3.7) 得

$$\iint\limits_{D} xy^2\,dxdy = \iint\limits_{D} r\cos\theta \cdot r^2\sin^2\theta \cdot r\,drd\theta$$

$$= \int_{-\frac{\pi}{2}}^{\frac{\pi}{2}} d\theta \int_0^2 \cos\theta\sin^2\theta \cdot r^4\,dr$$

$$= \int_{-\frac{\pi}{2}}^{\frac{\pi}{2}} \cos\theta\sin^2\theta \left[\frac{r^5}{5}\right]_0^2 d\theta$$

$$= \frac{32}{5} \int_{-\frac{\pi}{2}}^{\frac{\pi}{2}} \cos\theta\sin^2\theta\,d\theta = \frac{64}{15}$$

例 3.53　　计算 $\iint\limits_{D} e^{-x^2-y^2}\,dxdy$,其中 D 为圆域:$x^2 + y^2 \leqslant a^2$.

解　　积分区域 D 如图 3.37 所示,圆 $x^2 + y^2 = a^2$ 的极坐标方程为 $r = a$,则 D 可表示为:$0 \leqslant r \leqslant a, 0 \leqslant \theta \leqslant 2\pi$,于是由公式(3.8) 得

$$\iint\limits_{D} e^{-x^2-y^2}\,dx\,dy = \iint\limits_{D} e^{-r^2}\,r\,dr\,d\theta$$

$$= \int_0^{2\pi} d\theta \int_0^a e^{-r^2}\,r\,dr$$

$$= \int_0^{2\pi} \left[-\frac{1}{2} e^{-r^2} \right]_0^a d\theta$$

$$= \pi(1 - e^{-a^2})$$

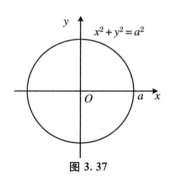

图 3.37

此题如果采用直角坐标来计算,则会遇到积分 $\int e^{-x^2}\,dx$,它不能用初等函数来表示,因而无法计算,由此可见利用极坐标计算二重积分的优越性.

另外,由上述例题可以看到,当二重积分的被积函数含有 $x^2 + y^2$,积分区域为圆域或圆域的一部分时,利用极坐标计算往往比较简单.

七 桥 问 题

当 Euler 在 1736 年访问 Konigsberg Pussia(现为 Kaliningrad Russia)时,他发现当地的市民正从事一项非常有趣的消遣活动,Konigsberg 城中有一条名叫 Pregel 的河流横经其中,在河上建有七座桥如图 3.38 所示.

这项有趣的消遣活动是在星期六做一次走过所有七座桥的散步的活动,每座桥只能经过一次而且起点与终点必须是同一地点.Euler 把每一块陆地考虑成一个点,连接两块陆地的桥以线表示,便得图 3.39.

后来推论出此种走法是不可能的.他的论点是这样的,除了起点以外,每一次当一个人由一座桥进入一块陆地(或点)时,他(或她)同时也由另一座桥离开此点.所以每行经一点时,计算两座桥(或线),用起点离开的线与最后回到始点的线来计算两座桥,因此每一个陆地与其他陆地连接的桥数必为偶数.七桥所成之图形中,没有一点含有偶数条数,因此上述的任务是不可能实现的.

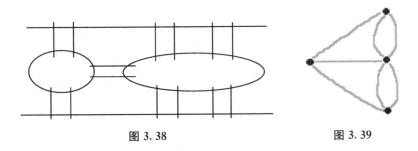

图 3.38　　　　　　　　　　　　　图 3.39

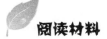

阅读材料

Ⅰ　罕世的天才 —— 莱布尼茨简介

图 3.40

　　莱布尼茨（G. W. Leibniz, 1646 ～ 1716, 图 3.40）, 是德国最重要的数学家、物理学家、历史学家和哲学家, 一个举世罕见的科学天才, 和牛顿同为微积分的创建人. 生于莱比锡, 卒于汉诺威, 莱布尼茨的父亲在莱比锡大学教授伦理学, 在他六岁时就过世, 留下大量的人文书籍, 早慧的他自习拉丁文与希腊文, 阅读广泛. 1661 年进入莱比锡大学学习法律, 又曾到耶拿大学学习几何, 1666 年在纽伦堡阿尔多夫大学通过论文《论组合的艺术》, 获法学博士, 并成为教授, 该论文及后来的一系列工作使他成为数理逻辑的创始人. 1667 年, 他投身外交界, 游历欧洲各国, 接触了许多数学界的名流并保持联系, 在巴黎受惠更斯的影响, 决心钻研数学. 他的主要目标是寻求可获得知识和创造发明的一般方法, 这导致了他一生中的许多发明, 其中最突出的是微积分.

　　与牛顿不同, 他主要是从代数的角度, 把微积分作为一种运算的过程与方法; 而牛顿则主要从几何和物理的角度来思考和推理, 把微积分作为研究力学的工具. 莱布尼茨 1684 年发表了第一篇微分学的论文《一种求极大极小和切线的新方法》, 是世界上最早的关于微积分的文献, 虽仅 6 页, 推理也不清晰, 却含有现代的微分学的记号与法则. 1686 年, 他又发表了他的第一篇积分论文, 由于印刷困难, 未用现在积分记号"$\int$", 但在他 1675 年 10 月的手稿中用了拉长的 S, "$\int$" 作为积分记号, 同年 11 月的手稿上出现了微分记号 $\mathrm{d}x$.

有趣的是,在莱布尼茨发表了他的第一篇微分学的论文不久,牛顿公布了他的私人笔记,并证明至少在莱布尼茨发表论文的 10 年之前已经运用了微积分的原理.牛顿还说:在莱布尼茨发表成果的不久前,他曾在写给莱布尼茨的信中,谈起过自己关于微积分的思想.但是,事后证实,在牛顿给莱布尼茨的信中有关微积分的几行文字,几乎没有涉及这一理论的重要之处.因此,他们是各自独立地发明了微积分.

莱布尼茨思考微积分的问题大约开始于 1673 年,其思想和研究成果,记录在从该年起的数百页笔记本中.其中他断言,作为求和的过程的积分是微分的逆.正是由于牛顿在 1665～1666 年和莱布尼茨在 1673～1676 年独立建立了微积分学的一般方法,他们被公认为是微积分学的两位创始人.莱布尼茨创立的微积分记号对微积分的传播和发展起了重要作用,并沿用至今.

莱布尼茨的其他著作包括哲学、法学、历史、语言、生物、地质、物理、外交、神学,并于 1671 年制造了第一台可进行乘法计算的计算机,他的多才多艺在历史上少有人能与之相比.

Ⅱ　神奇的默比乌斯带

用一张长方形的纸条,首尾相粘,做成一个纸圈,然后只允许用一种颜色,在纸圈上的一面涂抹,最后把整个纸圈全部抹成一种颜色,不留下任何空白.这个纸圈应该怎样粘?

如果有一只蚂蚁沿着怪圈,那么蚂蚁根本无需跨越它的边缘或将其穿透就可以轻易地爬遍整个"怪圈";如果我们用铅笔在怪圈上取中心位置画线,发现在完成两圈,并经过整个怪圈后又回到起点,即怪圈是一个单侧曲面,见图 3.41.

如果我们沿这条怪圈剪开,怪圈并非一分为二,而是成了一个两倍长的圈.

小故事:据说有一个小偷偷了一位很老实农民的东西,并被当场捕获,将小偷送到县衙,县官发现小偷正是自己的儿子.于是在一张纸条的正面写上:小偷应当放掉,而在纸的反面写了:农民应当关押.县官将纸条交给执事官由他去办理.聪明的执事官将纸条扭了个弯,用手指将两端捏在一起.然后向大家宣布:根据县太爷的命令放掉农民,关押小偷.县官听了大怒,责问执事官.执事官将纸条捏在手上给县官看,从"应当"二字读起,确实没错.仔细观看字迹,也没有涂改,县官不知其中奥秘,只好自认倒霉.

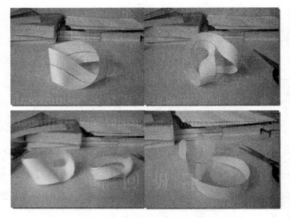

图 3.41

应用:默比乌斯圈循环往复的几何特征,蕴含着永恒、无限的意义,因此常被用于各类标志设计.微处理器厂商 Power Architecture 的商标就是一条默比乌斯圈.

垃圾回收标志也是由默比乌斯圈变化而来,见图 3.42.

图 3.42　　　　　　　　　图 3.43

1979 年,美国著名轮胎公司百路驰创造性地把传送带制成默比乌斯圈形状(图3.43),这样一来,整条传送带环面各处均匀地承受磨损,避免了普通传送带单面受损的情况,使得其寿命延长了整整一倍.

计算机、打印机中的色带也做成了默比乌斯带结构,延长了使用寿命.

上海世博会湖南馆外观采用双"默比乌斯环"相扣的主体造型(图3.44),极具视觉冲击和创意震撼.采用寓意无穷循环的魔比斯环做展馆造型、与世界对话,湖南参博筹委会显然很"用心良苦":用的是世界性的物理语言,它跨越了各国各民族之间文化上的鸿沟和障碍,具有对未来的指向性,韵味无穷.

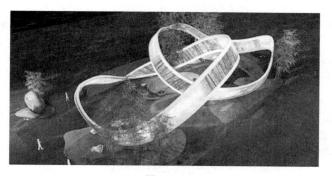

图 3.44

　　它也经常出现在科幻小说里面,比如亚瑟·克拉克的《黑暗之墙》.科幻小说常常想象我们的宇宙就是一个默比乌斯带.短篇小说《一个叫默比乌斯的地铁站》为波士顿地铁站创造了一个新的行驶线路,整个线路按照默比乌斯带方式扭曲,走入这个线路的火车都消失不见.

　　在电玩游戏"音速小子 —— 滑板流星故事"中最后一关魔王战就是在默比乌斯带形状的跑道上进行的,如果你不打败魔王就会一直在默比乌斯带上无限循环地跑下去……

习　题　3

　　1. 一曲线过原点且在曲线上每一点 (x,y) 处的切线斜率等于 x^3 ,求此曲线方程.

　　2. 利用定义或性质求下列不定积分:

(1) $\displaystyle\int (x^2 - 2\sin x + 5)\,\mathrm{d}x$;

(2) $\displaystyle\int \sqrt[3]{x}\,(1 - \sqrt{x})\,\mathrm{d}x$;

(3) $\displaystyle\int (2x + 5)^2\,\mathrm{d}x$;

(4) $\displaystyle\int \frac{(x-3)^2}{x}\,\mathrm{d}x$;

(5) $\displaystyle\int \frac{x^2}{1+x^2}\,\mathrm{d}x$;

(6) $\displaystyle\int \tan^2 x\,\mathrm{d}x$;

(7) $\displaystyle\int \frac{\cos 2x}{\sin x + \cos x}\,\mathrm{d}x$;

(8) $\displaystyle\int \cos^2 \frac{x}{2}\,\mathrm{d}x$;

(9) $\displaystyle\int \frac{1}{\sin^2 x \cos^2 x}\,\mathrm{d}x$.

3. 利用积分方法求下列不定积分：

(1) $\int (1 - x)^4 \mathrm{d}x$；

(2) $\int (2x - 3)^{100} \mathrm{d}x$；

(3) $\int \sqrt[3]{2x + 3} \mathrm{d}x$；

(4) $\int \sin (3x + 1) \mathrm{d}x$；

(5) $\int \dfrac{1}{x^2} \mathrm{e}^{\frac{1}{x}} \mathrm{d}x$；

(6) $\int \dfrac{1}{x \sqrt{1 + \ln x}} \mathrm{d}x$；

(7) $\int \sin^5 x \cos x \mathrm{d}x$；

(8) $\int \dfrac{\cos x}{1 + \sin x} \mathrm{d}x$；

(9) $\int \dfrac{1}{1 + \cos} \mathrm{d}x$；

(10) $\int \dfrac{\cos \sqrt{x}}{\sqrt{x}} \mathrm{d}x$；

(11) $\int \dfrac{1}{\sqrt{x - 1} + 1} \mathrm{d}x$；

(12) $\int \dfrac{1}{\sqrt{x}(1 + x)} \mathrm{d}x$；

(13) $\int \dfrac{1}{x} \sqrt{\dfrac{1 + x}{x}} \mathrm{d}x$；

(14) $\int \dfrac{x^2}{\sqrt{9 - x^2}} \mathrm{d}x$；

(15) $\int \dfrac{\mathrm{d}x}{x^2 \sqrt{1 - x^2}}$；

(16) $\int \dfrac{\sqrt{x^2 - 4}}{x} \mathrm{d}x$；

(17) $\int \dfrac{1}{x^2 \sqrt{x^2 + 9}} \mathrm{d}x$；

(18) $\int \sqrt{1 - 4x^2} \mathrm{d}x$；

(19) $\int x \mathrm{e}^{-x} \mathrm{d}x$；

(20) $\int x \sin x \mathrm{d}x$；

(21) $\int \ln x \mathrm{d}x$；

(22) $\int x^2 \arctan x \mathrm{d}x$；

(23) $\int \mathrm{e}^x \cos x \mathrm{d}x$；

(24) $\int \mathrm{e}^{\sqrt{x}} \mathrm{d}x$．

4. 利用定积分的几何意义求下列定积分：

(1) $\int_0^R \sqrt{R^2 - x^2} \mathrm{d}x \, (R > 0)$；

(2) $\int_{-\pi}^{\pi} \sin x \mathrm{d}x$．

5. 求下列导数：

(1) $\dfrac{\mathrm{d}}{\mathrm{d}x} \left[\int_0^x \cos^2 t \mathrm{d}t \right]$；

(2) $\dfrac{\mathrm{d}}{\mathrm{d}x} \left[\int_1^x \mathrm{e}^{t^2} \mathrm{d}t \right]$；

(3) $\dfrac{\mathrm{d}}{\mathrm{d}x} \left[\int_1^{x^2} t \ln t \mathrm{d}t \right]$．

6. 计算下列定积分：

(1) $\int_1^2 x^{-3} \mathrm{d}x$；

(2) $\int_1^{\sqrt{3}} \dfrac{\mathrm{d}x}{1 + x^2}$；

(3) $\int_0^2 (3x^2 - x + 1)\mathrm{d}x$；　　　　　(4) $\int_{-2}^1 |x+1|\mathrm{d}x$；

(5) $\int_1^2 \dfrac{1}{2x-1}\mathrm{d}x$；　　　　　(6) $\int_0^1 x\mathrm{e}^{\frac{x^2}{2}}\mathrm{d}x$；

(7) $\int_0^{\frac{\pi}{2}} \cos^5 x\sin x\mathrm{d}x$；　　　(8) $\int_1^4 \dfrac{\mathrm{d}x}{1+\sqrt{x}}$；

(9) $\int_1^{\mathrm{e}} \dfrac{1+\ln x}{x}\mathrm{d}x$；　　　　(10) $\int_0^{\ln 2} \sqrt{\mathrm{e}^x - 1}\mathrm{d}x$；

(11) $\int_0^{\ln 2} x\mathrm{e}^x\mathrm{d}x$；　　　　(12) $\int_1^{\mathrm{e}} x\ln x\mathrm{d}x$；

(13) $\int_0^{\frac{\pi}{2}} \mathrm{e}^x\cos x\mathrm{d}x$；　　　(14) $\int_0^{\pi} x\sin x\mathrm{d}x$；

(15) $\int_1^3 \dfrac{\mathrm{d}x}{x+x^2}$；　　　　(16) $\int_0^1 \dfrac{\mathrm{d}x}{\mathrm{e}^x + \mathrm{e}^{-x}}$.

7. 设 $f(x)$ 是定义在区间 $[-a,a]$ 上的连续函数；证明：若 $f(x)$ 为 $[-a,a]$ 上的奇函数，则 $\int_{-a}^a f(x)\mathrm{d}x = 0$；若 $f(x)$ 为 $[-a,a]$ 上的偶函数，则 $\int_{-a}^a f(x)\mathrm{d}x = 2\int_0^a f(x)\mathrm{d}x$.

8. 求正弦曲线 $y = \sin x$，$x \in \left[0, \dfrac{3\pi}{2}\right]$ 和直线 $x = \dfrac{3}{2}\pi$ 及 x 轴所围成的平面图形的面积.

9. 求曲线 $y = \sqrt{x}$，$y = -\sin x$ 与直线 $x = \pi$ 围成的图形面积.

10. 求曲线 $x = y^2$ 与 $x = y + 2$ 围成的图形面积.

11. 连接坐标原点 O 及点 $P(h,r)$ 的直线、直线 $x = h$ 及 x 轴围成一个直角三角形. 将它绕 x 轴旋转构成一个底半径为 r 高为 h 的圆锥体，计算圆锥体的体积.

12. 求 $y = x^3$，$x = 2$，$y = 0$ 所围成的图形，分别绕 x 轴及 y 轴旋转所成的旋转体的体积.

13. 假设某国某年的劳伦茨曲线近似地由 $y = x^3$（$x \in [0,1]$）表示，试求该国的基尼系数.

14. 某圆形城市的人口密度（每平方公里的人口数）是到市中心距离 r（千米）的函数：

$$p(r) = 10\,000(8 - r)\ \text{人} / \text{km}^2$$

（1）假设城市边缘人口密度为 0，那么该圆形城市的半径 r 是多少千米？

（2）求该城市的总人口数.

15. 某地区居民购买冰箱的消费支出 $W(x)$ 的变化率是居民总收入 x 的函数，$W'(x) = \dfrac{1}{200\sqrt{x}}$，当居民收入由 4 亿元增加至 9 亿元时，购买冰箱的消费支出增加多少?

16. 求下列广义积分：

（1）$\displaystyle\int_3^{+\infty} \frac{1}{x^2}\mathrm{d}x$；

（2）$\displaystyle\int_1^{+\infty} \frac{1}{\sqrt{x}}\mathrm{d}x$；

（3）$\displaystyle\int_2^{+\infty} \frac{1}{x(\ln x)^2}\mathrm{d}x$；

（4）$\displaystyle\int_0^{+\infty} x\mathrm{e}^{-x}\mathrm{d}x$；

（5）$\displaystyle\int_{-\infty}^1 \frac{\mathrm{d}x}{\sqrt[3]{x}}$；

（6）$\displaystyle\int_{-\infty}^{\infty} x\mathrm{e}^{-x^2}\mathrm{d}x$.

17. 指出下列微分方程的阶数：

（1）$x(y')^2 - 2yy' + x = 0$；

（2）$y'y'' - (y''')^2 = \sin(x + y)$；

（3）$(x^2 - y^2)\mathrm{d}x + (x^2 + y^2)\mathrm{d}y = 0$；

（4）$y'\cos(xy')^2 - 5y'' = \mathrm{e}^x$.

18. 验证给定式子是给定微分方程的解，并指出是通解还是特解.

（1）$y = x^2$：$\mathrm{d}y - 2x\mathrm{d}x = 0$；

（2）$y = \dfrac{1}{x}(\arctan x + C)$：$y' + \dfrac{y}{x} = \dfrac{1}{x(x^2 + 1)}$；

（3）$\ln^2 x = \ln^2 y$：$\begin{cases} y\ln x\,\mathrm{d}x = x\ln y\,\mathrm{d}y \\ y\,|_{x=1} = 1 \end{cases}$；

（4）$y = \sin x$：$y'' + y = 0$.

19. 求下列微分方程的通解：

（1）$(1 - x)\mathrm{d}x - (1 + y)\mathrm{d}y = 0$；　　（2）$xy\mathrm{d}x + \sqrt{1 - x^2}\mathrm{d}y = 0$；

（3）$\dfrac{\mathrm{d}y}{\mathrm{d}x} = \sqrt{\dfrac{1 - y^2}{1 - x^2}}$；

（4）$y' + y = \mathrm{e}^{-x}$.

20. 求下列微分方程的特解：

（1）$\begin{cases} y' = \mathrm{e}^{2x-y} \\ y\,|_{x=0} = 0 \end{cases}$；

（2）$\begin{cases} \sin x\cos y\,\mathrm{d}x = \cos x\sin y\,\mathrm{d}y \\ y\,|_{x=0} = \dfrac{\pi}{4} \end{cases}$；

(3) $\begin{cases} (y+3)\mathrm{d}x + \cot x\,\mathrm{d}y = 0 \\ y\big|_{x=0} = 1 \end{cases}$；　　　(4) $\begin{cases} y' + y\tan x = 5\mathrm{e}^{\cos x} \\ y\big|_{x=\frac{\pi}{2}} = -4 \end{cases}$.

21. 铀的衰变速度与当时未衰变的原子的含量 M 成正比. 已知 $t = 0$ 时铀的含量为 M_0, 求在衰变过程中铀含量 $M(t)$ 随时间 t 变化的规律.

22. 某学生学习外语需记忆 50 个单词, 他记忆的速度与剩余未记忆的单词量成正比. 假定他开始时一个单词也没有记, 而在前 50 分钟内记住了 20 个. 问:

(1) 一个小时内他记住了多少?

(2) 两个小时内他记住了多少?

(3) 多长时间后他未记忆的单词只剩一个?

23. 当一次谋杀发生后, 尸体的温度从原来的 37 ℃ 按照牛顿冷却定律开始下降. 假设两小时尸体的温度变为 35 ℃, 并且假定周围空气的温度保持 20 ℃ 不变, 试求出尸体温度 T 随时间 t 的变化规律. 又如果尸体发现时的温度是 30 ℃, 时间是下午 4 点整, 那么谋杀是何时发生的呢?

24. 在某池塘内养鱼, 该池塘内最多能养 1 000 尾, 设在 t 时刻该池塘内鱼数 y 是时间 t 的函数 $y = y(t)$, 其变化率与鱼数 y 及 $1\,000 - y$ 的乘积成正比, 比例常数为 $k > 0$, 已知在池塘内放养鱼 100 尾, 3 个月后池塘内有鱼 250 尾求放养七个月后池塘内鱼数 $y(t)$ 的公式, 放养 6 个月后有多少鱼?

25. 已知某地区在一个已知时期内国民收入的增长率为 1/10, 国民债务的增长率为国民收入的 1/20. 若 $t = 0$ 时, 国民收入为 5 亿元, 国民债务为 0.1 亿元. 试分别求出国民收入及国民债务与时间 t 的函数关系.

26. 某汽车公司在长期的运营中发现每辆汽车的总维修成本 y 对汽车大修时间间隔 x 的变化率等于 $\dfrac{2y}{x} - \dfrac{81}{x^2}$, 已知当大修时间间隔 $x = 1$(年) 时, 总维修成本 $y = 27.5$(百元). 试求每辆汽车的总维修成本 y 与大修的时间间隔 x 的函数关系. 并问每辆汽车多少年大修一次, 可使每辆汽车的总维修成本最低?

27. (新产品的推销问题) 设有某种耐用商品在某地区进行推销, 最初商家会采取各种宣传活动以打开销路, 假设该商品确实受欢迎, 则消费者会相互宣传, 使购买人数逐渐增加, 销售速率逐渐增大, 但由于该地区潜在消费总量有限, 所以当购买者占到潜在消费总量的一定比例时, 销售速率又会逐渐下降, 且该比例越接近于 1, 销售速率越低, 这时商家就应更新商品了.

(1) 假设消费者总量为 N, 任一时刻 t 已出售的新商品总量为 $x(t)$, 试建立

$x(t)$ 所应满足的微分方程;

    (2) 假设 $t = 0$ 时 $x(t) = x_0$,求出 $x(t)$;

    (3) 分析 $x(t)$ 的性态,给出商品的宣传和生产策略.

    28. 设总人数 N 是不变的,t 时刻得某种传染病的人数为 $x(t)$,设 t 时刻 $x(t)$ 对时间的变化率与当时未得病的人数成正比,$x(0) = x_0$(比例常数 $r > 0$,其表示传染给正常人的传染率). 求 $\lim\limits_{t \to +\infty} x(t)$,并对所求结果予以解释.

    *29. 利用二重积分的几何意义求二重积分 $\iint\limits_{x^2+y^2 \leqslant 1} \sqrt{1 - x^2 - y^2}\,\mathrm{d}\sigma$ 的值.

    *30. 计算下列二重积分:

    (1) $\iint\limits_D xy\,\mathrm{d}\sigma$,其中 $D = \{(x,y)\,|\,0 \leqslant x \leqslant 1, 0 \leqslant y \leqslant 1\}$.

    (2) $\iint\limits_D x^2 y\,\mathrm{d}\sigma$,其中 D 是由两条抛物线 $y = x^2, y = \sqrt{x}$ 围成的区域.

    (3) $\iint\limits_D \mathrm{e}^{x^2+y^2}\,\mathrm{d}\sigma$,其中 D 是圆周 $x^2 + y^2 = 1$ 所围成的区域.

    (4) $\iint\limits_D \sin\sqrt{x^2 + y^2}\,\mathrm{d}x\mathrm{d}y$,其中 D 是矩形区域:$D = \{(x,y)\,|\,\pi^2 \leqslant x^2 + y^2 \leqslant 4\pi^2\}$.

    *31. 交换下列积分次序:

    (1) $\int_0^2 \mathrm{d}y \int_{y^2}^2 f(x,y)\mathrm{d}x$;

    (2) $\int_0^1 \mathrm{d}x \int_0^{x^2} f(x,y)\mathrm{d}y + \int_1^2 \mathrm{d}x \int_0^{\sqrt{1-(x-1)^2}} f(x,y)\mathrm{d}y$.

*第4章　线性代数初步

教学要求

1. 学会应用行列式的定义和性质计算行列式.

2. 学会用克拉默法则解三元线性方程组.

3. 理解矩阵的概念,知道几类特殊的矩阵.掌握矩阵的线性运算、乘法运算,以及逆矩阵概念与矩阵可逆的条件,会求逆矩阵.

4. 掌握线性方程组的解法.

5. 掌握线性代数的简单应用.

知识点

1. 行列式与矩阵

行列式与矩阵的概念　行列式与矩阵的运算　几类特殊的矩阵　矩阵的初等行变换　逆矩阵及求法　矩阵的秩

2. 线性方程组

线性方程组的概念　克拉默法则　消元法解线性方程组　利用初等行变换解线性方程组　线性代数应用举例

建议教学课时安排

课内学时	辅导(习题)学时	作业次数
16	2	5

谈谈城市交通网络
—— 从如何确定城市的道路的交通流量说起

　　交通拥堵是困扰当前城市交通的重要难题,随着国民经济的快速发展和城市化进程的不断加快,我国机动车的拥有量及道路交通流量都必将会急剧地增加,日益增长的交通需求和城市道路基础设施建设将会成为当前城市交通的主要矛盾,因此,交通拥挤和阻塞现象必然会频繁发生.

　　在很多城市的交通拥堵问题,严重地影响了人们的日常出行活动,造成了时间的浪费、工作的耽误,直接或间接的带来了相当大的经济损失,制约了城市经济的发展.为了解决交通拥堵问题,首先必须摸清城市中各道路在各个时段的交通流量,然后才能制定出相应的对策.

　　右图中给出了某城市部分单行道车流量观测点观测统计出的交通流量(每小时过车数).我们假设:

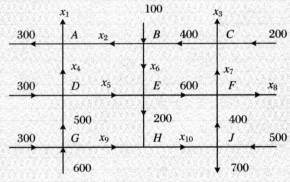

　　(1) 流入网络的流量等于全部流出网络的流量;

　　(2) 全部流入一个节点的流量等于全部流出此节点的流量.

　　如何确定该交通网络未知部分的具体流量?其原理非常简单,只用到初步的线性代数知识.要弄清其原理,那就让我们从学习线性代数的初步知识开始吧.

4.1　行　列　式

历史上,行列式的概念是在研究线性方程组的解的过程中产生的.如今,它在数学的许多分支中都有非常广泛的应用,它既是一种常用的计算工具,同时又是研究矩阵的重要工具.

4.1.1　行列式的定义

引例 4.1　在初中数学里,我们就已经知道利用加减消元法来求含有两个未知量 x_1, x_2 的线性方程组

$$（\,\mathrm{I}\,）\begin{cases} a_{11}x_1 + a_{12}x_2 = b_1 & (4.1) \\ a_{21}x_1 + a_{22}x_2 = b_2 & (4.2) \end{cases}$$

的解.其中 $a_{11}, a_{12}, a_{21}, a_{22}$ 分别为两个方程中 x_1, x_2 的系数,b_1, b_2 为常数项.

可以用消元法求解:由 $a_{22} \times (4.1) - a_{12} \times (4.2)$ 得

$$(a_{11}a_{22} - a_{12}a_{21})x_1 = b_1a_{22} - a_{12}b_2 \qquad (4.3)$$

类似地,由 $a_{11} \times (4.2) - a_{21} \times (4.1)$ 得

$$(a_{11}a_{22} - a_{12}a_{21})x_2 = a_{11}b_2 - b_1a_{21} \qquad (4.4)$$

当(4.3)与(4.4)中 $a_{11}a_{22} - a_{12}a_{21} \neq 0$ 时,可以得到方程组的唯一解

$$\begin{cases} x_1 = \dfrac{b_1a_{22} - a_{12}b_2}{a_{11}a_{22} - a_{12}a_{21}} & (4.5) \\[3mm] x_2 = \dfrac{a_{11}b_2 - b_1a_{21}}{a_{11}a_{22} - a_{12}a_{21}} & (4.6) \end{cases}$$

式(4.5),(4.6)给出了方程组(Ⅰ)的求解公式,但它难于记忆,应用时也不方便,因而有必要引进一个新的符号来表示它.

在式(4.5),(4.6)中,分母是由方程组的四个系数确定的,若把这四个系数按它们在原来的位置排成两行两列(横排称行,竖排称列)的数表(图 4.1),则 $a_{11}a_{22} - a_{12}a_{21}$ 是这样两项的和:一项是正方形中以 a_{11}, a_{22} 为对角线(叫行列式的对角线)上两元素的积,取正号;另一项是以 a_{12}, a_{21} 为对角线(叫行列式的副对角线)上两元素的积,取负号.为了便于记忆上述解的公

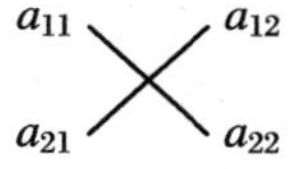

$$\begin{matrix} a_{11} & & a_{12} \\ & \times & \\ a_{21} & & a_{22} \end{matrix}$$

图 4.1

式,我们引入记号

$$\begin{vmatrix} a_{11} & a_{12} \\ a_{21} & a_{22} \end{vmatrix} \tag{4.7}$$

表示代数和

$$a_{11}a_{22} - a_{12}a_{21} \tag{4.8}$$

类似地,也可将(4.5)的表达式中的两个分子用上述记号来表示,即

$$D_1 = \begin{vmatrix} b_1 & a_{12} \\ b_2 & a_{22} \end{vmatrix} = b_1 a_{22} - a_{12} b_2, \quad D_2 = \begin{vmatrix} a_{11} & b_1 \\ a_{21} & b_2 \end{vmatrix} = a_{11} b_2 - b_1 a_{21}$$

记 $D = \begin{vmatrix} a_{11} & a_{12} \\ a_{21} & a_{22} \end{vmatrix}$,将 D 中第一列的元素 a_{11},a_{21} 换成方程组的常数项 b_1,b_2

就得到 D_1;将 D 中第二列的元素 a_{21},a_{22} 换成方程组的常数项 b_1,b_2 就得到 D_2.

从而当 $D \neq 0$ 时,方程组(Ⅰ)的解可以表示为

$$x_1 = \frac{D_1}{D}, \quad x_2 = \frac{D_2}{D} \tag{4.9}$$

现在,我们利用这种形式解一个具体的方程组:

$$\begin{cases} 2x_1 + x_2 = 5 \\ x_1 - 3x_2 = -1 \end{cases}$$

由于

$$D = \begin{vmatrix} 2 & 1 \\ 1 & -3 \end{vmatrix} = 2 \times (-3) - 1 \times 1 = -7 \neq 0$$

$$D_1 = \begin{vmatrix} 5 & 1 \\ -1 & -3 \end{vmatrix} = 5 \times (-3) - 1 \times (-1) = -14$$

$$D_2 = \begin{vmatrix} 2 & 5 \\ 1 & -1 \end{vmatrix} = 2 \times (-1) - 5 \times 1 = -7$$

从而

$$x_1 = \frac{D_1}{D} = 2, \quad x_2 = \frac{D_2}{D} = 1$$

我们撇开其具体意义,给出一般的行列式的定义.

定义 4.1 　称由四个数 a_{11},a_{12},a_{21},a_{22} 排成的一个数表,两边加上两条竖线,即

$$
\begin{vmatrix} a_{11} & a_{12} \\ a_{21} & a_{22} \end{vmatrix} \tag{4.10}
$$

为一个二阶行列式,其中横排称为行,纵排称为列,数 $a_{ij}(i=1,2;j=1,2)$ 称为行列式第 i 行第 j 列的元素. 数 $a_{11}a_{22}-a_{12}a_{21}$ 叫作二阶行列式的展开式,数 $a_{ij}(i=1,2;j=1,2)$ 称为行列式第 i 行第 j 列的元素.

利用对角线把二阶行列式(4.7)展开成式(4.8)的方法,叫作二阶行列式的对角线法则.

于是,方程组(Ⅰ)中的 $D = \begin{vmatrix} a_{11} & a_{12} \\ a_{21} & a_{22} \end{vmatrix}$ 又称为系数行列式;D_1 是将 D 中第一列的元素 a_{11},a_{21} 换成方程组的常数项 b_1,b_2 所得的行列式;D_2 是将 D 中第二列的元素 a_{21},a_{22} 换成方程组的常数项 b_1,b_2 所得的行列式.

进一步,我们将三阶行列式定义为

$$
\begin{vmatrix} a_{11} & a_{12} & a_{13} \\ a_{21} & a_{22} & a_{23} \\ a_{31} & a_{32} & a_{33} \end{vmatrix} = a_{11}a_{22}a_{33} + a_{12}a_{23}a_{31} + a_{13}a_{21}a_{32} \\ - a_{13}a_{22}a_{31} - a_{12}a_{21}a_{33} - a_{11}a_{23}a_{32}
$$

三阶行列式也有对角线法则,但由于它比较繁琐,且不具有一般性,这里就不介绍了. 我们现在从另一个角度看,从二、三阶行列式定义可知,行列式实质就是一种特殊方法表示的数值. 为了给出更高阶行列式的定义,根据定义三阶行列式的特征我们把三阶行列式降阶,改写为

$$
\begin{vmatrix} a_{11} & a_{12} & a_{13} \\ a_{21} & a_{22} & a_{23} \\ a_{31} & a_{32} & a_{33} \end{vmatrix} = a_{11}(a_{22}a_{33} - a_{23}a_{32}) - a_{12}(a_{21}a_{33} - a_{23}a_{31}) \\ + a_{13}(a_{21}a_{32} - a_{22}a_{31}) \\ = a_{11}\begin{vmatrix} a_{22} & a_{23} \\ a_{32} & a_{33} \end{vmatrix} - a_{12}\begin{vmatrix} a_{21} & a_{23} \\ a_{31} & a_{33} \end{vmatrix} + a_{13}\begin{vmatrix} a_{21} & a_{22} \\ a_{31} & a_{32} \end{vmatrix}
$$

其中

$$\begin{vmatrix} a_{22} & a_{23} \\ a_{32} & a_{33} \end{vmatrix}$$ 是原三阶行列式中划去元素 a_{11} 所在的第一行、第一列

元素后剩下的元素按原来的次序组成的二阶行列式. 称它为元素 a_{11} 的余子式, 记作 M_{11}. 即

$$M_{11} = \begin{vmatrix} a_{22} & a_{23} \\ a_{32} & a_{33} \end{vmatrix}$$

类似地,

$$M_{12} = \begin{vmatrix} a_{21} & a_{23} \\ a_{31} & a_{33} \end{vmatrix}, \quad M_{13} = \begin{vmatrix} a_{21} & a_{22} \\ a_{31} & a_{32} \end{vmatrix}$$

令

$$A_{ij} = (-1)^{i+j} M_{ij}(i,j = 1,2,3).$$ 我们称 A_{ij} 为 a_{ij} 的代数余子式.

从而

$$A_{11} = (-1)^{1+1} M_{11} = M_{11}$$
$$A_{12} = (-1)^{1+2} M_{12} = -M_{12}$$
$$A_{13} = (-1)^{1+3} M_{13} = M_{13}$$

于是三阶行列式也可以定义为

$$\begin{vmatrix} a_{11} & a_{12} & a_{13} \\ a_{21} & a_{22} & a_{23} \\ a_{31} & a_{32} & a_{33} \end{vmatrix} = a_{11} M_{11} - a_{12} M_{12} + a_{13} M_{13}$$
$$= a_{11} A_{11} + a_{12} A_{12} + a_{13} A_{13} = \sum_{j=1}^{3} a_{1j} A_{1j}$$

上式说明:一个三阶行列式等于它的第一行元素与其代数余子式的乘积之和,并称其为三阶行列式按第一行的展开式.

对于一阶行列式 $|a|$,其值就定义为 a. 这样上述定义不仅对二、三阶行列式都适应,而且对于一般的正整数 n,我们利用数学归纳法也可给出 n 阶行列式的定义为

$$D = \sum_{j=1}^{n} a_{1j} A_{1j}$$

例 4.1　计算行列式

$$D = \begin{vmatrix} 3 & -1 & -2 \\ 2 & 1 & 3 \\ -2 & 3 & 1 \end{vmatrix}$$

解　根据定义,有

$$D = 3 \times (-1)^{1+1} \begin{vmatrix} 1 & 3 \\ 3 & 1 \end{vmatrix} + (-1) \times (-1)^{1+2} \begin{vmatrix} 2 & 3 \\ -2 & 1 \end{vmatrix}$$

$$+ (-2) \times (-1)^{1+3} \begin{vmatrix} 2 & 1 \\ -2 & 3 \end{vmatrix}$$

$$= 3 \times (-8) + 1 \times 8 + (-2) \times 8 = -32$$

4.1.2　行列式的性质与计算

利用定义来计算行列式往往是比较繁琐的,特别是三阶以上的行列式的计算,为了简化行列式的计算,下面我们不加证明地给出行列式的几个性质.并利用二阶或三阶行列式予以说明和验证.

> 1. 行列互换,行列式的值不变.

例如,

$$\begin{vmatrix} 1 & -1 \\ -2 & 3 \end{vmatrix} = 3 - (-1)(-2) = 1$$

而

$$\begin{vmatrix} 1 & -2 \\ -1 & 3 \end{vmatrix} = 3 - (-1)(-2) = 1$$

即

$$\begin{vmatrix} 1 & -1 \\ -2 & 3 \end{vmatrix} = \begin{vmatrix} 1 & -2 \\ -1 & 3 \end{vmatrix}$$

这条性质表明,在行列式中行与列所处的地位是相同的.因此,凡是对行成立的性质,对列也同样成立;反之亦然.下面我们所讨论的行列式的性质大多是对行来说的,对于列也有同样的性质,就不重复了.

　　2. 交换行列式的两行(或两列)，行列式改变符号.

例如，

$$\begin{vmatrix} 1 & -1 \\ -2 & 3 \end{vmatrix} = 3 - (-1)(-2) = 1$$

而

$$\begin{vmatrix} -2 & 3 \\ 1 & -1 \end{vmatrix} = (-2)(-1) - 3 = -1$$

从而

　　3. 若行列式中有两行(或列)元素对应相等，则行列式等于零.

对于二阶行列式，推论显然成立.再看一个三阶行列式的例子：

$$\begin{vmatrix} 1 & -1 & 3 \\ 1 & 2 & -1 \\ 1 & -1 & 3 \end{vmatrix} = 1 \times \begin{vmatrix} 2 & -1 \\ -1 & 3 \end{vmatrix} - (-1) \times \begin{vmatrix} 1 & -1 \\ 1 & 3 \end{vmatrix} + 3 \begin{vmatrix} 1 & 2 \\ 1 & -1 \end{vmatrix}$$

$$= 1 \times 5 - (-1) \times 4 + 3 \times (-3) = 0$$

　　4. 把一个行列式某一行(或列)的所有元素都乘以数 k，等于用数 k 乘这个行列式.

例如，用 -3 乘行列式

$$\begin{vmatrix} 1 & -2 \\ 2 & -3 \end{vmatrix}$$

的第二行，得

$$\begin{vmatrix} 1 & -2 \\ -6 & 9 \end{vmatrix} = 9 - 12 = -3$$

而

$$(-3) \times \begin{vmatrix} 1 & -2 \\ 2 & -3 \end{vmatrix} = (-3) \times (-3 + 4) = -3$$

也即

$$\begin{vmatrix} -3 & 6 \\ 2 & -3 \end{vmatrix} = (-3) \times \begin{vmatrix} 1 & -2 \\ 2 & -3 \end{vmatrix}$$

　　这条性质表明，在行列式中某一行有公因子时，可以将其提到行列式的符号外面.于是有:若行列式中有一行(或列)的元素全为零,则行列式等于零;若行列式中有两行(或列)元素对应成比例,则行列式等于零.

> 5. 把行列式某一行(或列)的所有元素 k 倍加到另一行(列)的对应元素上去,行列式的值不变.

例如,

$$D = \begin{vmatrix} 1 & -2 \\ 2 & -3 \end{vmatrix} = -3 + 4 = 1$$

而将此行列式第一行乘以(-2)加到第二行上,得

$$D_1 = \begin{vmatrix} 1 & -2 \\ 0 & 1 \end{vmatrix} = 1$$

即 $D = D_1$.

> 6. 行列式等于它的任一行(或列)的各元素与其代数余子式的乘积之和,即
>
> $$D = a_{i1}A_{i1} + a_{i2}A_{i2} + \cdots + a_{in}A_{in} = \sum_{j=1}^{n} a_{ij}A_{ij} \quad (i = 1, 2, \cdots, n)$$

这条性质表明,行列式不仅(由定义)可以按第一行(或列)展开,还可以按任意一行(或列)展开.

例如:

$$\begin{vmatrix} 1 & -1 & 3 \\ 2 & -1 & 1 \\ 1 & 0 & 0 \end{vmatrix} = 1 \times \begin{vmatrix} -1 & 1 \\ 0 & 0 \end{vmatrix} - (-1) \times \begin{vmatrix} 2 & 1 \\ 1 & 0 \end{vmatrix} + 3 \times \begin{vmatrix} 2 & -1 \\ 1 & 0 \end{vmatrix}$$

$$= 1 \times 0 + 1 \times (-1) + 3 \times 1 = 2$$

若将其按第三行展开,有

$$\begin{vmatrix} 1 & -1 & 3 \\ 2 & -1 & 1 \\ 1 & 0 & 0 \end{vmatrix} = 1 \times (-1)^{3+1} \begin{vmatrix} -1 & 3 \\ -1 & 1 \end{vmatrix} = 2$$

由于行列式对行成立的性质,对列也成立.故行列式也可以按任意一列展开,即

$$D = a_{1j}A_{1j} + a_{2j}A_{2j} + \cdots + a_{nj}A_{nj} = \sum_{i=1}^{n} a_{ij}A_{ij}$$

$$(j = 1, 2, \cdots, n)$$

利用行列式的性质,可以减少计算量,简化行列式的计算.在这一节,我们通过一些四阶行列式的例子,说明行列式的性质在计算行列式时的使用情况.

例4.2　计算行列式

$$D = \begin{vmatrix} 1 & 8 & 0 & -2 \\ 2 & 4 & 1 & 3 \\ 0 & 2 & 0 & 0 \\ -2 & 0 & 3 & 1 \end{vmatrix}$$

解　由性质6,将 D 按第三行展开

$$D = 0 \times A_{31} + 2 \times A_{32} + 0 \times A_{33} + 0 \times A_{34}$$

$$= 2 \times (-1)^{3+2} \begin{vmatrix} 1 & 0 & -2 \\ 2 & 1 & 3 \\ -2 & 3 & 1 \end{vmatrix} = (-2) \begin{vmatrix} 1 & 0 & 0 \\ 2 & 1 & 7 \\ -2 & 3 & -3 \end{vmatrix}$$

$$= (-2)(-1)^{1+1} \begin{vmatrix} 1 & 7 \\ 3 & -3 \end{vmatrix} = (-2)[(-3) - 3 \times 7] = 48$$

从例4.2可以看出,如果一个行列式的某一行(或列)有很多个零,那么按这一行(或列)展开,可以使这个行列式转化为少数几个甚至一个低一阶的行列式,从而简化行列式的计算.如果在一个行列式中很多没有零元素的行(或列),那么可以先利用行列式的各种性质,使得某一行(或列)变成只有一个非零元素,然后就按照这一行(或列)展开.这样继续下去,就可以把一个较高阶的行列式最后变成一个2阶行列式,这是计算行列式的一个行之有效的办法.

为了书写方便,在计算行列式时,我们约定:用 r_i(或 c_i)表示第 i 行(或列),$r_i \leftrightarrow r_j$(或 $c_i \leftrightarrow c_j$)表示第 i 行(或列)与表示第 j 行(或列)互换,$k \cdot r_i + r_j$(或 $k \cdot c_i + c_j$)表示用 k 乘以第 i 行(或列)加到第 j 行(或列)上去.

例4.3　计算行列式

$$D = \begin{vmatrix} 5 & 2 & -6 & -3 \\ -4 & 7 & -2 & 4 \\ -2 & 3 & 4 & 1 \\ 7 & -8 & -10 & -5 \end{vmatrix}$$

　　解　为了尽量避免分数运算,应当选择 1 或 -1 所在的行(或列)进行变换,因此,我们首先选择第 4 列

$$D \overset{\substack{3r_3+r_1 \\ -4r_3+r_2 \\ 5r_3+r_4}}{=} \begin{vmatrix} -1 & 11 & 6 & 0 \\ 4 & -5 & -18 & 0 \\ -2 & 3 & 4 & 1 \\ -3 & 7 & 10 & 0 \end{vmatrix}$$

$$= (-1)^{3+4} \begin{vmatrix} -1 & 11 & 6 \\ 4 & -5 & -18 \\ -3 & 7 & 10 \end{vmatrix} \quad (\text{按第四列展开})$$

$$\overset{\substack{4r_1+r_2 \\ -3r_1+r_3}}{=} - \begin{vmatrix} -1 & 11 & 6 \\ 0 & 39 & 6 \\ 0 & -26 & -8 \end{vmatrix} \quad (\text{按第一列展开})$$

$$= (-1) \times (-1)^{1+1} \begin{vmatrix} 39 & 6 \\ -26 & -8 \end{vmatrix} = 156$$

例 4.4　计算上三角形行列式

$$D = \begin{vmatrix} a_{11} & a_{12} & a_{13} & a_{14} \\ 0 & a_{22} & a_{23} & a_{24} \\ 0 & 0 & a_{33} & a_{34} \\ 0 & 0 & 0 & a_{44} \end{vmatrix} \quad (a_{ii} \neq 0, i = 1, 2, 3, 4)$$

　　解　按第一列展开

$$D = (-1)^{1+1} a_{11} \begin{vmatrix} a_{22} & a_{23} & a_{24} \\ 0 & a_{33} & a_{34} \\ 0 & 0 & a_{44} \end{vmatrix}$$

$$= a_{11}(-1)^{1+1} a_{22} \begin{vmatrix} a_{33} & a_{34} \\ 0 & a_{44} \end{vmatrix}$$

$$= a_{11} a_{22} a_{33} a_{44}$$

类似可得下三角形行列式

$$\begin{vmatrix} a_{11} & 0 & 0 & 0 \\ a_{21} & a_{22} & 0 & 0 \\ a_{31} & a_{32} & a_{33} & 0 \\ a_{41} & a_{42} & a_{43} & a_{44} \end{vmatrix} = a_{11} a_{22} a_{33} a_{44}$$

可见,对于给定的四阶行列式,若能利用行列式的性质将其化为上(下)三角形行列式,而上(下)三角形行列式的值即为其主对角线上的 4 个元素的乘积.对任意阶上(下)三角形行列式都成立.

例 4.5 计算

$$D = \begin{vmatrix} a & b & b & b \\ b & a & b & b \\ b & b & a & b \\ b & b & b & a \end{vmatrix} \quad (a \neq b)$$

解 由于该行列式每行均有一个 a 和三个 b,故先将各列都加到第一列上去,得

$$D = \begin{vmatrix} a+3b & b & b & b \\ a+3b & a & b & b \\ a+3b & b & a & b \\ a+3b & b & b & a \end{vmatrix}$$

$$= (a+3b) \begin{vmatrix} 1 & b & b & b \\ 1 & a & b & b \\ 1 & b & a & b \\ 1 & b & b & a \end{vmatrix} \quad (提取第一列公因子(a+3b))$$

$$= (a+3b) \begin{vmatrix} 1 & b & b & b \\ 0 & a-b & 0 & 0 \\ 0 & 0 & a-b & 0 \\ 0 & 0 & 0 & a-b \end{vmatrix} \quad (用-1乘第一行加到其他各行上去)$$

$$= (a+3b) \begin{vmatrix} a-b & 0 & 0 \\ 0 & a-b & 0 \\ 0 & 0 & a-b \end{vmatrix} \quad (按第一行展开)$$

$$= (a+3b)(a-b)^3$$

例 4.6 证明范德蒙德行列式

$$\begin{vmatrix} 1 & 1 & \cdots & 1 \\ x_1 & x_2 & \cdots & x_n \\ \vdots & \vdots & & \vdots \\ x_1^{n-1} & x_2^{n-1} & \cdots & x_n^{n-1} \end{vmatrix} = \prod_{1 \leqslant i < j \leqslant n} (x_i - x_j)$$

证　（用数学归纳法）因为

$$D_2 = \begin{vmatrix} 1 & 1 \\ x_1 & x_2 \end{vmatrix} = x_2 - x_1 = \prod_{1 \leqslant i < j \leqslant 2} (x_i - x_j)$$

故 $n = 2$ 时结论成立.

假设 $n-1$ 阶行列式结论成立,证明 n 阶行列式时结论也成立:

因为

$$D_n \overset{\substack{r_n - x_1 r_{n-1} \\ r_{n-1} - x_1 r_{n-2} \\ r_2 - x_1 r_1}}{=} \begin{vmatrix} 1 & 1 & \cdots & 1 \\ 0 & x_2 - x_1 & \cdots & x_n - x_1 \\ \vdots & \vdots & & \vdots \\ 0 & x_2^{n-2}(x_2 - x_1) & \cdots & x_n^{n-2}(x_n - x_1) \end{vmatrix}$$

$$= (x_2 - x_1)(x_3 - x_1)\cdots(x_n - x_1) \begin{vmatrix} 1 & 1 & \cdots & 1 \\ x_1 & x_2 & \cdots & x_n \\ \vdots & \vdots & & \vdots \\ x_1^{n-2} & x_2^{n-2} & \cdots & x_n^{n-2} \end{vmatrix}$$

$$= (x_2 - x_1)(x_3 - x_1)\cdots(x_n - x_1) \prod_{2 \leqslant i < j \leqslant n} (x_i - x_j)$$

$$= \prod_{1 \leqslant i < j \leqslant n} (x_i - x_j)$$

即对任意正整数 n,结论成立.

注　范德蒙德行列式需注意以下两点:

(1) 结果. 共 $\frac{1}{2}n(n-1)$ 项,后列元素减前列元素的乘积,可正、可负也可为零.

(2) 形式.向下按升幂排列.另外也就认识它的变形,如

$$\begin{vmatrix} 1 & x_1 & x_1^2 & \cdots & x_1^{n-1} \\ 1 & x_2 & x_2^2 & \cdots & x_2^{n-1} \\ \vdots & \vdots & \vdots & & \vdots \\ 1 & x_n & x_n^2 & \cdots & x_n^{n-1} \end{vmatrix} \quad \boxed{\text{向右按升幂排列}}$$

4.1.3　克拉默法则

对方程个数与求知量个数相同的 n 元线性方程组:

$$
\begin{cases}
a_{11}x_1 + a_{12}x_2 + \cdots + a_{1n}x_n = b_1 \\
a_{21}x_1 + a_{22}x_2 + \cdots + a_{2n}x_n = b_2 \\
\qquad\cdots\cdots \\
a_{n1}x_1 + a_{n2}x_2 + \cdots + a_{nn}x_n = b_n
\end{cases}
\tag{4.11}
$$

与二元线性方程组类似,在一定的条件下,它的解可用 n 阶行列式表示,这就是著名的**克拉默法则**.

> 设有线性方程组(4.11),如果它的系数行列式不等于零,即
>
> $$
> D = \begin{vmatrix}
> a_{11} & a_{12} & \cdots & a_{1n} \\
> a_{21} & a_{22} & \cdots & a_{2n} \\
> \vdots & \vdots & & \vdots \\
> a_{n1} & a_{n2} & \cdots & a_{nn}
> \end{vmatrix} \neq 0
> $$
>
> 那么它有唯一解
>
> $$
> x_j = \frac{D_j}{D} \quad (j = 1, 2, \cdots, n)
> $$
>
> 这里的 D_j 是把 D 中第 j 列的元素 $a_{1j}, a_{2j}, \cdots, a_{nj}$ 换成方程组(4.11)右端的常数项 $b_1, b_2, \cdots, b_n$ 所得到的行列式.

例 4.7 解线性方程组

$$
\begin{cases}
2x_1 + x_2 - 5x_3 + x_4 = 8 \\
x_1 - 3x_2 - 6x_4 = 9 \\
2x_2 - x_3 + 2x_4 = -5 \\
x_1 + 4x_2 - 7x_3 + 6x_4 = 0
\end{cases}
$$

解 因为系数行列式

$$
D = \begin{vmatrix}
2 & 1 & -5 & 1 \\
1 & -3 & 0 & -6 \\
0 & 2 & -1 & 2 \\
1 & 4 & -7 & 6
\end{vmatrix} = 27 \neq 0
$$

所以方程组有唯一解.计算得

$$D_1 = \begin{vmatrix} 8 & 1 & -5 & 1 \\ 9 & -3 & 0 & -6 \\ -5 & 2 & -1 & 2 \\ 0 & 4 & -7 & 6 \end{vmatrix} = 81$$

$$D_2 = \begin{vmatrix} 2 & 8 & -5 & 1 \\ 1 & 9 & 0 & -6 \\ 0 & -5 & -1 & 2 \\ 1 & 0 & -7 & 6 \end{vmatrix} = -108$$

$$D_3 = \begin{vmatrix} 2 & 1 & 8 & 1 \\ 1 & -3 & 9 & -6 \\ 0 & 2 & -5 & 2 \\ 1 & 4 & 0 & 6 \end{vmatrix} = -27$$

$$D_4 = \begin{vmatrix} 2 & 1 & -5 & 8 \\ 1 & -3 & 0 & 9 \\ 0 & 2 & -1 & -5 \\ 1 & 4 & -7 & 0 \end{vmatrix} = 27$$

于是方程组的唯一解为

$$x_1 = \frac{D_1}{D} = 3, \quad x_2 = \frac{D_2}{D} = -4, \quad x_3 = \frac{D_3}{D} = -1, \quad x_4 = \frac{D_4}{D} = 1$$

必须指出的是：克拉默法则仅适用于方程个数与未知量个数相等,并且系数行列式不等于零的线性方程组求解.对于更一般的线性方程组的讨论,我们将在下节进行.

克拉默简介

克拉默(G. Cramer,1704~1752,瑞士数学家,图 4.2)1704 年 7 月 31 日生于日内瓦,早年在日内瓦读书,1724 年起在日内瓦加尔文学院任教,1734 年成为几何学教授,1750 年任哲学教授.他自 1727 年进行为期两年的旅行访学.在巴塞尔与约

图 4.2

翰·伯努利、欧拉等人学习交流,并结为挚友.后又到英国、荷兰、法国等地拜见许多数学名家,回国后在与他们的长期通信中,加强了与数学家之间的联系,为数学宝库也留下了大量有价值的文献.他一生未婚,专心治学,平易近人且德高望重,先后当选为伦敦皇家学会、柏林研究院和法国、意大利等学会的成员.主要著作是《代数曲线的分析引论》(1750),首先定义了正则、非正则、超越曲线和无理曲线等概念,第一次正式引入坐标系的纵轴(y 轴),然后讨论曲线变换,并依据曲线方程的阶数将曲线进行分类.为了确定经过 5 个点的一般二次曲线的系数,应用了著名的"克拉默法则",即由线性方程组的系数确定方程组解的表达式.该法则于 1729 年由英国数学家马克劳林得到,1748 年发表,克拉默的优越符号使之流传.

4.2　矩　　阵

　　矩阵是线性代数中的一个重要概念,它是研究线性关系的一个有力工具.在自然科学、工程技术以及某些社会科学中都有广泛的应用.本节将介绍有关矩阵的一些基本知识,以及它的一些简单应用.

4.2.1　矩阵的概念

　　引例4.2　设某中学高二(1)班40学生第一学期期中考试五门主科成绩,按学号排序可列成表 4.1(为简单起见,这里只列出了一部分).

表 4.1

	语文	数学	英语	物理	化学
1	72	90	92	86	82
2	80	88	95	83	78
3	84	91	70	77	75
4	61	74	78	60	70
⋮	⋮	⋮	⋮	⋮	⋮
40	77	81	84	87	73

我们可以将这个表称为该班学生的成绩矩阵.

引例 4.3　二人零和对策问题. 有两个儿童 A 和 B 在一起玩"石头 — 剪子 — 布"游戏. 每个人的出法都只能在{石头,剪子,布}中选择一种. 当 A,B 各自选定一个出法(亦称为策略)时, 就确定了一个"局势", 也就可以据此定出各自的输赢. 如果我们规定胜者得 1 分, 负者得 -1 分, 平手时各得 0 分, 则对应各种可能的"局势"下 A 的得分, 可以用数表 4.2 表示.

表 4.2

B 策略 A 策略	石头	剪子	布
石头	0	1	-1
剪子	-1	0	1
布	1	-1	0

此数表可简化为

$$\begin{bmatrix} 0 & 1 & -1 \\ -1 & 0 & 1 \\ 1 & -1 & 0 \end{bmatrix}$$

称这个数表为支付矩阵(或赢得矩阵).

> **定义 4.2**　一般地, 称由 $m \times n$ 个数排成的一张表, 两边用圆括号或方括号括起来, 即
>
> $$\begin{pmatrix} a_{11} & a_{12} & \cdots & a_{1n} \\ a_{21} & a_{22} & \cdots & a_{2n} \\ \vdots & \vdots & & \vdots \\ a_{m1} & a_{m2} & \cdots & a_{mn} \end{pmatrix} \text{或} \begin{bmatrix} a_{11} & a_{12} & \cdots & a_{1n} \\ a_{21} & a_{22} & \cdots & a_{2n} \\ \vdots & \vdots & & \vdots \\ a_{m1} & a_{m2} & \cdots & a_{mn} \end{bmatrix}$$
>
> 为一个 m 行 n 列的矩阵, 或 $m \times n$ 矩阵. 简记为 $A = (a_{ij})_{m \times n}$, 其中 a_{ij} 称为矩阵 A 的第 i 行第 j 列的元素(这里 a_{ij} 为实数, $i = 1, 2, \cdots, m$).

几类特殊的矩阵: 设 $A = (a_{ij})_{m \times n}$.

(1) 当 $n = 1$ 时, 称 A 列矩阵, 又称为列向量, 即

$$A = \begin{pmatrix} a_{11} \\ a_{21} \\ \vdots \\ a_{m1} \end{pmatrix}$$

其中 a_{ij} 称为向量 A 的第 i 个分量($i = 1, 2, \cdots, m$);

(2) 当 $m = 1$ 时,称 A 行矩阵,又称为一个行向量,即

$$A = (a_{11} \quad a_{12} \quad \cdots \quad a_{1n})$$

(3) 当所有元素都是零,即 $a_{ij} = 0 (i = 1, 2, \cdots, m, j = 1, 2, \cdots, n)$ 时,称 A 为零矩阵,记为 O.

(4) 在矩阵 $A = (a_{ij})_{m \times n}$ 所有元素的前面都加上负号所得到的矩阵,称为 A 的负矩阵,记作 $-A$,即

$$-A = (-a_{ij})_{m \times n}$$

(5) 当行列相等,即 $m = n$ 时,称 A 为 n 阶方阵.例如,

$$C = \begin{pmatrix} 2 & -1 \\ 3 & 0 \end{pmatrix}$$

是一个 2 阶方阵.

我们称从方阵的左上角到右下角的斜线位置称为方阵的主对角线. 特别地,有:

① 主对角线以外的元素都是零的方阵,如

$$\begin{pmatrix} -1 & 0 \\ 0 & 2 \end{pmatrix}, \quad \begin{pmatrix} 1 & 0 & 0 \\ 0 & -3 & 0 \\ 0 & 0 & 5 \end{pmatrix}$$

等,称为对角阵;主对角线上的所有元素都是 1 的对角阵,称为单位阵,记作 E,即

$$E = \begin{pmatrix} 1 & 0 & \cdots & 0 \\ 0 & 1 & \cdots & 0 \\ \vdots & \vdots & & \vdots \\ 0 & 0 & \cdots & 1 \end{pmatrix}$$

② 如果 n 阶方阵 A 中,$a_{ij} = a_{ji}$ ($i, j = 1, 2, \cdots, n$),即它的元素以主对角线为对称轴对应相等,则称 A 为对称矩阵.如 $\begin{pmatrix} 1 & -2 \\ -2 & 2 \end{pmatrix}$ 就是对称矩阵.

(6) 设 $A = (a_{ij})_{m \times n}$,$B = (b_{ij})_{k \times l}$.如果矩阵 A 与 B 的行列相等,即 $m = k$,

$n = l$,则称 A 与 B 是同型矩阵;进一步,若 A 与 B 是同型矩阵,并且对应元素相等,即 $a_{ij} = b_{ij}$ 对 $i = 1,2,\cdots,m$;$j = 1,2,\cdots,n$ 都成立,则称 A 与 B 是相等的,记作 $A = B$.

例4.8　设 $A = \begin{pmatrix} 1 & 2-x & 3 \\ 2 & 6 & 5z \end{pmatrix}$,$B = \begin{pmatrix} 1 & x & 3 \\ y & 6 & z-8 \end{pmatrix}$,已知 $A = B$.求 x, y,z.

解　因为 $2 - x = x$,$2 = y$,$5z = z - 8$,所以 $x = 1$,$y = 2$,$z = -2$.

4.2.2　矩阵的运算

设 A 为 $m \times n$ 矩阵,B 为 $k \times l$ 矩阵,即

$$A = \begin{pmatrix} a_{11} & a_{12} & \cdots & a_{1n} \\ a_{21} & a_{22} & \cdots & a_{2n} \\ \vdots & \vdots & & \vdots \\ a_{m1} & a_{m2} & \cdots & a_{mn} \end{pmatrix}, \quad B = \begin{pmatrix} b_{11} & b_{12} & \cdots & b_{1l} \\ b_{21} & b_{22} & \cdots & b_{2l} \\ \vdots & \vdots & & \vdots \\ b_{k1} & b_{k2} & \cdots & b_{kl} \end{pmatrix}$$

1. 矩阵的加法

当矩阵 A 与 B 为同型矩阵,即 $m = k$,$n = l$ 时,矩阵 A 与 B 的和仍为一个矩阵,用 $A + B$ 表示,即

$$A + B = \begin{pmatrix} a_{11} + b_{11} & a_{12} + b_{12} & \cdots & a_{1n} + b_{1n} \\ a_{21} + b_{21} & a_{22} + b_{22} & \cdots & a_{2n} + b_{2n} \\ \vdots & \vdots & & \vdots \\ a_{m1} + b_{m1} & a_{m2} + b_{m2} & \cdots & a_{mn} + b_{mn} \end{pmatrix}$$

简记作 $(a_{ij} + b_{ij})_{m \times n}$.

例4.9　设 $A = \begin{pmatrix} 2 & 3 & 1 \\ 2 & 5 & 7 \end{pmatrix}$,$B = \begin{pmatrix} 2 & 4 & 7 \\ 3 & 5 & 1 \end{pmatrix}$.求 $A + B$.

解

$$A + B = \begin{pmatrix} 2+2 & 3+4 & 1+7 \\ 2+3 & 5+5 & 7+1 \end{pmatrix} = \begin{pmatrix} 4 & 7 & 8 \\ 5 & 10 & 8 \end{pmatrix}$$

设 A,B,C 为任意三个 $m \times n$ 矩阵,容易验证矩阵加法满足下列运算律:

> (1) $A + B = B + A$(交换律);
>
> (2) $(A + B) + C = A + (B + C)$(结合律);
>
> (3) $A + O = A, A + (-A) = O$.

利用负矩阵可以定义矩阵的减法:

$$A - B = A + (-B)$$

例 4.10 甲、乙两化工厂在 2008 年和 2009 年所生产的 3 种化工产品 A_1, A_2, A_3 的数量如表 4.3(单位:万吨)所示.

表 4.3

	2008			2009		
	A_1	A_2	A_3	A_1	A_2	A_3
甲	45	36	28	47	37	28
乙	41	32	33	42	31	35

(1) 用矩阵 A 和 B 分别表示 2008 和 2009 年工厂甲、乙生产各化工产品的数量;

(2) 计算矩阵 $A + B$ 和 $B - A$,并说明其经济意义.

解 (1) $A = \begin{pmatrix} 45 & 36 & 28 \\ 41 & 32 & 33 \end{pmatrix}, B = \begin{pmatrix} 47 & 37 & 28 \\ 42 & 31 & 35 \end{pmatrix}$.

(2) $A + B = \begin{pmatrix} 45 & 36 & 28 \\ 41 & 32 & 33 \end{pmatrix} + \begin{pmatrix} 47 & 37 & 28 \\ 42 & 31 & 35 \end{pmatrix} = \begin{pmatrix} 92 & 73 & 56 \\ 83 & 63 & 68 \end{pmatrix}$,

$B - A = \begin{pmatrix} 47 & 37 & 28 \\ 42 & 31 & 35 \end{pmatrix} - \begin{pmatrix} 45 & 36 & 28 \\ 41 & 32 & 33 \end{pmatrix} = \begin{pmatrix} 2 & 1 & 0 \\ 1 & -1 & 2 \end{pmatrix}$.

矩阵 $A + B$ 说明这两年甲、乙两厂生产的 3 种化工产品的数量,$B - A$ 说明甲、乙两厂在 2009 年比 2008 年生产的 3 种化工产品的增量.

2. 数与矩阵相乘

λ 为任意实数,数 λ 与矩阵 A 相乘仍为一个矩阵,用 λA 表示,有 $\lambda A = (\lambda a_{ij})_{m \times n}$,即

$$\lambda \begin{pmatrix} a_{11} & a_{12} & \cdots & a_{1n} \\ a_{21} & a_{22} & \cdots & a_{2n} \\ \vdots & \vdots & & \vdots \\ a_{m1} & a_{m2} & \cdots & a_{mn} \end{pmatrix} = \begin{pmatrix} \lambda a_{11} & \lambda a_{12} & \cdots & \lambda a_{1n} \\ \lambda a_{21} & \lambda a_{22} & \cdots & \lambda a_{2n} \\ \vdots & \vdots & & \vdots \\ \lambda a_{m1} & \lambda a_{m2} & \cdots & \lambda a_{mn} \end{pmatrix}$$

对任意 $m \times n$ 矩阵 $\boldsymbol{A}, \boldsymbol{B}$ 及实数 λ, μ, 容易验证有下列运算律:

> (1) $\lambda(\boldsymbol{A} + \boldsymbol{B}) = \lambda\boldsymbol{A} + \lambda\boldsymbol{B}$ (数对矩阵的分配律);
>
> (2) $(\lambda + \mu)\boldsymbol{A} = \lambda\boldsymbol{A} + \mu\boldsymbol{A}$ (矩阵对数的分配律);
>
> (3) $\lambda(\mu\boldsymbol{A}) = (\lambda\mu)\boldsymbol{A}$ (结合律).
>
> 特别地, 有 $1\boldsymbol{A} = \boldsymbol{A}, 0\boldsymbol{A} = \boldsymbol{O}$.

3. 矩阵与矩阵相乘

对于矩阵 $\boldsymbol{A} = (a_{ij})_{m \times n}$ 与 $\boldsymbol{B} = (b_{ij})_{k \times l}$, 当 $n = k$ 时, 矩阵 $\boldsymbol{A}$ 与 $\boldsymbol{B}$ 的积仍为一个矩阵, 用 $\boldsymbol{AB}$ 表示, 即

$$\boldsymbol{AB} = \begin{pmatrix} c_{11} & c_{12} & \cdots & c_{1l} \\ c_{21} & c_{22} & \cdots & c_{2l} \\ \vdots & \vdots & & \vdots \\ c_{m1} & c_{m2} & \cdots & c_{ml} \end{pmatrix}$$

其中 $c_{ij} = a_{i1}b_{1j} + a_{i2}b_{2j} + \cdots + a_{in}b_{nj} = \sum_{s=1}^{n} a_{is}b_{sj}$.

换言之, 两个矩阵相乘只有在第一个矩阵的列数等于第二个矩阵的行数相等时才有意义.

例 4.11　设 $\boldsymbol{A} = \begin{pmatrix} 2 & 3 & 1 \\ 1 & 5 & 7 \end{pmatrix}_{2 \times 3}$, $\boldsymbol{B} = \begin{pmatrix} 2 & 0 & -1 \\ 3 & 1 & 1 \\ 1 & 0 & -2 \end{pmatrix}_{3 \times 3}$. 求 $\boldsymbol{AB}$.

解

$$\boldsymbol{AB} = \begin{pmatrix} 2\times2+3\times3+1\times1 & 2\times0+3\times1+1\times0 & 2\times(-1)+3\times1+1\times(-2) \\ 1\times2+5\times3+7\times1 & 1\times0+5\times1+7\times0 & 1\times(-1)+5\times1+7\times(-2) \end{pmatrix}$$

$$= \begin{pmatrix} 14 & & -1 \\ 24 & 5 & -10 \end{pmatrix}$$

而 $\boldsymbol{BA}$ 是无意义的.

例 4.12　设 $\boldsymbol{A} = \begin{pmatrix} 6 & 2 \\ 3 & 1 \end{pmatrix}$, $\boldsymbol{B} = \begin{pmatrix} 1 & -2 \\ -2 & 4 \end{pmatrix}$. 求 $\boldsymbol{AB}$.

解

$$\boldsymbol{AB} = \begin{pmatrix} 6 & 2 \\ 3 & 1 \end{pmatrix}\begin{pmatrix} 1 & -2 \\ -2 & 4 \end{pmatrix} = \begin{pmatrix} 2 & -4 \\ 1 & -2 \end{pmatrix}$$

而

$$BA = \begin{bmatrix} 1 & -2 \\ -2 & 4 \end{bmatrix} \begin{bmatrix} 6 & 2 \\ 3 & 1 \end{bmatrix} = \begin{bmatrix} 0 & 0 \\ 0 & 0 \end{bmatrix}$$

从上两例可以看出:矩阵的乘法一般不满足交换律,因为 AB,BA 不一定都有意义,并且即使 AB,BA 都有意义,AB,BA 也不一定相等.因此通常称 AB 为 A 左乘 B,或 B 右乘 A;另外,一般情况下,不能从 $AB = O$ 推出矩阵 $A = O$ 或 $B = O$.

但可以验证矩阵的乘法满足下列运算律:

---

(1) $(AB)C = A(BC)$(结合律);

(2) $A(B + C) = AB + AC$(左分配律);

(3) $(A + B)C = AC + BC$(右分配律).

对于某些矩阵 A 与 B,若满足 $AB = BA$,则称 A 与 B 是可交换的.例如,

$$\begin{bmatrix} 2 & 1 \\ 3 & 4 \end{bmatrix} \begin{bmatrix} 5 & 0 \\ 0 & 5 \end{bmatrix} = \begin{bmatrix} 10 & 5 \\ 15 & 20 \end{bmatrix} = \begin{bmatrix} 5 & 0 \\ 0 & 5 \end{bmatrix} \begin{bmatrix} 2 & 1 \\ 3 & 4 \end{bmatrix}$$

即 $\begin{bmatrix} 5 & 0 \\ 0 & 5 \end{bmatrix}$ 与 $\begin{bmatrix} 2 & 1 \\ 3 & 4 \end{bmatrix}$ 是可交换的.

4. 矩阵的转置

设

$$A = (a_{ij})_{m \times n} = \begin{bmatrix} a_{11} & a_{12} & \cdots & a_{1n} \\ a_{21} & a_{22} & \cdots & a_{2n} \\ \vdots & \vdots & & \vdots \\ a_{m1} & a_{m2} & \cdots & a_{mn} \end{bmatrix}$$

把矩阵 A 的行和列对调以后,所得的矩阵记为

$$(a'_{ij})_{n \times m} = \begin{bmatrix} a_{11} & a_{21} & \cdots & a_{m1} \\ a_{12} & a_{22} & \cdots & a_{m2} \\ \vdots & \vdots & & \vdots \\ a_{1n} & a_{2n} & \cdots & a_{mn} \end{bmatrix}$$

称其为 A 的转置矩阵,用 A' 表示,即

$$A' = (a'_{ij})_{n \times m} = \begin{pmatrix} a_{11} & a_{21} & \cdots & a_{m1} \\ a_{12} & a_{22} & \cdots & a_{m2} \\ \vdots & \vdots & & \vdots \\ a_{1n} & a_{2n} & \cdots & a_{mn} \end{pmatrix}$$

有时也用 A^{T} 来表示 A'. 因为 A' 是由矩阵 A 经过行列互换得到的矩阵, 而 A 有 m 行 n 列, 所以 A' 就是 n 行 m 列的矩阵. 我们用 a'_{ij} 代表 A' 中 i 行 j 列位置上的元素, 显然有

$$a'_{ij} = a_{ji}$$

即 A' 中 i 行 j 列位置上的元素就是 A 中 j 行 i 列位置上的元素, 例如, 矩阵

$$A = \begin{pmatrix} 1 & 2 & 1 \\ 0 & -1 & 2 \end{pmatrix}, \quad A' = \begin{pmatrix} 1 & 0 \\ 2 & -1 \\ 1 & 2 \end{pmatrix}$$

可以验证矩阵的转置满足下列运算律:

(1) $(A')' = A$;

(2) $(A \pm B)' = A' \pm B'$;

(3) $(kA)' = kA'$ (k 是常数);

(4) $(AB)' = B'A'$;

(5) 若 A 为对称矩阵, 则 $A' = A$.

例 4.13　设 $A = \begin{pmatrix} 1 & 0 \\ 2 & 3 \\ 4 & 5 \end{pmatrix}$, $B = \begin{pmatrix} 2 & 1 \\ 4 & 3 \end{pmatrix}$. 求 $AB, (AB)', B'A'$.

解

$$AB = \begin{pmatrix} 1 & 0 \\ 2 & 3 \\ 4 & 5 \end{pmatrix} \begin{pmatrix} 2 & 1 \\ 4 & 3 \end{pmatrix} = \begin{pmatrix} 2 & 1 \\ 16 & 11 \\ 28 & 19 \end{pmatrix}$$

$$(AB)' = \begin{pmatrix} 2 & 16 & 28 \\ 1 & 11 & 19 \end{pmatrix}$$

$$B'A' = \begin{pmatrix} 2 & 4 \\ 1 & 3 \end{pmatrix} \begin{pmatrix} 1 & 2 & 4 \\ 0 & 3 & 5 \end{pmatrix} = \begin{pmatrix} 2 & 16 & 28 \\ 1 & 11 & 19 \end{pmatrix}$$

5. 矩阵的逆

前面我们讨论了矩阵的加法、数乘、乘法和转置运算. 能定义矩阵的除法吗? 我们先回忆一下实数的除法与乘法的关系.

设 a 为实数, 当 $a \neq 0$ 时, a 的倒数存在, 记为 $b = 1/a$, 且有

$$a \times b = b \times a = 1$$

我们知道, 矩阵是一个数表, 显然不能做除法运算, 但是我们可仿此方法定义类似的运算.

设有矩阵 $\boldsymbol{A}$, 如果存在一个矩阵 $\boldsymbol{B}$, 使得

$$\boldsymbol{AB} = \boldsymbol{BA} = \boldsymbol{E}$$

则称 $\boldsymbol{A}$ 为可逆矩阵, 简称 $\boldsymbol{A}$ 可逆, 并称 $\boldsymbol{B}$ 是 $\boldsymbol{A}$ 的逆矩阵, 记为 $\boldsymbol{A}^{-1}$, 即 $\boldsymbol{B} = \boldsymbol{A}^{-1}$.

从定义可看出, $\boldsymbol{A}$ 与 $\boldsymbol{B}$ 的地位是平等的, 所以也称 $\boldsymbol{A}$ 是 $\boldsymbol{B}$ 逆矩阵, 即 $\boldsymbol{A} = \boldsymbol{B}^{-1}$. 例如,

$$\boldsymbol{A} = \begin{bmatrix} 5 & 2 \\ 2 & 1 \end{bmatrix}, \quad \boldsymbol{B} = \begin{bmatrix} 1 & -2 \\ -2 & 5 \end{bmatrix}$$

容易验证: $\boldsymbol{AB} = \boldsymbol{BA} = \boldsymbol{E}$, 即 $\boldsymbol{A}$ 与 $\boldsymbol{B}$ 互为可逆矩阵.

必须指出的是, 可逆矩阵一定是方阵(为什么?), 但许多方阵是没有可逆矩阵的. 例如, $\begin{bmatrix} 0 & 0 \\ 0 & 0 \end{bmatrix}$ 就没有可逆阵, 因为对任何二阶方阵 $\boldsymbol{B}$, 都有

$$\begin{bmatrix} 0 & 0 \\ 0 & 0 \end{bmatrix} \boldsymbol{B} = \begin{bmatrix} 0 & 0 \\ 0 & 0 \end{bmatrix}$$

像 $\begin{bmatrix} 0 & 0 \\ 0 & 0 \end{bmatrix}$ 这样的矩阵, 我们称其为奇异矩阵.

如何判别一个方阵是不是奇异的呢? 如何求出一个非奇异阵的可逆矩阵?

为了回答这两个问题, 我们介绍下面称为方阵的行列式的概念及初等行变换的方法及相关结论, 而省略有关证明的过程.

(1) 方阵的行列式: 由方阵 $\boldsymbol{A}$ 的元素位置不变所构成的行列式, 称为方阵 $\boldsymbol{A}$ 的行列式, 记作 $|\boldsymbol{A}|$ 或 $\det \boldsymbol{A}$.

例如, 设 $\boldsymbol{A} = \begin{bmatrix} 1 & -2 \\ 2 & 5 \end{bmatrix}$, $\boldsymbol{B} = \begin{bmatrix} 1 & -2 \\ -2 & 4 \end{bmatrix}$, 则 $|\boldsymbol{A}| = \begin{vmatrix} 1 & -2 \\ 2 & 5 \end{vmatrix} = 1$, $|\boldsymbol{B}| =$

$$\begin{vmatrix} 1 & -2 \\ -2 & 4 \end{vmatrix} = 0.$$

由此可知:方阵与行列式是两个不同的概念,方阵是一个数表,而行列式是一个数值;方阵的行列式若按其值分类可以分成两类:0 与非 0.

容易证明,方阵的行列式有如下运算律:

> ① $|\boldsymbol{A}'| = |\boldsymbol{A}|$;
>
> ② $|\lambda \boldsymbol{A}| = \lambda^n |\boldsymbol{A}|$;
>
> ③ $|\boldsymbol{AB}| = |\boldsymbol{A}| \cdot |\boldsymbol{B}|$.

若方阵的行列式不等于0,则称其为非奇异矩阵,否则,称为奇异矩阵. 于是有:

> 方阵 $\boldsymbol{A}$ 非奇异　$\Leftrightarrow$　$|\boldsymbol{A}| \neq 0$

事实上,假设 $\boldsymbol{A}$ 可逆,即 $\boldsymbol{AA}^{-1} = \boldsymbol{E}$,则 $|\boldsymbol{AA}^{-1}| = |\boldsymbol{A}||\boldsymbol{A}^{-1}| = |\boldsymbol{E}| = 1$,所以 $|\boldsymbol{A}| \neq 0$.反过来也成立. 从而有:

> 方阵 $\boldsymbol{A}$ 可逆　$\Leftrightarrow$　$|\boldsymbol{A}| \neq 0$

例如,矩阵 $\boldsymbol{A} = \begin{pmatrix} 5 & 2 \\ 2 & 1 \end{pmatrix}$,因为 $|\boldsymbol{A}| = \begin{vmatrix} 5 & 2 \\ 2 & 1 \end{vmatrix} = 1 \neq 0$,故 $\boldsymbol{A}$ 可逆;而矩阵 $\boldsymbol{B} = \begin{pmatrix} 1 & 1 \\ -2 & -2 \end{pmatrix}$,因为 $|\boldsymbol{B}| = \begin{vmatrix} 1 & 1 \\ -2 & -2 \end{vmatrix} = 0$,故 $\boldsymbol{B}$ 不可逆.

(2) 矩阵的初等行变换有三种:

> ① 对换一个矩阵的任意两行;
>
> ② 将一个矩阵的某一行的所有元素乘以同一个非零常数;
>
> ③ 将矩阵的某一行的 $k\,(k \neq 0)$ 倍加到另一行上去.

利用矩阵的初等行变换,按照下面方法求出任一非奇异方阵的逆矩阵.

设 $\boldsymbol{A}$ 是 n 阶非奇异方阵,作矩阵

$$(\boldsymbol{A} \vdots \boldsymbol{E}_n)$$

对这个矩阵进行初等行变换,使之成为

$$(\boldsymbol{E}_n \vdots \boldsymbol{B})$$

则 $\boldsymbol{B} = \boldsymbol{A}^{-1}$.

例 4.14　设 $\boldsymbol{A} = \begin{pmatrix} 1 & 2 & 3 \\ 2 & 2 & 1 \\ 3 & 4 & 3 \end{pmatrix}$.求 $\boldsymbol{A}^{-1}$.

解 $(\boldsymbol{A} \vdots \boldsymbol{E}_3) = \begin{pmatrix} 1 & 2 & 3 & 1 & 0 & 0 \\ 2 & 2 & 1 & 0 & 1 & 0 \\ 3 & 4 & 3 & 0 & 0 & 1 \end{pmatrix} \xrightarrow[r_3 - 3r_1]{r_2 - 2r_1} \begin{pmatrix} 1 & 2 & 3 & 1 & 0 & 0 \\ 0 & -2 & -5 & -2 & 1 & 0 \\ 0 & -2 & -6 & -3 & 0 & 1 \end{pmatrix}$

$\xrightarrow[r_3 - r_2]{r_1 + r_2} \begin{pmatrix} 1 & 0 & -2 & -1 & 1 & 0 \\ 0 & -2 & -5 & -2 & 1 & 0 \\ 0 & 0 & -1 & -1 & -1 & 1 \end{pmatrix}$

$\xrightarrow[r_2 - 5r_3]{r_1 - 2r_3} \begin{pmatrix} 1 & 0 & 0 & -1 & 3 & 0 \\ 0 & -2 & 0 & 3 & 6 & -5 \\ 0 & 0 & -1 & -1 & -1 & 1 \end{pmatrix}$

$\xrightarrow[r_3 \times (-1)]{r_2 \times (-2)} \begin{pmatrix} 1 & 0 & 0 & 1 & 3 & -2 \\ 0 & 1 & 0 & -\dfrac{3}{2} & -3 & -\dfrac{5}{2} \\ 0 & 0 & 1 & 1 & 1 & 1 \end{pmatrix}$

所以

$$\boldsymbol{A}^{-1} = \begin{pmatrix} 1 & 3 & -2 \\ -\dfrac{3}{2} & -3 & -\dfrac{5}{2} \\ 1 & 1 & 1 \end{pmatrix}$$

在熟悉了求矩阵的逆阵运算后，可不必写出前头旁边的行变换说明.

6. **阶梯形矩阵、矩阵的秩**

上面我们已经知道了用矩阵的行初等变换求可逆矩阵的逆矩阵，对任意一个矩阵，我们可通过行初等变换化成阶梯形矩阵，比如：

$\boldsymbol{A} = \begin{pmatrix} 1 & 3 & 5 & 2 & 2 \\ 3 & 5 & 6 & 4 & 4 \\ 1 & 7 & 14 & 4 & 4 \\ 3 & 1 & -3 & 2 & 5 \end{pmatrix} \longrightarrow \begin{pmatrix} 1 & 3 & 5 & 2 & 2 \\ 0 & -4 & -9 & -2 & -2 \\ 0 & 4 & 9 & 2 & 2 \\ 0 & -8 & -18 & -4 & -1 \end{pmatrix}$

$\longrightarrow \begin{pmatrix} 1 & 3 & 5 & 2 & 2 \\ 0 & -4 & -9 & -2 & -2 \\ 0 & 0 & 0 & 0 & 0 \\ 0 & 0 & 0 & 0 & 3 \end{pmatrix} \xrightarrow{r_3 \leftrightarrow r_4} \begin{pmatrix} 1 & 3 & 5 & 2 & 2 \\ 0 & -4 & -9 & -2 & -2 \\ 0 & 0 & 0 & 0 & 3 \\ 0 & 0 & 0 & 0 & 0 \end{pmatrix} = \boldsymbol{B}$

矩阵 $\boldsymbol{B}$ 就是一个阶梯形矩阵，从形式上看，矩阵 $\boldsymbol{B}$ 的零构成一个阶梯，只不过不是一步一个台阶，可能是一步几个台阶或几步一个台阶. 阶梯形矩阵我们可以这样来描述:矩阵每一行的第一个元素至第一个非零元素的下方全为零.

关于阶梯形矩阵有如下结论:

> (1) 每一个矩阵都可以通过行初等变换化成阶梯形矩阵;
>
> (2) 不论采用何种初等变换将矩阵化成阶梯形矩阵,所得阶梯形矩阵非零行的行数是唯一确定的.
>
> 我们称将矩阵化成阶梯形矩阵的非零行的行数,称为该矩阵的秩.

如上面矩阵 A 的秩为 3.当然同时用行列初等变换所得的结果是一样的.

4.2.3 矩阵的应用

1. 利用矩阵行变换解线性方程组

利用矩阵作为工具,可简化在中学数学中解线性方程组的消元过程.下面看一个例子:

引例 4.4 用加减消元法解线性方程组

$$\begin{cases} x_1 + 3x_2 + 2x_3 + x_4 = 6 \\ 3x_1 + 10x_2 + 5x_3 + 7x_4 = 24 \\ -x_1 - 3x_3 + 4x_4 = 11 \\ 2x_1 + 4x_2 + 10x_3 - 19x_4 = -1 \end{cases} \tag{4.12}$$

解 把第一个方程乘以 $-3,1,-2$ 后分别加到第二、三、四个方程上,使得在第二、三、四个方程中消去未知量 x_1:

$$\begin{cases} x_1 + 3x_2 + 2x_3 + x_4 = 6 \\ x_2 - x_3 + 4x_4 = 6 \\ 3x_2 - x_3 + x_4 = 17 \\ -2x_2 + 6x_3 - 21x_4 = -13 \end{cases}$$

用同样的方法消去第三、四个方程中的未知量 x_2:

$$\begin{cases} x_1 + 3x_2 + 2x_3 + x_4 = 6 \\ x_2 - x_3 + 4x_4 = 6 \\ 2x_3 - 7x_4 = -1 \\ 4x_3 - 13x_4 = -1 \end{cases}$$

消去第四个方程中的未知量 x_3:

$$\begin{cases} x_1 + 3x_2 + 2x_3 + x_4 = 6 \\ x_2 - x_3 + 4x_4 = 6 \\ 2x_3 - 7x_4 = -1 \\ x_4 = 1 \end{cases} \qquad (4.13)$$

这样,我们容易求出方程组(4.12)的解为$(-16,5,3,1)$.

一般地,对于 n 元线性方程组

$$\begin{cases} a_{11}x_1 + a_{12}x_2 + \cdots + a_{1n}x_n = b_1 \\ a_{21}x_1 + a_{22}x_2 + \cdots + a_{2n}x_n = b_2 \\ \qquad \cdots\cdots \\ a_{m1}x_1 + a_{m2}x_2 + \cdots + a_{mn}x_n = b_m \end{cases} \qquad (4.14)$$

我们设 $a_{11} \neq 0$(如果 $a_{11} = 0$,那么可以利用初等变换(3)使得 $a_{11} \neq 0$).利用初等变换(2)分别把第一个方程的 $-\dfrac{a_{i1}}{a_{11}}$ 倍加到第 i 个方程$(i = 2,3,\cdots,m)$.原方程组化为

$$\begin{cases} a_{11}x_1 + a_{12}x_2 + \cdots + a_{1n}x_n = b_1 \\ \qquad a'_{22}x_2 + \cdots + a'_{2n}x_n = b'_2 \\ \qquad\qquad \cdots\cdots \\ \qquad a'_{m2}x_2 + \cdots + a'_{mn}x_n = b'_m \end{cases} \qquad (4.15)$$

其中

$$a'_{ij} = a_{ij} - \frac{a_{i1}}{a_{11}} \cdot a_{1j} \qquad (i = 2,3,\cdots,m; j = 2,3,\cdots,n)$$

再对方程(4.15)中的第二个到第 m 个方程,按照上面的方法进行变换,并且这样一步步做下去,最后便可得到一个阶梯形方程组.为了讨论方便起见,不妨设所得到的方程组为

$$\begin{cases} c_{11}x_1 + c_{12}x_2 + \cdots + c_{1r}x_r + \cdots + c_{1n}x_n = d_1 \\ \qquad c_{22}x_2 + \cdots + c_{2r}x_r + \cdots + c_{2n}x_n = d_2 \\ \qquad\qquad \cdots\cdots \\ \qquad\qquad\qquad c_{rr}x_r + \cdots + c_{rn}x_n = d_r \\ \qquad\qquad\qquad\qquad\qquad 0 = d_{r+1} \\ \qquad\qquad\qquad\qquad\qquad 0 = 0 \\ \qquad\qquad\qquad\qquad\qquad \cdots\cdots \\ \qquad\qquad\qquad\qquad\qquad 0 = 0 \end{cases} \qquad (4.16)$$

其中 $c_{ii} \neq 0 (i = 1, 2, \cdots, r)$. 方程组(4.16)中的"0 = 0"是一些恒等式.表明相应的方程在原方程组中为多余方程,故去掉以后并不影响方程组的解.

我们知道,方程组(4.14)和(4.16)是同解的.由上面的分析,方程组(4.16)是否有解就取决于最后一个方程

$$0 = d_{r+1}$$

是否有解.换句话讲,就取决于它是否为恒等式.从而我们可以得出下面的结论:

(1) 如果 $d_{r+1} \neq 0$,则方程组(4.12)无解;

(2) 如果 $d_{r+1} = 0$,则方程组(4.12)有解,且有

① 当 $r = n$ 时,方程组(4.12)可以化为

$$\begin{cases} c_{11}x_1 + c_{12}x_2 + \cdots + c_{1n}x_n = d_1 \\ \qquad\quad c_{22}x_2 + \cdots + c_{2n}x_n = d_2 \\ \qquad\qquad\qquad \cdots\cdots \\ \qquad\qquad\qquad\qquad c_{nn}x_n = d_n \end{cases} \tag{4.17}$$

其中 $c_{ii} \neq 0 (i = 1, 2, \cdots, n)$. 于是, 我们可以由最后一个方程开始, 将 x_n, $x_{n-1}, \cdots, x_1$ 的值逐个地唯一地确定,得出它的唯一解.

② 当 $r < n$ 时,方程组(4.15)可以化为

$$\begin{cases} c_{11}x_1 + c_{12}x_2 + \cdots + c_{1r}x_r + c_{1r+1}x_{r+1} + \cdots + c_{1n}x_n = d_1 \\ \qquad\quad c_{22}x_2 + \cdots + c_{2r}x_r + c_{2r+1}x_{r+1} + \cdots + c_{2n}x_n = d_2 \\ \qquad\qquad\qquad\qquad \cdots\cdots \\ \qquad\qquad\qquad c_{rr}x_r + c_{rr+1}x_{r+1} + \cdots + c_{rn}x_n = d_r \end{cases}$$

其中 $c_{ii} \neq 0 (i = 1, 2, \cdots, r)$. 把它改写成

$$\begin{cases} c_{11}x_1 + c_{12}x_2 + \cdots + c_{1r}x_r = d_1 - c_{1r+1}x_{r+1} - \cdots - c_{1n}x_n \\ \qquad\quad c_{22}x_2 + \cdots + c_{2r}x_r = d_2 - c_{2r+1}x_{r+1} - \cdots - c_{2n}x_n \\ \qquad\qquad\qquad \cdots\cdots \\ \qquad\qquad\qquad c_{rr}x_r = d_r - c_{rr+1}x_{r+1} - \cdots - c_{rn}x_n \end{cases} \tag{4.18}$$

由此可见,任给 $x_{r+1}, \cdots, x_n$ 一组值,就可以唯一地确定出 $x_1, x_2, \cdots, x_r$ 的值,这样就定出了方程组(4.15)的一个解,一般地,由方程组(4.18)可以把 $x_1, x_2, \cdots, x_r$, 通过 $x_{r+1}, x_{r+2}, \cdots, x_n$ 表示出来:

$$\begin{cases} x_1 = d_1' - c_{1r+1}'x_{r+1} - \cdots - c_{1n}'x_n \\ x_2 = d_2' - c_{2r+1}'x_{r+1} - \cdots - c_{2n}'x_n \\ \qquad\quad \cdots\cdots \\ x_r = d_r' - c_{rr+1}'x_{r+1} - \cdots - c_{rn}'x_n \end{cases} \tag{4.19}$$

我们称方程组(4.19)为方程组(4.12)的一般解,并称 $x_{r+1}, x_{r+2}, \cdots, x_n$ 为一组自由未知量.易见,自由未知量的个数为 $n - r$.

从上面解题过程中可以看出,用消元法解方程组,实际上就是反复地对方程组进行以下三种变换:

> ① 用一个非零的数乘某一个方程;
>
> ② 把一个方程的倍数加到另一个方程上;
>
> ③ 互换两个方程的位置.

我们称这样的三种变换为方程组的初等变换,跟矩阵的行变换完全一致.可以证明,初等变换总是把方程组变成同解的方程组.

若令

$$A = \begin{pmatrix} a_{11} & a_{12} & \cdots & a_{1n} \\ a_{21} & a_{22} & \cdots & a_{2n} \\ \vdots & \vdots & & \vdots \\ a_{m1} & a_{m2} & \cdots & a_{mn} \end{pmatrix}, \quad X = \begin{pmatrix} x_1 \\ x_2 \\ \vdots \\ x_n \end{pmatrix}, \quad B = \begin{pmatrix} b_1 \\ b_2 \\ \vdots \\ b_m \end{pmatrix}$$

则上述方程组(4.14)可表示为

$$AX = B \tag{4.20}$$

这样解线性方程组(4.14)等价于从(4.20)中解出未知量矩阵 X.

另外,

> **定义 4.3**   称由系数和常数项组成的矩阵
>
> $$\begin{pmatrix} a_{11} & a_{12} & \cdots & a_{1n} & b_1 \\ a_{21} & a_{22} & \cdots & a_{2n} & b_2 \\ \vdots & \vdots & & \vdots & \vdots \\ a_{m1} & a_{m2} & \cdots & a_{mn} & b_m \end{pmatrix}$$
>
> 为方程组(4.14)的增广矩阵,记为 $\bar{A}$.

由于线性方程组是由它的系数和常数项确定的,因此用增广矩阵可以完全地表示一个线性方程组.于是线性方程组的求解过程完全可以用增广矩阵和初等行变换表示出来,如本节引例,用增广矩阵表示线性方程组,则解题过程就可写成:

$$\overline{\boldsymbol{A}} = \begin{pmatrix} 1 & 3 & 2 & 1 & 6 \\ 3 & 10 & 5 & 7 & 24 \\ -1 & 0 & -3 & 4 & 11 \\ 2 & 4 & 10 & -19 & -1 \end{pmatrix} \xrightarrow{-2 \times r_1 + r_4} \begin{pmatrix} 1 & 3 & 2 & 1 & 6 \\ 0 & 1 & -1 & 4 & 6 \\ 0 & 3 & -1 & 5 & 17 \\ 0 & -2 & 6 & -21 & -13 \end{pmatrix}$$

$$\xrightarrow[2 \times r_2 + r_4]{-3 \times r_2 + r_3} \begin{pmatrix} 1 & 3 & 2 & 1 & 6 \\ 0 & 1 & -1 & 4 & 6 \\ 0 & 0 & 2 & -7 & -1 \\ 0 & 0 & 4 & -13 & -1 \end{pmatrix} \xrightarrow{-2 \times r_3 + r_4} \begin{pmatrix} 1 & 3 & 2 & 1 & 6 \\ 0 & 1 & -1 & 4 & 6 \\ 0 & 0 & 2 & -7 & -1 \\ 0 & 0 & 0 & 1 & 1 \end{pmatrix}$$

它表示的方程组就是阶梯形方程组(4.13),解为

$$x_1 = -16, \quad x_2 = 5, \quad x_3 = 3, \quad x_4 = 1$$

即 $(-16,5,3,1)$ 为方程组(4.12)的解.

再举两例:

例 4.15 解线性方程组

$$\begin{cases} x_1 + x_2 + x_3 + x_4 = 4 \\ 2x_1 + 3x_2 + x_3 + x_4 = 9 \\ -3x_1 + 2x_2 - 8x_3 - 8x_4 = -4 \end{cases}$$

解 用初等行变换将增广矩阵化成阶梯形矩阵,即

$$\overline{\boldsymbol{A}} = \begin{pmatrix} 1 & 1 & 1 & 1 & 4 \\ 2 & 3 & 1 & 1 & 9 \\ -3 & 2 & -8 & -8 & -4 \end{pmatrix} \longrightarrow \begin{pmatrix} 1 & 1 & 1 & 1 & 4 \\ 0 & 1 & -1 & -1 & 1 \\ 0 & 5 & -5 & -5 & 8 \end{pmatrix} \longrightarrow \begin{pmatrix} 1 & 1 & 1 & 1 & 4 \\ 0 & 1 & -1 & -1 & 1 \\ 0 & 0 & 0 & 0 & 3 \end{pmatrix}$$

最后一个矩阵对应的同解(阶梯形)方程组是

$$\begin{cases} x_1 + x_2 + x_3 + x_4 = 4 \\ 2x_1 + 3x_2 + x_3 + x_4 = 9 \\ -3x_1 + 2x_2 - 8x_3 - 8x_4 = -4 \end{cases}$$

显然,无论取哪一组数,都不能使上面同解方程组中的第 3 个方程变成恒等式,这说明此方程组无解.

例 4.16 解线性方程组

$$\begin{cases} x_1 - 2x_2 + x_3 - 2x_4 = 1 \\ -x_1 + 2x_2 + 2x_3 + x_4 = 0 \\ 2x_1 - 4x_2 + 5x_3 - 5x_4 = 3 \end{cases}$$

解 对增广矩阵作初等行变换

$$\overline{A} = \begin{pmatrix} 1 & -2 & 1 & -2 & 1 \\ -1 & 2 & 2 & 1 & 0 \\ 2 & -4 & 5 & -5 & 3 \end{pmatrix} \rightarrow \begin{pmatrix} 1 & -2 & 1 & -2 & 1 \\ 0 & 0 & 3 & -1 & 1 \\ 0 & 0 & 3 & -1 & 1 \end{pmatrix}$$

$$\rightarrow \begin{pmatrix} 1 & -2 & 1 & -2 & 1 \\ 0 & & 3 & -1 & 1 \\ 0 & 0 & 0 & 0 & 0 \end{pmatrix} \rightarrow \begin{pmatrix} 1 & -2 & 1 & -2 & 1 \\ 0 & & 1 & -\dfrac{1}{3} & \dfrac{1}{3} \\ 0 & 0 & 0 & 0 & 0 \end{pmatrix}$$

$$\rightarrow \begin{pmatrix} 1 & -2 & 0 & -\dfrac{5}{3} & \dfrac{2}{3} \\ 0 & & 1 & -\dfrac{1}{3} & \dfrac{1}{3} \\ 0 & 0 & 0 & 0 & 0 \end{pmatrix}$$

最后一个矩阵对应的同解（阶梯形）方程组是

$$\begin{cases} x_1 - 2x_2 - \dfrac{5}{3}x_4 = \dfrac{2}{3} \\ x_3 - \dfrac{1}{3}x_4 = \dfrac{1}{3} \end{cases}$$

把含 x_2, x_4 的项移到方程的右边，得

$$\begin{cases} x_1 = \dfrac{2}{3} + 2x_2 + \dfrac{5}{3}x_4 \\ x_3 = \dfrac{1}{3} + \dfrac{1}{3}x_4 \end{cases}$$

这说明，给 x_2, x_4 任意一组数，就可求出 x_1, x_3，从而得到方程组的一组解. 因此，原方程组有无穷多个解.

可见，用矩阵表示线性方程组的求解过程，不仅简便，而且清晰明了，并且也易于在计算机上操作. 当未知量个数或方程数目较多时，优势非常明显.

通过上述例子，结合前面介绍的矩阵秩的概念，我们得到了线性方程组何时有解的一个有用的差别法：线性方程组（4.12）有解的充分必要条件是它的系数矩阵的秩等于增广矩阵的秩.

2. 利用矩阵解决实际问题应用举例

矩阵在经济分析、数据处理和日常管理等方面均有广泛的应用，这里我们通过几个简单的例子来说明.

例 4.17　某石油公司所属的三个炼油厂 A_1, A_2, A_3 在 2008 年和 2009 年生产

的四种油品 B_1，B_2，B_3，B_4 的数量如表 4.4(单位：万吨) 所示.

表 4.4

炼油厂	年份油品	2008				2009			
		B_1	B_2	B_3	B_4	B_1	B_2	B_3	B_4
A_1		60	28	15	7	65	30	13	6
A_2		75	32	20	8	80	34	23	6
A_3		65	26	14	5	75	30	16	3

若令

$$A = \begin{pmatrix} 60 & 28 & 15 & 7 \\ 75 & 32 & 20 & 8 \\ 65 & 26 & 14 & 5 \end{pmatrix}, \quad B = \begin{pmatrix} 65 & 30 & 13 & 6 \\ 80 & 34 & 23 & 6 \\ 75 & 30 & 16 & 3 \end{pmatrix}$$

则

(1) $A + B$ 表示各炼油厂的各种油品的两年产量之和；而 $A - B$ 表示 2009 年比 2008 年各种油品增加或减少的产量.

(2) $\frac{1}{2}(A + B)$ 表示各炼油厂的各种油品两年的平均产量.

(3) 设 $C' = (1,1,1)$，则 AC 与 $(A + B)C$ 分别表示各炼油厂 2008 年及两年的各种油品产量之和；

(4) 令 $D = (1,1,1)$，则 DA 与 $D\left(\frac{1}{2}(A + B)\right)$ 分别表示某石油公司 2008 年每一种油品总产量及两年的平均产量.

这个例子虽然简单，但已经可以看出：用矩阵作为工具，进行数据处理和经济分析是非常方便的.

例 4.18　利用矩阵的运算计算引例 4.2 中该班 1 ～ 4 名学生五门科目的总成绩和平均成绩.

解　设

$$A = \begin{pmatrix} 72 & 90 & 92 & 86 & 82 \\ 80 & 88 & 95 & 83 & 78 \\ 84 & 91 & 70 & 77 & 75 \\ 61 & 74 & 78 & 60 & 70 \end{pmatrix}, \quad B = \begin{pmatrix} 1 \\ 1 \\ 1 \\ 1 \\ 1 \end{pmatrix}$$

则各人的总成绩与平均成绩可分别表示为

$$AB = \begin{pmatrix} 72 & 90 & 92 & 86 & 82 \\ 80 & 88 & 95 & 83 & 78 \\ 84 & 91 & 70 & 77 & 75 \\ 61 & 74 & 78 & 60 & 70 \end{pmatrix} \begin{pmatrix} 1 \\ 1 \\ 1 \\ 1 \\ 1 \end{pmatrix} = \begin{pmatrix} 422 \\ 424 \\ 397 \\ 343 \end{pmatrix}$$

$$\frac{1}{5} AB = \begin{pmatrix} 84.4 \\ 84.8 \\ 79.4 \\ 68.6 \end{pmatrix}$$

例 4.19(城市土地规划模型) 表 4.5 为某城市在过去一年中土地转变信息:商业用地中的 92% 仍为商业用地,剩下的 8% 转变为住宅土地;住宅土地中的 87% 仍为住宅土地,12% 转变为商业用地,1% 转变为开放土地;开放土地中的 87% 仍为开放土地,4% 转变为商业用地,7% 转变为住宅土地.

表 4.5

转变(%) 类型	商业土地	住宅土地	开放土地
商业土地	92	8	0
住宅土地	12	87	1
开放土地	4	7	89

假设目前有 8 000 亩的商业土地,16 000 亩的住宅土地,12 000 亩有开放土地. 如果在未来的两年中土地利用的变化与前一年相同,那么在第二年年末,每一类型的土地会有多少亩呢?

解 将表 4.5 中数据用矩阵 A 表示为

$$A = \begin{pmatrix} 0.92 & 0.08 & 0.00 \\ 0.12 & 0.87 & 0.01 \\ 0.04 & 0.07 & 0.89 \end{pmatrix}$$

其中 A 的各行表示上一年各类土地的转变百分比,各列则表示每类土地的转变百分比.

目前各种土地的数据用矩阵 C 表示:

$$C = (8\,000 \quad 16\,000 \quad 12\,000)$$

于是，第一年末每一类型的土地的面积总数为

$$CA = (8\,000 \quad 16\,000 \quad 12\,000) \begin{pmatrix} 0.92 & 0.08 & 0.00 \\ 0.12 & 0.87 & 0.01 \\ 0.04 & 0.07 & 0.89 \end{pmatrix}$$

$$= (9\,760 \quad 15\,400 \quad 10\,840)$$

即在第一年末该城市将会拥有 9 760 亩的商业土地，15 400 亩的住宅土地，10 840 亩的开放土地. 再将 CA 与 A 相乘，就可得到第二年末的各种土地的总数

$$(CA)A = (9\,760 \quad 15\,400 \quad 10\,840) \begin{pmatrix} 0.92 & 0.08 & 0.00 \\ 0.12 & 0.87 & 0.01 \\ 0.04 & 0.07 & 0.89 \end{pmatrix}$$

$$= (11\,260.8 \quad 14\,937.6 \quad 9\,801.6)$$

例 4.20（投入产出模型）　某工厂有 3 个车间，各车间互相提供产品（或劳务），现知 2008 年各车间出厂产量及对其他车间的消耗如表 4.6 所示.

表 4.6

消耗系数　　车间	1	2	3	出厂产量（万元）	总产量（万元）
1	0.1	0.3	0.4	95	x_1
2	0.2	0	0.1	100	x_2
3	0.3	0.2	0.1	0	x_3

解法 1（利用克拉默法则）

依题意，可构造方程组如下：

$$\begin{cases} 0.1x_1 + 0.3x_2 + 0.4x_3 = x_1 - 95 \\ 0.2x_1 + 0.1x_3 = x_2 - 100 \\ 0.3x_1 + 0.2x_2 + 0.1x_3 = x_3 \end{cases}$$

整理得

$$\begin{cases} 0.9x_1 - 0.3x_2 - 0.4x_3 = 95 \\ -0.2x_1 + x_2 - 0.1x_3 = 100 \\ 0.3x_1 + 0.2x_2 + 0.9x_3 = 0 \end{cases}$$

系数行列式

$$D = \begin{vmatrix} 0.9 & -0.3 & -0.4 \\ -0.2 & 1 & -0.1 \\ 0.3 & 0.2 & 0.9 \end{vmatrix} = -0.593 \neq 0$$

故由克拉默法则得方程组有唯一解

$$x_1 = \frac{D_1}{D} = 200, \quad x_2 = \frac{D_2}{D} = 150, \quad x_3 = \frac{D_3}{D} = 100$$

所以,第一、二、三车间的总产量分别为 200 万元,150 万元和 100 万元.

解法 2(利用矩阵的行变换)

由解法 1 所得的线性方程组,其增广矩阵:

$$\bar{A} = \begin{pmatrix} 0.9 & -0.3 & -0.4 & 95 \\ -0.2 & 1 & -0.1 & 100 \\ 0.3 & 0.2 & 0.9 & 0 \end{pmatrix} \rightarrow \begin{pmatrix} 9 & -3 & -4 & 950 \\ -2 & 10 & -1 & 1\,000 \\ 3 & 2 & 9 & 0 \end{pmatrix}$$

$$\rightarrow \cdots \rightarrow \begin{pmatrix} 1 & 0 & 0 & 200 \\ 0 & 1 & 0 & 150 \\ 0 & 0 & 1 & 100 \end{pmatrix}$$

由此可知,第一、二、三车间的总产量分别为 200 万元,150 万元和 100 万元.

最后我们来解决引子中的交通流量的计算问题.

解　首先写出表示流量的线性方程组,然后求出方程组的通解.引子图中各节点的流入量和流出量见表 4.7.

表 4.7

网络节点	流入量	流出量
A	$x_2 + x_4$	$x_1 + 300$
B	$100 + 400$	$x_2 + x_6$
C	$x_7 + 200$	$x_3 + 400$
D	$300 + 500$	$x_4 + x_5$
E	$x_5 + x_6$	$200 + 600$
F	$400 + 600$	$x_7 + x_8$
G	$300 + 600$	$x_9 + 500$
H	$x_9 + 200$	x_{10}
J	$x_{10} + 500$	$400 + 700$
整个系统	$2\,000$	$x_1 + x_3 + x_8 + 1\,000$

根据假设(1)和(2),经过简单整理,可得到该网络流系统满足的线性方程组为

$$\begin{cases} -x_1 + x_2 + x_4 = 300 \\ \quad x_2 + x_6 = 500 \\ \quad -x_3 + x_7 = 200 \\ \quad x_4 + x_5 = 800 \\ \quad x_5 + x_6 = 800 \\ \quad x_7 + x_8 = 1\,000 \\ \quad x_9 = 400 \\ \quad x_{10} = 600 \\ x_1 + x_3 + x_8 = 1\,000 \end{cases}$$

交通流量模式(即方程组的通解)为 $x_1 = 200, x_2 = 500 - x_4, x_3 = 800 - x_8, x_5 = 800 - x_4, x_6 = x_4, x_7 = 1\,000 - x_8, x_9 = 400, x_{10} = 600, x_4, x_8$ 是自由变量.

网络分支中的负流量表示与模型中指定的方向相反.由于街道是单行道,因此变量不能取负值.这导致变量在取正值时也有一定的局限.

小知识

世界性数学奖 —— 菲尔兹奖

菲尔兹奖是著名的世界性数学奖,由于诺贝尔奖没有数学奖,因此也有人将菲尔兹奖誉为数学中的诺贝尔奖.

这一大奖于 1932 年第九届国际数学家大会时设立,1936 年首次颁奖.该奖每四年颁发一次,每次获奖者不超过四人,每人可获得一枚纯金制成的奖章和一笔奖金.奖章上面有希腊数学家阿基米德的头像,并且用拉丁文镌刻上"超越人类极限,做宇宙主人"的格言(图 4.3).

菲尔兹奖专门用于奖励 40 岁以下的年轻数学家的杰出成就,这项奖为纪念加拿大数学家约翰・菲尔兹而以他的名字命名.菲尔兹于 1924 年主持第七届国际数学家大会时,曾设想利用大会结余的经费设立一项基金,用于鼓励青年数学家.1932 年他去世前又捐赠一部分财产,加上第七届大会的结余作为基金,设立一项

"不署国名、团体名和个人名"的奖金.1932 年,第九届国际数学家大会正式决定设立菲尔兹奖,获奖者经由国际数学家联合会执委会选定的 8 人评委会评选,在国际数学家大会上颁奖.

图 4.3　菲尔兹奖牌

1982 年,华裔数学家丘成桐教授荣获菲尔兹奖,成为获此荣誉的第一位华人.

阅读材料

I　矩阵理论的创立者 —— 凯莱

图 4.4

凯莱(Cayley) 是英国数学家(图 4.4),1821 年 8 月 16 日生于英国里士满,1895 年 1 月 26 日卒于剑桥.

凯莱的父亲在俄国经商,凯莱的童年在俄国度过,8 岁时随双亲返回英国.14 岁进入国王学校学习,数学才华出众,擅长大数运算.17 岁时他的老师说服他父亲送他进入剑桥大学三一学院深造,而不要让凯莱操持家务.凯莱其后在剑桥的数学会考中得第一名,并获史密斯奖.凯莱聪敏好学、兴趣广泛,除数学外还喜欢历史、文学和语言学.毕业后留校任研究员和助理导师,几年内发表论文数十篇,1846 年离开了剑桥大学,转学法律,三年后成为律师,缜密的思维、冷静沉着的判断使其工作成效卓著,在其律师工作之余仍潜心研究数学,连续发表近 200 篇论文,并结识了数学家西尔威斯特,与他开始了长期的友谊合作.1863 年他被聘为剑桥大学纯粹数学新创立的萨德勒(Sadler)教授,除了 1882 年受西尔威斯特之聘在霍普金斯大学以外,他一直在剑桥,直到 1895 年逝世.凯莱一生中得到过那个时代的数学家可能得到的许多重要荣誉,例如,他得到过牛津、爱丁堡、格丁根等七个大学的荣誉学位,被选为许多国家的研究院、科学院的院士或通信院士,他曾任剑桥哲学会、伦敦数学会、皇家天文学会的会长.1883 年荣获伦敦皇家学会的科普利奖章.如今,在剑桥大学三一学院仍安放着一尊凯莱的半身雕像.

凯莱涉足多个数学分支,是一位成果丰硕的数学家,共发表论文近 1 000 篇,其中有不少是奠基之作.

凯莱和西尔维斯特同是不变量的奠基人.不变量这个名词来自西尔维斯特.凯莱改进了 n 次齐次函数不变量的计算方法,并称这些不变量为“导数”,后又称其为“超行列式”.他从 1854 年到 1878 年在《哲学汇刊》上发表了十篇关于代数形式的论文,代数形式是他用来称 2 个、3 个或多个变量的齐次多项式的名称.凯莱对不变量的兴趣极大,以致他竟然为不变量而研究不变量.他还创造了一种处理不变量的符号方法.他证明了艾森斯坦对二元三次式和他自己对二元四次式所求得的不变量与协变量,分别是两种情况下的完备系.凯莱的工作开创了 19 世纪下半叶研究不变量理论的高潮.

凯莱用分析方法来研究 n 维几何,他曾说:“无需求助于任何形而上学的概念.”1845 年,他在《剑桥数学》杂志上发表了《n 维解析几何的几章》,这个著作给出了 n 个变量的分析结果.凯莱详细地讨论了四维空间的性质,为复数理论提出佐证.他还与克莱茵进一步在射影几何概念基础上建立欧氏几何乃至非欧几何的度量性质,明确了欧氏几何与非欧几何都是射影几何的特例,从而为以射影几何为基础来统一各种几何学铺平了道路.凯莱还得到了角的射影测度的概念.

凯莱是矩阵理论的创立者.他首先引进了矩阵的一些概念和简化记号,他定义了零矩阵、单位矩阵以及两个矩阵的和,讨论了矩阵性质,得到了现在以他的姓氏命名的凯莱哈密顿定理.他在 1858 年的论文中建立了把超复数当作矩阵来看待的思想,矩阵是他手中极为有效的工具,他还通过将 $n \times m$ 矩阵方面的工作类比于几何中的概念,从而实现了高维空间的解释.他曾说:“我决然不是通过四元数而获得矩阵概念的;它或是直接从行列式的概念而来,或是作为一个表达方程组的方便方法而来.”1841 年他创造了表示行列式的两竖线符号.

　　凯莱对群论也有建树，1849 年他就提出过抽象群，但这个概念的价值当时没有被人们认识到．1878 年他又写了四篇关于有限抽象群的论文，跟他 1849 年和 1854 年的论文一样，在这些论文中强调，一个群可以看作一个普遍的概念，无须只限于置换群，抽象群比置控群包含更多的东西，他指出矩阵在乘法下，四元数在加法下都构成群．他还提出了抽象群进一步发展的问题：找出具有给定阶的群的全体．

　　在图论中，关于"四色问题"，凯莱于 1878 年在《伦敦数学会文集》上发表了一篇文章《论地图着色》，他认为这不是一个可以等闲视之的问题，他的这篇文章发表后，激起了不少人的兴趣，当时掀起了一场四色问题热．另外，凯莱在研究饱和碳氢化合物（$C_n H_{2n+2}$）同分异体的数目时，独立地提出了"树"的概念，他把这一类化合物的计数问题抽象为计算某类树的个数问题，这一问题是图的计数理论的起源．

　　常微分方程的奇解的完整理论是 19 世纪发展起来的，而凯莱和达布在 1872 年才把它搞成现代的形式．

　　凯莱的论文收集在《凯莱数学论文集》中，共 14 卷，他还有一本专著《椭圆函数专论》．在数学中以他的姓氏命名的有：凯莱代数、凯莱变换、凯莱曲线、凯莱曲面、凯莱数、凯莱型、凯莱表、凯莱定理、凯莱方程等．

Ⅱ　投入产出模型简介

　　投入产出模型是一种宏观的经济模型，主要用于分析国民经济各个生产部门在产品的生产与消耗上的数量依存关系，反映各个部门之间的直接与间接联系，研究各个部门的综合平衡问题，因而它是进行经济平衡与计策管理的一种重要工具．这个模型既可以用于整个国民经济，也可以用于分析地区之间以及地区、部门以至企业内部的各种经济联系．它在编制经济计划、进行经济预测以及研究污染、人口等社会诸方面均有广泛应用，并且卓有成效．

　　投入产出表在 20 世纪 30 年代产生于美国，它是由美国经济学家、哈佛大学教授瓦西里·列昂惕夫（W. Leontief）在前人关于经济活动相互依存性的研究基础上首先提出并研究和编制的．列昂惕夫从 1931 年开始研究投入产出技术，编制投入产出表，目的是研究美国的经济结构．1936 年，他撰写的《美国经济制度中投入产出数量关系》在《经济学和统计学评论》上发表．它是世界上有关投入产出技术的第一篇论文，标志着投入产出技术的诞生．1953 年，列昂惕夫与他人合作，出版了《美国经济结构研究》一书. 通过这些论著, 列昂惕夫提出了投入产出表的概念及其编制方法, 阐述了投入产出技术的基本原理, 创立了投入产出技术这一科学理论. 正是在投入产出技术方面的卓越贡献, 列昂惕夫于 1973 年获得了第五届诺贝尔经济学奖.

　　投入产出技术从诞生到现在的七十多年里, 无论是在理论方面, 还是在实践方面都得到了很大的发展, 取得了丰硕成果. 早期的投入产出模型, 只是静态的投入产出模型. 后来, 随着研究的深入, 开发了动态投入产出模型, 投入产出技术由静态扩展到动态. 近期, 随着投入产出技术与数量经济方法等经济分析方法日益融合, 投入产出分析应用领域不断扩大.

　　20 世纪 50 年代末 60 年代初, 我国经济理论界和一些高等院校的少数同志开始研究投入产出技术, 某些高等院校还开设了投入产出技术课程. 1974 年 8 月, 为研究宏观经济发展情况的需要, 在国家统计局和国家计委的组织下, 由国家统计局、国家计委、中国科学院、中国人民大学、原北京经济学院等单位联合编制了 1973 年全国 61 种产品的实物型投入产出表. 利用该表开展的应用工作, 在制定投资计划和产品生产计划等方面发挥了积极的作用.

　　投入产出技术不仅在我国宏观和微观经济领域获得了广泛的应用, 而且在微观经济领域的应用也取得了可喜的成绩. 目前, 已有一些企业编制了企业投入产出表, 并用于企业计划、生产、成本等管理工作中.

　　下面看一个简单的例子. 已知一个包括三个部门的经济系统某年的直接消耗系数矩阵为

$$\begin{pmatrix} 0.2 & 0.1 & 0.1 \\ 0.2 & 0.4 & 0.3 \\ 0.1 & 0.1 & 0.1 \end{pmatrix}$$

其中第一行分别表示三个部门生产一个单位产品, 所直接消耗的第一个部门的产品数量; 第一列表示第一个部门生产一个单位产品, 所直接消耗的各部门的产品数量. 第二、三行(列)的含义类似.

　　若已确定各部门的最终产品(指已最终加工完毕, 离开生产领域, 可供社会消费和使用的产品)分别为 120 225 和 75(货币单位), 则各部门的总产品(货币单位)为 x_1, x_2, x_3 必须满足:

$$\begin{cases} 0.2x_1 + 0.1x_2 + 0.1x_3 + 120 = x_1 \\ 0.2x_1 + 0.4x_2 + 0.3x_3 + 225 = x_2 \\ 0.1x_1 + 0.1x_2 + 0.1x_3 + 75 = x_3 \end{cases}$$

这是一个三元线性方程组.可以证明,这个方程组存在唯一解.实际问题往往规模很大(例如,我国1973年的投入产出表包括61个部门(大类产品),捷克为计算1966年新的批发价格,编制了规模为 25 144 种产品的投入产出表),一般利用迭代法通过电子计算机求解.

习　题　4

1. 求下列行列式的值:

(1) $\begin{vmatrix} 3 & 4 \\ 1 & -2 \end{vmatrix}$; 　　　(2) $\begin{vmatrix} \cos x & \sin x \\ -\sin x & \cos x \end{vmatrix}$; 　　　(3) $\begin{vmatrix} 3 & 4 & -5 \\ 11 & 6 & -1 \\ 2 & 3 & 8 \end{vmatrix}$;

(4) $\begin{vmatrix} a & b & 0 \\ c & 0 & b \\ 0 & c & a \end{vmatrix}$; 　　(5) $\begin{vmatrix} 1 & 1 & 1 \\ x & y & z \\ x^2 & y^2 & z^2 \end{vmatrix}$; 　　(6) $\begin{vmatrix} a & 1 & 1 & 1 \\ 0 & a & 1 & 1 \\ 1 & 1 & a & 1 \\ 1 & 1 & 1 & a \end{vmatrix}$;

(7) $\begin{vmatrix} 2 & -4 & 1 \\ 3 & -6 & 3 \\ -5 & 10 & 4 \end{vmatrix}$; (8) $\begin{vmatrix} a^2+1 & ab & ac \\ ab & b^2+1 & bc \\ ac & bc & c^2+1 \end{vmatrix}$.

2. 证明:

(1) $\begin{vmatrix} a & b & c \\ a & a+b & a+b+c \\ a & 2a+b & 3a+2b+c \end{vmatrix} = a^3$;

(2) $\begin{vmatrix} a^2 & ab & b^2 \\ 2a & a+b & 2b \\ 1 & 1 & 1 \end{vmatrix} = (a-b)^2$;

(3) $\begin{vmatrix} by+az & bz+ax & bx+ay \\ bx+ay & by+az & bz+ax \\ bz+ax & bx+ay & by+az \end{vmatrix} = (a^3+b^3)\begin{vmatrix} x & y & z \\ z & x & y \\ y & z & x \end{vmatrix}$;

(4) $\begin{vmatrix} a^2 & (a+1)^2 & (a+2)^2 & (a+3)^2 \\ b^2 & (b+1)^2 & (b+2)^2 & (b+3)^2 \\ c^2 & (c+1)^2 & (c+2)^2 & (c+3)^2 \\ d^2 & (d+1)^2 & (d+2)^2 & (d+3)^2 \end{vmatrix} = 0.$

3. 已知关于 x,y 的方程组 $\begin{cases} (a^2-2)x-(a+1)y = a+1 \\ a^2x-(a+1)y = a-1 \end{cases}$ 有唯一解，求实数 a 的取值范围.

4. 解下列方程：

(1) $\begin{vmatrix} x^2 & 4 & -9 \\ x & 2 & 3 \\ 1 & 1 & 1 \end{vmatrix} = 0;$ (2) $\begin{vmatrix} x-2 & 1 & 0 \\ 1 & x-2 & 1 \\ 0 & 0 & x-2 \end{vmatrix} = 0.$

5. 用克拉默法则解下列方程组：

(1) $\begin{cases} 3x-2y-3 = 0, \\ x+3y+1 = 0. \end{cases}$

(2) $\begin{cases} 2x-4y+z = 1, \\ x-5y+3z = 2, \\ x-y+z = -1. \end{cases}$

(3) $\begin{cases} x_1 + x_2 + x_3 + x_4 = 5, \\ x_1 + 2x_2 - x_3 + 4x_4 = -2, \\ 2x_1 - 3x_2 - x_3 - 5x_4 = -2, \\ 3x_1 + x_2 + 2x_3 + 11x_4 = 0. \end{cases}$

6. 设 $\boldsymbol{A} = \begin{pmatrix} 3 & 1 & 1 \\ 2 & 1 & 2 \\ 1 & 2 & 3 \end{pmatrix}, \boldsymbol{B} = \begin{pmatrix} 1 & 1 & 1 \\ 2 & -1 & 0 \\ 1 & 0 & 1 \end{pmatrix}.$ 计算：

(1) $3\boldsymbol{A} - 2\boldsymbol{B}$；   (2) $3\boldsymbol{A}' + 2\boldsymbol{B}$；   (3) $\boldsymbol{AB}$；   (4) $\boldsymbol{A}'\boldsymbol{B} - 2\boldsymbol{BA}.$

7. 计算：

$$\begin{pmatrix} d_1 & 0 & 0 \\ 0 & d_2 & 0 \\ 0 & 0 & d_3 \end{pmatrix} \begin{pmatrix} a_{11} & a_{12} & a_{13} \\ a_{21} & a_{22} & a_{23} \\ a_{31} & a_{32} & a_{33} \end{pmatrix}, \begin{pmatrix} a_{11} & a_{12} & a_{13} \\ a_{21} & a_{22} & a_{23} \\ a_{31} & a_{32} & a_{33} \end{pmatrix} \begin{pmatrix} d_1 & 0 & 0 \\ 0 & d_2 & 0 \\ 0 & 0 & d_3 \end{pmatrix}$$

由此能得出什么结论？

8. 判断下列矩阵是否可逆?若可逆,则求出其逆矩阵.

(1) $\boldsymbol{A} = \begin{pmatrix} 3 & -1 \\ 2 & -1 \end{pmatrix}$;　　　(2) $\begin{pmatrix} 1 & 0 \\ 0 & 0 \end{pmatrix}$;　　　(3) $\boldsymbol{A} = \begin{pmatrix} 0 & 2 & -1 \\ 1 & 1 & 2 \\ -1 & -1 & -1 \end{pmatrix}$;

(4) $\begin{pmatrix} 1 & -2 & 5 \\ -3 & 0 & 4 \\ 5 & -4 & 1 \end{pmatrix}$.

9. 解矩阵方程:

(1) $\boldsymbol{X} \begin{pmatrix} 2 & 1 \\ 0 & 1 \end{pmatrix} = \begin{pmatrix} 2 & -1 \\ -1 & 1 \end{pmatrix}$;

(2) $\begin{pmatrix} 2 & 3 & -1 \\ 1 & 2 & 0 \\ -1 & 2 & -2 \end{pmatrix} \boldsymbol{X} = \begin{pmatrix} 2 & 1 \\ -1 & 0 \\ 3 & 1 \end{pmatrix}$.

10. 利用初等行变换解下列线性方程组:

(1) $\begin{cases} 2x_1 + x_2 - x_3 - 8x_4 = -1, \\ x_1 + x_2 + x_3 - 5x_4 = 2, \\ x_1 + 2x_2 - 3x_3 = -7. \end{cases}$

(2) $\begin{cases} x_1 + x_2 + x_3 = 1, \\ x_1 + 2x_2 - 5x_3 = 2, \\ 2x_1 + 3x_2 - 4x_3 = 4. \end{cases}$

(3) $\begin{cases} 5x_1 - 2x_2 + 4x_3 - 3x_4 = 0, \\ -3x_1 + 5x_2 - x_3 + 2x_4 = 0, \\ x_1 - 3x_2 + 2x_3 + x_4 = 0. \end{cases}$

11. a, b 为何值时,下列方程组有唯一解、无穷多解或无解,有解时,求出其解.

$$\begin{cases} x_1 - x_2 - x_3 = 1 \\ x_1 + x_2 - 2x_3 = 2 \\ x_1 + 3x_2 + ax_3 = b \end{cases}$$

12. 3个工厂2008年生产甲、乙、丙、丁4种产品,其单位成本如表4.8所示(单位:百元).

表 4.8

工厂＼产品	甲	乙	丙	丁
Ⅰ	3.5	4.2	2.9	3.3
Ⅱ	3.4	4.3	3.1	3.0
Ⅲ	3.6	4.1	3.0	3.2

现生产甲 200 件,乙 300 件,丙 400 件,丁 500 件,问由哪个工厂生产成本最低?

13. 今有甲乙两种产品销往 A_1,A_2 两地,已知销售量、总价值与总利润如表 4.9 所示(销售单位:吨,总价值与总利润单位:万元),求甲乙两产品的单位价格与单位利润.

表 4.9

产品＼销售地	A_1	A_2	总价值	总利润
甲	200	240	600	68
乙	350	300	870	95

14. 某公司人员有主管与职员两类,其月薪分别为 5 000 元与 2 500 元,以前公司每月工资支出 6 万元,现在经营状况不佳,为将月工资支出减到 3.8 万元,公司决定将主管月薪降到 4 000 元,并裁减 2/5 职员,问公司原有主管与职员各多少人?

15. 某电器公司销售三种电器,其销售原则是,每种电器 10 台以下不打折,10 台及 10 台以上打 9.5 折,20 台及 20 台以上打 9 折,有三家公司来采购电器,其数量与总价见表 4.10.

问各电器原价为多少?

表 4.10

公司＼电器	甲	乙	丙	总价
1	10	20	15	21 350
2	20	10	10	17 650
3	30	30	20	31 500

16.(经济系统的平衡) 假设一个经济系统由三个行业:五金化工、能源(如燃料、电力等)、机械组成,每个行业的产出在各个行业中的分配见表 4.11,每一列中的元素表示占该行业总产出的比例. 以第二列为例,能源行业的总产出的分配如下:80% 分配到五金化工行业,10% 分配到机械行业,余下的供本行业使用. 因为考虑了所有的产出,所以每一列的小数加起来必须等于 1. 把五金化工、能源、机械行业每年总产出的价格(即货币价值) 分别用 p_1,p_2,p_3 表示. 试求出使得每个行业的投入与产出都相等的平衡价格.

表 4.11　经济系统的平衡

产出分配			购买者
五金化工	能源	机械	
0.2	0.8	0.4	五金化工
0.3	0.1	0.4	能源
0.5	0.1	0.2	机械

*第5章 概率统计初步

教学要求

1. 掌握随机事件概率的定义及其计算.

2. 掌握随机变量(包括:离散型随机变量,连续型随机变量)的概念及其分布函数.

3. 了解几种常见的分布,理解随机变量的数字特征的概念(包括:数学期望、方差).

4. 掌握数理统计中常用的一些基本概念、方法及基本原理,统计数据的整理,并作统计图,并会运用这些统计方法去解决一些简单的实际问题.

5. 了解统计软件在统计学中的应用.

知识点

1. 随机事件和概率

随机事件　概率与计算　条件概率

2. 随机变量的分布及数字特征

随机变量及其分布函数　随机变量的数学期望　随机变量的方差

3. 统计初步

总体与样本　样本均值与方差　Excel 的统计功能简介

建议教学课时安排

课内学时	辅导(习题)学时	作业次数
16	2	5

说 说 彩 票

随着经济的飞速发展，人民生活水平的不断提高，中国福利彩票进入高速发展的黄金时期.彩票逐渐渗入到人们的生活之中，从中国福利彩票发行管理中心获悉，截至 2010 年 12 月底，福利彩票累计销量已经接近 5 100 亿元，筹集福彩公益金总量超过 1 670 亿元.具体到"十一五"规划期间，中国福利彩票销售突破 3 400 亿元，筹集公益金 1 130 亿多元，按全国 13 亿人口计算，人均每年购买福利彩票52 元.花两元钱买一张彩票，就中几百万乃至几千万的巨额奖金，这大概是很多人梦寐以求的事，可是机会有多大呢？

2010 年的一个晚上，高先生和他爱人吃完晚餐出门散步，途经一个福彩投注站，夫妻俩走了进去.高先生爱人一进门就跟投注站销售员聊了起来，而高先生则走到双色球号码走势图前，认真看了一会近期双色球号码走势，然后就在纸上写下当期投注号码，并采取 7 + 2 复式投注的方式，花了 28 元钱.彩票打出后，夫妻俩离开了投注站接着散步去了.时间到了晚上九点半，高先生坐在电视机前，等待着当期双色球开奖直播，当开奖号码全部摇出后，高先生在纸上记下了中奖号码，然后拿出彩票跟开奖号码进行比对，结果发现，7 个红球中了 6 个，2 个蓝球中 1 个，也就是说 7 + 2 复式投注中有 1注中得当期一等奖.高先生是一个彩迷，曾多次买彩，均未中奖，这样的中奖有规律可循吗？

实际上，在日常生活中，类似这种现象是很多的，诸如为什么要在火箭上配置冗余设计问题，保险公司获利问题等，这些问题的共同点是，它们都受到很多不确定的因素的影响，让人捉摸不定，对于这样的一些问题，要寻找解决它们的方法，就需要学习有关概率统计的相关知识.

概率论与数理统计是近代数学的重要组成部分.它的理论与方法已广泛应用于工业、农业、军事和经济中,如在社会科学领域,特别是经济学中研究最优决策和经济的稳定增长等问题,都大量采用概率统计方法.同时它又向基础学科、工科学科渗透,与其他学科相结合发展成为边缘学科,如生物统计、统计物理等.本章我们主要对概率论与数理统计的一些基本概念、基本理论与基本方法做初步的入门介绍.

5.1　随机事件和概率

5.1.1　随机现象与随机事件

在自然界和人类社会会发生种种不同的现象,按其发生的可能性来说,大体上可分为两类:

> 一类称为**确定性现象**或**必然现象**.它的特征是确定性,在一定条件下,某种结果必定发生或必定不发生.
>
> 另一类称为**随机现象**或称为**偶然现象**.它的特征是不确定性或者说带有偶然性,在一定条件下,具有多种可能发生的结果.

例如,每天早晨,太阳从东方升起;向空中抛掷一枚硬币必然落地;从 100 件产品(其中 2 件是次品,98 件是正品)中,任意不放回地抽取 3 件进行检验,这 3 件产品绝不会全是次品等都是确定性现象;又如,向空中抛掷一枚硬币,落地以后可能是正面朝上,也可能是反面朝上;从 10 件产品(其中 2 件是次品,8 件是正品)中,任取 1 件出来,可能是正品,也可能是次品等都是随机现象.

实践表明,对于随机现象来说,尽管对一次的试验或观测而言,究竟会出现什么样的结果不能事先断定,即随机现象有不确定性的一面;但是当我们对随机现象进行大量重复试验或观测时就会发现,各种结果的出现都具有某种固有的规律.例如,在相同的条件下,多次抛掷同一枚匀称硬币,就会发现"出现正面"或"出现反面"的次数各占总抛掷次数的一半左右.由此可见,随机现象具有两重性:表面上的偶然性与内部蕴含着的必然规律性.偶然性就是它的随机性.必然性是它在大量重复实验或观察时呈现出来的统计规律性.

研究随机现象,就需要对"具备一定条件时,现象是否发生"进行观测.为了叙述方便我们把对随机现象进行的一次观测或一次实验的过程统称为它的一个**随机**

试验,简称**试验**,通常用大写字母 E 表示.

它有如下特点:

> （1）在相同的条件下可以重复进行;
>
> （2）试验都有哪些可能的结果是明确的,每次试验的结果不止一个,且每次试验的结果在试验前是无法预知的.

我们把随机试验的某些结果所构成的集合称为随机**事件**,简称为事件,通常用大写英文字母 $A,B,C,\cdots$ 来表示.随机事件是描述随机现象的**基本元素**.

一般地,把随机试验 E 的某一可能结果称为**样本点**或元素,用 ω 表示.如:向空中抛掷一枚均匀的硬币观察落地时面的朝向,就有两种可能结果:$\omega_1 = $ "出现正面",$\omega_2 = $ "出现反面".全体基本事件构成的集合 $\Omega = \{\omega_1,\omega_2,\cdots,\omega_n\}$,称为 E 的样本空间或对于 E 的必然事件. 掷一次骰子,观察出现的点数 $\Omega = \{\omega_1,\omega_2,\cdots,\omega_6\}$.把不可能发生的结果即不含任何元素的集合称为不可能事件,记为 Φ.一般的事件 A 是由若干个样本点 ω_i 组成,即 A 可看作为 Ω 的一个子集.如掷一次骰子,出现"点数为偶数"的结果,就是 $A = \{\omega_2,\omega_4,\omega_6\}$.

5.1.2　随机事件的关系与运算

在实际问题中,研究随机事件时我们往往要涉及多个在相同试验条件下的随机事件以及它们之间的联系.为了用较简单的事件研究较复杂事件的规律,考虑到事件集合的内涵,因为事件是样本空间的一个集合,故事件之间的关系与运算可按集合之间的关系和运算来处理.

1. 事件的包含与相等

（1）包含

> 设 A,B 为两个事件.如果事件 A 发生必然导致事件 B 发生,那么称事件 B 包含事件 A,或称事件 A 包含于事件 B,记为 $A \subset B$ 或 $B \supset A$.

例如,随机抽取一批产品检验其质量,记 $A = \{$抽到三个不合格品$\}$,$B = \{$抽到两个以上不合格品$\}$,则 $A \subset B$.

（2）相等

> 如果 $A \supset B$ 与 $B \supset A$ 同时成立,那么称事件 A 与事件 B 等价或相等,记为 $A = B$.

例如,抛两枚硬币,记 $A = \{$不出现反面朝上$\}$,$B = \{$两个都是正面朝上$\}$,则 $A = B$.

2. 事件的和与积

（1）事件的和

> 设 A,B 为两个事件. 则"事件 A 与 B 至少有一个发生"也是一事件,称为事件 A 与事件 B 的和或并,记为 $A \bigcup B$ 或 $A + B$.

类似地,n 个事件 $A_1,A_2,\cdots,A_n$ 至少有一个发生所构成的事件称为 A_1, $A_2,\cdots,A_n$ 的并或和,记作 $\bigcup\limits_{k=1}^{n} A_k = A_1 \bigcup A_2 \bigcup \cdots \bigcup A_n$. 可列多个事件 A_1, $A_2,\cdots,A_n,\cdots$ 至少有一个发生所构成的事件称为 $A_1,A_2,\cdots,A_n,\cdots$ 的并事件,记作 $\bigcup\limits_{k=1}^{\infty} A_k = A_1 \bigcup A_2 \bigcup \cdots \bigcup A_k \bigcup \cdots$.

（2）事件的积

> 设 A,B 为两个事件. 则"事件 A 与事件 B 同时发生"也是一事件,称为事件 A 与事件 B 的积或交,记为 $A \bigcap B$ 或 $A \cdot B$,有时简记为 AB.

类似地,n 个事件 $A_1,A_2,\cdots,A_n$ 都发生所构成的事件称为 $A_1,A_2,\cdots,A_n$ 的交,记作 $A_1 A_2 \cdots A_n$ 或 $\bigcap\limits_{k=1}^{n} A_k$. 可列个事件 $A_1,A_2,\cdots,A_n,\cdots$ 都发生所构成的事件称为可列个事件 $A_1,A_2,\cdots,A_n,\cdots$ 的交,记作 $\bigcap\limits_{n=1}^{\infty} A_n$.

例如,以直径和长度两项指标衡量某零件是否合格,记 $A = \{$零件直径不合格$\}$,$B = \{$零件长度不合格$\}$,$C = \{$零件直径合格$\}$,$D = \{$零件长度合格$\}$,$E = \{$零件不合格$\}$,$F = \{$零件合格$\}$,则 $E = A \bigcup B$,$F = CD$.

3. 互不相容事件与对立事件

（1）事件的互不相容

> 设 A,B 为两个事件. 如果 $A \bigcap B = \varnothing$,那么称事件 A 与事件 B 是互不相容的（或互斥的）.

这就是说,在一次试验中,事件 A 与事件 B 不可能同时发生.

（2）对立事件与事件的差

> 设 A,B 为两个事件. 如果满足 $AB = \varnothing$,且 $A + B = \Omega$,那么就称互为对立事件.

常用 $\overline{A}$ 表示事件 A 的对立事件,即事件 A 与 $\overline{A}$ 不会同时发生(即 $A \cdot \overline{A} = \varnothing$,称它们具有互斥性),而且 A 与 $\overline{A}$ 至少有一个发生(即 $A + \overline{A} = \Omega$,称它们具有完全性),事件 $\overline{A}$ 就称为事件 A 的对立事件(或 A 的逆),显然有 $\overline{\overline{A}} = A$,即 A 是 $\overline{A}$ 的逆.

例如,在掷硬币试验中,设事件 $A = \{出现正面\}$,事件 $B = \{出现反面\}$.显然,A 与 B 是互逆的,即 $B = \overline{A}$.

> 若事件 A 发生而事件 B 不发生,则称这一事件为 A 与 B 的差事件,记为 $A - B$ 或 $A\overline{B}$.

例如,以直径和长度两项指标衡量某零件是否合格,记 $A = \{零件直径不合格\}$,$B = \{零件长度不合格\}$,$A - B = \{该产品的直径不合格,长度合格\}$.

为了便于读者把事件与集合进行比较,我们将事件与集合的有关概念加以对照,如表 5.1 所示.

表 5.1　事件与集合

符号	事件	集合
Ω	必然事件	全集
$\varnothing$	不可能事件	空集
A	事件	子集合
$\overline{A}$	A 的对立事件	A 的补集
$A \subset B$	事件 A 包含于事件 B	A 为 B 的子集
$A = B$	事件 A 与 B 相等	集合 A 与 B 相等
$A + B$	A 与 B 的和事件	A 与 B 的并集
AB	A 与 B 的积事件	A 与 B 的交集
$A - B$	A 与 B 的差事件	A 与 B 的差集
$AB = \varnothing$	事件 A 与 B 互不相容	A 与 B 不相交

5.1.3　概率与计算

1. 频率与概率

随机事件在一次试验中是否发生是不确定的,但在大量重复试验中,它具有统计性规律,我们应从大量重复试验出发来研究它.例如:

(1)一盒粉笔,其中有 99 支白色的,1 支是红色的,从中任取一支,设 A 表示

"任取一支是白色粉笔",B 表示"任取一支是红色粉笔",显然,事件 A 发生的可能性大于事件 B 发生的可能性.

(2) 某射手向同一距离大小不等的两个目标射击,设 A 表示"击中大目标",B 表示"击中小目标",显然,事件 A 发生的可能性大于事件 B 发生的可能性.

由此看出,事件出现的可能性大小是可以比较的.但是怎样具体度量一个事件出现的可能性大小呢?

看下面的试验:

掷一枚硬币 10 次,出现"正面"6 次,它与试验总次数之比为 0.6;掷骰子 100 次,出现"1 点"20 次,它与试验总次数之比为 0.2.

可见,仅从事件出现的次数,不能确切地描述它出现的可能性的大小,还应考虑它出现的次数在试验总次数中所占的百分比.

> 在大量重复的试验中,若事件 A 在 n 次试验中出现 μ 次,则比值 μ/n 称为 A 在 n 次试验中出现的频率,记作 $f_n(A)$. 即 $f_n(A) = \mu/n$.

频率从某种程度上反映了事件 A 发生的可能性大小.对于一般的随机事件来说,虽然在一次试验中是否发生我们不能预先知道,但是如果我们在相同的条件下独立地多次重复进行这一试验就会发现,不同事件发生的可能性是有大小之分的.这种可能性的大小是事件本身固有的一种属性,它是不以人们的意志为转移的.例如,掷一枚骰子,如果骰子是均匀的,那么事件{出现偶数点}与事件{出现奇数点}的可能性是一样的;而{出现奇数点}这个事件要比事件{出现3点}的可能性更大.

又如,在抛掷一枚硬币,"正面朝上"或"反面朝上"都是随机事件,但当投掷的次数越来越多时,规律性就出现了.如表 5.2 就是历史上不少统计学家,例如,皮尔逊(Pearson)等人做过成千上万次抛掷硬币的试验记录,易见,当投掷次数越来越多时,"正面朝上"的频率稳定在 0.5 附近. 其试验记录如表 5.2 所示.

表 5.2 (设事件 $A = ${正面朝上}$)

实 验 者	抛掷次数 n	A 出现的次数 μ	频率 μ/n
德·摩根(De Morgan)	2 048	1 061	0.518
布丰(Buffon)	4 040	2 048	0.506 9
皮尔逊(Pearson)	12 000	6 019	0.501 6
皮尔逊(Pearson)	24 000	12 012	0.500 5

可以看出,随着试验次数的增加,事件 A 发生的频率的波动性越来越小,呈现出一种稳定状态,即频率在 0.5 这个定值附近摆动. 这就是频率的稳定性,它是随机现象的一个客观规律.

据此我们引入概率的定义.

> **定义 5.1**　　独立地做 n 次重复试验. 设 μ 是 n 次试验中事件 A 发生的次数,当试验次数 n 很大时,如果 A 的频率 μ/n 稳定地在某一数值 p 附近摆动;而且一般来说随着试验次数的增加,这种摆动的幅度会越来越小,则称数值 p 为事件 A 发生的概率. 记作 $P(A) = p$.

这里我们给出了概率的一个直观的朴素的描述,它是概率的统计定义,是一种公认的统计规律,且 $P(A)$ 的取值是从 0 到 1 的数值,这是因为当试验次数足够大时,可将频率作为概率的近似值,而频率 μ/n 总介于 0 与 1 之间. 例如,在一定的条件下,100 颗种子平均来说大约有 90 颗种子发芽,则我们说种子的发芽率为 90%;又如,某工厂平均来说每 2 000 件产品中大约有 20 件废品,则我们说该工厂的废品率为 1%.

最后,有两种特殊的事件的概率这里必须说明.

> **定义 5.2**　　(1) 必然事件的概率一定为 1,通常用 Ω 表示必然事件,故 $P(\Omega) = 1$;
>
> 　　(2) 不可能事件的概率为零(0),通常用 $\varnothing$ 表示不可能事件,故 $P(\varnothing) = 0$.

2. 古典概型与概率的性质

(1) 古典概型

通过皮尔逊等人的大量实验,我们确信掷一枚硬币出现"正面向上"的概率为 $p = 0.5$,但是,不可能总是通过大量的试验去确定一个事件的概率,因此,必须探讨概率的计算方法. 我们来看看掷硬币试验的特征,掷一枚硬币的结果只能是两种,正面向上和反面向上,且这两种可能性是相同的. 又如,从 30 名学生中随机选一人参加社会实践,显然,每名学生抽到的可能性都是相同的,且可能性都是 1/30.

一般地,把像上面例子所述具有如下两个特性的随机试验:

> 　　(Ⅰ) 有限性. 试验的结果是有限个;
>
> 　　(Ⅱ) 等可能性. 每个结果出现的可能性是相同.
>
> 称为古典概型随机试验.

　　这类实验在概率论发展的萌芽时期就获得了研究,有关这类试验的数学模型称为**古典概型**.它的计算公式如下:

> 　　如果试验只有 n 个等可能的结果,其中导致事件 A 出现的结果有 m 个,则事件出现的概率为 $P(A) = \dfrac{\text{导致 } A \text{ 出现的结果数}}{\text{等可能结果的总数}} = \dfrac{m}{n}$(此即概率的古典定义).

　　注意,概率的古典定义与概率的统计定义是一致的.在古典概型随机试验中,事件的频率是围绕着定义中 m/n 这一数值摆动的.概率的统计定义具有普遍性,它适应于一切随机现象;而概率的古典定义只适用于试验结果为等可能的有限个的情况,其优点是便于计算.

　　例 5.1　掷一颗匀称的骰子,求出现偶数点的概率.

　　解　设 $A = \{$出现偶数点$\}$.掷一颗骰子的试验,可能出现 $1,2,\cdots,6$ 点之一,只有这六种等可能的结果,所以 $n = 6$,导致事件出现的结果只有 3 个,即 $m = 3$,于是

$$P(A) = \frac{m}{n} = \frac{3}{6} = \frac{1}{2}$$

　　例 5.2　一个口袋装有 10 个外形相同的球,其中 6 个是白球,4 个是红球.从袋中取出 3 球,求下述诸事件发生的概率.

　　① $A_1 = \{$没有红球$\}$;

　　② $A_2 = \{$恰有两个红球$\}$;

　　③ $A_3 = \{$至少有两个红球$\}$;

　　④ $A_4 = \{$颜色相同的球$\}$.

　　解　我们分有放回抽样和无放回抽样两种情况考虑.所谓"无放回"是指,第一次取一个球,不再把这个球放回袋中,再去取另一个球;所谓"有放回"是指,第一次取一个球,记录下这个球的颜色后,再把这个球放回袋中,然后再去任取一个球.

　　设 $A = \{$任取三个球$\}$.

　　首先,考察无放回情形.

　　因为无放回,所以每抽取一次,袋内就要减少一球,显然

$$n = C_{10}^3 = 120$$

　　① A_1 发生的所有可能性为

$$m_1 = C_6^3 C_4^0 = 20$$

个组成. 这里的 $C_6^3 C_4^0$ 是从 6 个白球中任取 3 个, 从 4 个红球中取出 0 个(即不取红球) 的两类不同元素的组合数, 它可以从乘法原理得到. 根据定义, 有

$$P(A_1) = \frac{m_1}{n} = \frac{20}{120} = \frac{1}{6}$$

② A_2 发生的所有可能性为

$$m_2 = C_6^1 C_4^2 = 36$$

根据定义, 有

$$P(A_2) = \frac{m_2}{n} = \frac{36}{120} = \frac{3}{10}$$

③ A_3 发生的所有可能性为

$$m_3 = C_6^1 C_4^2 + C_6^0 C_4^3 = 40$$

根据定义, 有

$$P(A_3) = \frac{m_3}{n} = \frac{40}{120} = \frac{1}{3}$$

④ A_6 发生的所有可能性为

$$m_6 = C_6^3 C_4^0 + C_6^0 C_4^3 = 24$$

根据定义, 有

$$P(A_4) = \frac{m_6}{n} = \frac{24}{120} = \frac{1}{5}$$

再考察有放回的情形.

因为是放回的, 故每次有 10 种取法, 接连取 3 次, 共有

$$n = 10^3 = 1\,000$$

① A_1 由上面 1 000 个可能性中的

$$m_1 = 6^3 = 216$$

个组成. 故

$$P(A_1) = \frac{m_1}{n} = \frac{216}{1\,000} = 0.216$$

② A_2 由上面 1 000 个可能性中的

$$m_2 = 3 \times 6 \times 4^2 = 288$$

个组成. 故

$$P(A_2) = \frac{m_2}{n} = \frac{288}{1\,000} = 0.288$$

③ A_3 由上面 1 000 个可能性中的

$$m_3 = 3 \times 6 \times 4^2 + 4^3 = 40 = 352$$

个组成. 故

$$P(A_3) = \frac{m_3}{n} = \frac{352}{1\,000} = 0.352$$

④ A_4 由上面 1 000 个可能性中的

$$m_6 = 6^3 + 4^3 = 280$$

个组成. 故

$$P(A_4) = \frac{m_6}{n} = \frac{280}{1\,000} = 0.28$$

例 5.3 孟德尔对可食豌豆的试验,孟德尔把绿色豌豆与黄色豌豆杂交,结果下一代全是黄色. 从混合的父母本的黄色豌豆中培养出第二代,得到数据如表 5.3 所示.

表 5.3

黄色子	绿色子	黄绿色子的比例
6 022	2 001	3.01 : 1

孟德尔的试验结果得到的黄色种子对绿色种子的比例近似为 3:1 的结论,可以如下分析:纯黄和纯绿的豌豆具有两个特征:

$$纯黄\ YY, \quad 纯绿\ gg$$

当两种豌豆杂交时,从每一种中随机选择一个特征,得到第一代的特征为 Yg,对第一代的杂交豌豆再次杂交时,相当于从 Yg 和 Yg 中各随机选择一个特征的组合,共有如下四种结果:

$$YY;\quad Yg;\quad gY;\quad gg$$

上述每个事件出现的可能性相同,都是 1/4,由于黄色特征处于显性状态,故具有 Yg 和 gY 特性的豌豆的颜色是黄色,若记为 A "黄色豌豆",B 为 "绿色豌豆",即 $A = \{YY, Yg, gY\}, B = \{gg\}$,则

$$P(A) = \frac{3}{4}, \quad P(B) = \frac{1}{4}$$

可见,黄色豌豆对绿色豌豆的比例是 3:1,这就是孟德尔发现的生物性状的遗传规律.

（2）概率的基本性质

由概率的统计定义和古典定义可知,概率有如下性质:

① $0 \leqslant P(A) \leqslant 1$.

② $P(\varnothing) = 0, P(\Omega) = 1$.

③ (加法公式) 若事件 A, B 互不相容,即 $AB = \varnothing$,则

$$P(A + B) = P(A) + P(B)$$

④ (广义加法公式) 设 A, B 为任意两个随机事件,则

$$P(A + B) = P(A) + P(B) - P(AB)$$

⑤ 设 A, B 为两个随机事件,若 $A \subset B$,则

$$P(B - A) = P(B) - P(A)$$

进一步,有:

⑥ (有限可加性) 若 $A_1, A_2, \cdots, A_n$ 两两互不相容,则

$$P\left(\bigcup_{i=1}^{n} A_i\right) = \sum_{i=1}^{n} P(A_i)$$

⑦ $P(\overline{A}) = 1 - P(A)$.

⑧ $P(B - A) = P(B) - P(AB)$.

例 5.4　某企业生产的电子产品,分为一等品、二等品与废品三种,如果生产一等品的概率为 0.8,二等品的概率为 0.19,求产品合格率和废品率.

解　设 A 表示"一等品",B 表示"二等品",显然 A, B 互不相容,故 $A \bigcup B \triangleq C$ 表示的是"合格品",所以,产品的合格率为

$$P(C) = P(A \bigcup B) = P(A) + P(B) = 0.8 + 0.19 = 0.99$$

记事件 $\overline{C}$ 表示"废品",由性质7,得

$$P(\overline{C}) = 1 - P(C) = 1 - 0.99 = 0.01$$

例 5.5　某一企业与甲乙两公司签订某物资长期供货关系的合同,由以前的统计得知,甲公司按时供货的概率为 0.9,乙公司能按时供货的概率为 0.75,两公司都能按时供货的概率为 0.7,求至少有一公司能按时供货的概率.

解　设 A 表示"甲公司按时供货",B 表示"乙公司按时供货",由题意,A, B 为非互斥事件,由性质 ②,我们有

$$P(A \bigcup B) = P(A) + P(B) - P(AB)$$
$$= 0.9 + 0.75 - 0.7 = 0.95$$

*3. 概率的公理化定义

古典概型的定义虽然可以处理不少问题,但仍面临一些困难,例如,当样本点数不是有限数时,它就无法处理.另一方面等可能性的要求也限制了它的适用范围.20世纪初,公理化的方法渗透到数学的各个分支,尽管有各种形式的概率定义,科尔莫戈罗夫的公理获得了广泛的承认,它总结了概率的三条性质,以这三条性质作为数学推理的起点,这三条性质是:

> (1) 对任一事件 A,$P(A) \geqslant 0$;
>
> (2) $P(\Omega) = 1$;
>
> (3) 对互斥事件列 $\{A_i\}$,$P\left(\bigcup\limits_{i=1}^{\infty} A_i\right) = \sum\limits_{i=1}^{\infty} P(A_i)$.

这三条性质很好地概括了事件发生可能性的大小的基本性质,它就成了概率的公理化定义.基于这个公理化定义:非负性、规范性、可数可加性,近代概率论得到迅速发展.容易验证,概率的统计定义、古典定义均满足公理化定义.从这个意义上说,公理化定义是这些特殊概型中概率的一般情形.

5.1.4　条件概率与乘法公式

1. 条件概率的概念与计算

在实际问题中,我们常会遇到在事件 A 已经发生的条件下,求事件 B 的概率.由于有了附加条件:"事件 A 已发生",因此称这种概率为事件 B 在事件 A 发生的条件下的条件概率,记作 $P(B \mid A)$.相应地,称 $P(A)$ 为无条件概率.

例 5.6　从某地区成年人普查资料调查表中,统计出该地区男女性别和文化程度的数据如表 5.4 所示.

表 5.4

文化程度 性别	高中以下	高中毕业	高中以上	合计
男	841	562	124	1 527
女	1 019	398	56	1 473
合计	1 860	960	180	3 000

若 A 表示"任抽取一张成年人调查表是男性", $\overline{A}$ 表示"任抽取一张成年人调查

表是女性"，B 表示"文化程度高中以下"，C 表示"文化程度高中毕业"，D 表示"文化程度高中以上".根据表中的数据可以求得

$$P(A) = \frac{1\,527}{3\,000} = 0.509, \quad P(\bar{A}) = \frac{1\,473}{3\,000} = 0.491$$

$$P(B) = 0.62, \quad P(C) = 0.32, \quad P(D) = 0.06$$

事件 A 与 B 的积表示"任取一调查表，此人是男性，文化程度高中以下"其概率为

$$P(AB) = \frac{841}{3\,000}$$

类似地，有

$$P(AC) = \frac{562}{3\,000}, \quad P(AD) = \frac{124}{3\,000}$$

$$P(\bar{A}B) = \frac{1\,019}{3\,000}, \quad P(\bar{A}C) = \frac{398}{3\,000}, \quad P(\bar{A}D) = \frac{56}{3\,000}$$

若已知此人是男性的条件下，问此人的文化程度是高中以下的概率是多少?用 $P(B|A)$ 表示已知事件 A 出现的条件下，事件 B 出现的条件概率，由于男生共 1 527 人，其中高中文化程度以下者有 841 人，于是

$$P(B|A) = \frac{841}{1\,527}$$

对上式右边有分子、分母分别除以总人数 3 000 得到

$$P(B|A) = \frac{841/3\,000}{1\,527/3\,000} = \frac{P(AB)}{P(A)}$$

推广到一般情况，如果 $P(A) > 0$，我们规定事件 B 在事件 A 已发生条件下有条件概率为

$$P(B|A) = \frac{P(AB)}{P(A)} \tag{5.1}$$

在条件概率公式(5.1)的两边同乘 $P(A)$ 即得

$$P(AB) = P(A)P(B|A) \tag{5.2}$$

这就是概率的乘法公式.

同理有

$$P(AB) = P(B)P(A|B)(P(B) > 0) \tag{5.3}$$

上述的计算公式可以推广到有限多个事件的情形，例如，对于三个事件 A_1，

A_2,A_3,若 $P(A_1) > 0$,$P(A_1A_2) > 0$,则有

$$P(A_1A_2A_3) = P(A_1)P(A_2 \mid A_1)P(A_3 \mid A_1A_2)$$

例 5.7　在 100 件产品中有 5 件是不合格的,无放回地抽取两件,问第一次取到正品而且第二次取到次品的概率是多少?

解　设事件 A 表示"第一次取到正品",B 表示"第二次取到次品",用古典概型的方法可求出

$$P(A) = \frac{95}{100} > 0$$

由于第一次取到正品后不放回,那么第二次是在 99 件中(不合格品仍是 5 件)任取一件,所以

$$P(B \mid A) = \frac{5}{99}$$

由公式(2)得

$$P(AB) = P(A)P(B \mid A) = \frac{95}{100} \cdot \frac{5}{99} = \frac{19}{396}$$

2. 全概率公式与贝叶斯公式

在计算复杂事件的概率时,往往不易直接求出,一个有效的途径是将它分解成若干个互不相容的较简单事件之和,求出这些简单事件的概率,再用加法公式和乘法公式定理求得复杂事件的概率.

设 $A_i(i = 1,2,\cdots,n)$,满足 $A_iA_j = \varnothing (i \neq j, i,j = 1,2,\cdots,n)$ 且 $\bigcup\limits_{i=1}^{n} A_i = \Omega$,则称 $A_i(i = 1,2,\cdots,n)$ 构成一个完备事件组. 对任一事件 $B \subset \bigcup\limits_{i=1}^{n} A_i$,我们有 $B = B\Omega = B(A_1 \bigcup A_2 \bigcup \cdots \bigcup A_n) = BA_1 \bigcup BA_2 \bigcup \cdots \bigcup BA_n$. 由于 $A_i(i = 1,2,\cdots,n)$ 互不相容,$BA_i(i = 1,2,\cdots,n)$ 也互不相容,因此,由加法公式,有

$$P(B) = P(BA_1) + P(BA_2) + \cdots + P(BA_n) = \sum_{i=1}^{n} P(BA_i)$$

再由乘法公式,有

$$P(BA_i) = P(A_i)P(B \mid A_i)$$

于是

$$P(B) = \sum_{i=1}^{n} P(A_i)P(B \mid A_i)$$

这就是**全概率公式**.

例5.8　人们为了解一只股票未来一定时期内价格的变化,往往会去分析影响股票价格的基本因素,比如利率的变化.现假设人们经分析估计利率下调的概率为 60%,利率不变的概率为 40%.根据经验,人们估计,在利率下调的情况下,该只股票价格上涨的概率为 80%,而利率不变的情况下,其价格上涨的概率为 40%,求该只股票将上涨的概率.

解　记 A 事件"利率下调",那么 $\overline{A}$ 即为"利率不变",记 B 为事件"股票价格上涨".由题设可知

$$P(A) = 60\%, \quad P(\overline{A}) = 40\%, \quad P(B \mid A) = 80\%, \quad P(B \mid \overline{A}) = 40\%$$

利用全概率公式得到

$$P(B) = P(AB) + P(\overline{A}B) = P(A)P(B \mid A) + P(\overline{A})P(B \mid \overline{A})$$
$$= 60\% \times 80\% + 40\% \times 40\% = 64\%$$

利用全概率公式,可通过综合分析一事件发生的不同原因或情况及其可能性来求得该事件发生的概率.下面给出的贝叶斯公式则考虑与之完全相反的问题,即一事件已经发生,要考察该事件发生的各种原因或情况的可能性大小.

设必然事件 Ω 是完备的事件组 $A_1, A_2, \cdots, A_n$,且 $P(A_i) > 0$ $(i = 1, 2, \cdots, n)$,那么

$$B = B\Omega = B(A_1 \bigcup A_2 \bigcup \cdots \bigcup A_n) = BA_1 \bigcup BA_2 \bigcup \cdots \bigcup BA_n$$

由

$$P(BA_i) = P(A_i)P(B \mid A_i) = P(B)P(A_i \mid B)$$

可得

$$P(A_i \mid B) = \frac{P(A_i)P(B \mid A_i)}{P(B)}$$

再利用全概率公式,有

$$P(A_i \mid B) = \frac{P(A_i)P(B \mid A_i)}{\sum\limits_{j=1}^{n} P(A_j)P(B \mid A_j)} \quad (i = 1, 2, \cdots, n)$$

这就是贝叶斯(Bayes)公式,又称为逆概率公式.

例5.9　设某人从外地赶来参加紧急会议.他乘火车、轮船、汽车或飞机来的概率分别为 3/10, 1/5, 1/10 及 2/5,如果他乘飞机来不会迟到;而乘火车、轮船或汽车来迟到的概率分别为 1/4, 1/3, 1/12.此人迟到,试推断他是乘哪种交通工具来的可能性最大?

解　设 A_1 表示"乘火车", A_2 表示"乘轮船", A_3 表示"乘汽车", A_4 表示"乘飞机", B 表示"迟到". 由题意有

$$P(A_1) = \frac{3}{10}, \quad P(A_2) = \frac{1}{5}, \quad P(A_3) = \frac{1}{10}, \quad P(A_4) = \frac{2}{5}$$

$$P(B \mid A_1) = \frac{1}{4}, \quad P(B \mid A_2) = \frac{1}{3}, \quad P(B \mid A_3) = \frac{1}{12}, \quad P(B \mid A_4) = 0$$

由贝叶斯公式,有

$$P(A_i \mid B) = \frac{P(A_i)P(B \mid A_i)}{\sum\limits_{j=1}^{4} P(A_j)P(B \mid A_j)} \quad (i = 1, 2, \cdots, n)$$

得到

$$P(A_1 \mid B) = \frac{1}{2}, \quad P(A_2 \mid B) = \frac{4}{9}, \quad P(A_3 \mid B) = \frac{1}{18}, \quad P(A_4 \mid B) = 0$$

由上述计算结果可以推断出此人迟到乘火车的可能性最大.

例 5.10　用甲胎蛋白法普查肝癌,令 $C = \{$被检验者患肝癌$\}$, $A = \{$甲胎蛋白检验结果为阳性$\}$,则 $\overline{C} = \{$被检验者未患肝癌$\}$, $\overline{A} = \{$甲胎蛋白检验结果为阴性$\}$. 由过去的资料已知: $P(A \mid C) = 0.95, P(\overline{A} \mid \overline{C}) = 0.90$. 又已知某地居民的肝癌发病率为 $P(C) = 0.0004$. 若在普查中某人检验结果为阳性,求该人真的患有肝癌的概率.

解　由贝叶斯公式可得

$$P(C \mid A) = \frac{P(C)P(A \mid C)}{P(C)P(A \mid C) + P(\overline{C})P(A \mid \overline{C})}$$

$$= \frac{0.0004 \times 0.95}{0.0004 \times 0.95 + 0.9996 \times 0.1} = 0.0038$$

此题说明用甲胎蛋白检验法时,须先采用一些简单易行的辅助方法怀疑某个对象可能患肝癌时方可进行.

3. 事件的独立性

先看一个例子.

例 5.11　设有 100 件产品,其中有 5 件是次品. 每次任取一件,有放回地取两次. 设 A 为第一次取到正品, B 为第二次取到次品,求 $P(AB)$.

解　$P(AB) = P(A)P(B \mid A)$,而

$$P(B \mid A) = \frac{5}{100} = P(B)$$

从而

$$P(AB) = P(A)P(B) = \frac{95}{100} \cdot \frac{5}{100} = 0.047\,5$$

$P(B \mid A) = P(B)$ 表明：在事件 A 发生的前提下，事件 B 的条件概率与事件 B（在条件 S 下）的概率相同. 这表明事件 A 的发生并不影响事件 B 发生的概率. 由乘法公式可以证明，当 $P(A) \neq 0$ 时，

$$P(B \mid A) = P(B) \quad 与 \quad P(AB) = P(A)P(B)$$

是等价的，一般地，

> 设 A，B 是某一试验的两个随机事件. 如果
> $$P(B \mid A) = P(B) \quad 或 \quad P(AB) = P(A)P(B)$$
> 则称 A 与 B 是相互独立的.

注 5.1   所谓事件 A 与 B 相互独立实质是指其中一个事件的发生与否不影响另一个事件发生的可能性.

注 5.2   由两个随机事件相互独立的定义，我们可以得到：

> 若事件 A 与 B 相互独立，则 $\overline{A}$ 与 B，A 与 $\overline{B}$，$\overline{A}$ 与 $\overline{B}$ 也相互独立.

注 5.3   如果 n 个事件相互独立，则

> $$P(A_1 A_2 \cdots A_n) = P(A_1)P(A_2) \cdots P(A_n)$$

注 5.4   在实际应用中，常常是根据问题的具体情况，按照独立性的直观意义来判定事件的独立性.

例 5.12   一盒螺钉共有 20 个，其中 19 个是合格的，另一盒螺母也是 20 个，其中 18 个是合格的. 现从两盒中各取一个螺钉和螺母，求两个都是合格品的概率.

解   设 A 表示"螺钉合格"，B 表示"螺母合格". 显然 A 与 B 是相互独立的，并且有

$$P(A) = \frac{C_{19}^1}{C_{20}^1} = \frac{19}{20}$$

$$P(B) = \frac{C_{18}^1}{C_{20}^1} = \frac{18}{20} = \frac{9}{10}$$

于是，有

$$P(AB) = P(A)P(B) = \frac{19}{20} \cdot \frac{9}{10} = \frac{171}{200}$$

下面我们来解释引子中提出的问题：

我们以某省发行的"36 选 6 + 1"福利彩票为例. 先从 01 ~ 36 个号码球中一个

一个地摇出 6 个基本号, 再从剩下的 30 个号码球中摇出一个特别号码. 从 01 ~ 36 个号码中任选 7 个组成一注(不可重复), 根据单注号码与中奖号码相符的个数多少确定相应的中奖等级, 不考虑号码顺序. 中奖等级如表 5.5 所示.

表 5.5

| 中　奖 | 36　　选　　6 + 1(6 + 1/36) | | |
等　级	基本号	特别号	说　明
一等奖	●●●●●●	★	选 7 中(6 + 1)
二等奖	●●●●●●		选 7 中(6)
三等奖	●●●●●○	★	选 7 中(5 + 1)
四等奖	●●●●●○		选 7 中(5)
五等奖	●●●●○○	★	选 7 中(4 + 1)
六等奖	●●●●○○		选 7 中(4)
七等奖	●●●○○○	★	选 7 中(3 + 1)

(注:● 为选中的基本号码;★ 为选中的特别号码;○ 为未选中的号码)

在摇出中奖号码的过程中, 各种号码出现的概率是相等的, 这是一个古典概型的问题. 利用概率论的知识对彩票中各种奖项出现的概率进行计算, 结果如下:

一等奖出现的概率: $\dfrac{1}{C_{36}^7} = 1.1979 \times 10^{-7}$;

二等奖出现的概率: $\dfrac{C_{29}^1}{C_{36}^7} = 3.3739 \times 10^{-6}$;

三等奖出现的概率: $\dfrac{C_6^5 C_{29}^1}{C_{36}^7} = 2.0843 \times 10^{-5}$;

四等奖出现的概率: $\dfrac{C_6^5 C_{29}^2}{C_{36}^7} = 2.9182 \times 10^{-4}$;

五等奖出现的概率: $\dfrac{C_6^4 C_{29}^2}{C_{36}^7} = 7.2954 \times 10^{-4}$;

六等奖出现的概率: $\dfrac{C_6^4 C_{29}^3}{C_{36}^7} = 6.5659 \times 10^{-3}$;

七等奖出现的概率: $\dfrac{C_6^3 C_{29}^3}{C_{36}^7} = 8.7545 \times 10^{-3}$.

通过上述计算, 你会发现:中头奖的概率比你在买彩票的路上被汽车撞倒或被路边楼上掉下的花盆砸中的概率(平均几万分之一) 还要低.

虽然,中头奖的概率大约只有几千万分之一(我们通过上面的计算已经知道),但仍有许多人宣称"早中,晚中,早晚要中".我们现在不妨假设某彩票每周开奖一次,每次提供一千万分之一的中头奖机会,且各周开奖都是独立的.若你每周买一张彩票,你坚持了十年(每年 52 周)之久,你从未中头奖的概率是多少呢?我们记 A_i 为"第 $i(i = 1,2,\cdots,520)$ 次开奖没中头奖".则十年你从未中头奖的概率为

$$P(A_1 A_2 \cdots A_{520}) = \prod_{i=1}^{520} P(A_i) = (1 - 10^{-7})^{520} = 0.999\,948\,001$$

这个概率表明你十年从未中头奖是很正常的事.有人可能会想我每星期多买几张,中奖机会就大了.我们算了一下,如果你每星期买 100 张,你赢得一次大奖的时间大约要 1 000 年;如果你每星期买 1 000 张,你赢得一次大奖的时间大约要 100 年.通过以上分析,你还会认为"早中,晚中,早晚要中"吗?

因此,如果你是一位彩民,我们有几点忠告:

首先,应做一个"理性"的彩民,应该对彩票有正确的认识,只能"玩彩"不能"赌彩".

其次,彩票中奖号码的产生完全是随机的,也就是说买任何号码中奖的概率都是相等的.不要轻信报纸、网站上的那些所谓的"专家""软件"等吹嘘能预测下期中奖号码,试想:倘若真有此本领,他为什么不给自己预测?何苦靠给别人推荐来赚几个小钱?

第三,必须指出的是,中奖概率很小,但又确实存在,只要有买就有希望,可以把购彩当成生活娱乐的一部分,或为国家的福利事业做贡献.有幸中奖皆大欢喜,倘若没中,就当娱乐消遣了.

4. 伯努利概型*

若试验 E 只有两个可能的结果:

> 事件 A 发生及事件 A 不发生($\bar{A}$ 发生),称这个试验为伯努利试验.

设随机试验 E 具有如下特征:

> (1) 每次试验是相互独立的;
>
> (2) 每次试验有且仅有两种结果:事件 A 和事件 $\bar{A}$;
>
> (3) 每次试验的事件 A 发生的概率相同即 $P(A) = p$.

则称该试验 E 表示的数学模型为伯努利概型.若将试验做了 n 次,则这个试验也称为 n 重伯努利试验,或简称为伯努利概型.

由此可知"一次抛掷 n 枚相同的硬币"的试验可以看作是一个 n 重伯努利试验.

利用试验的独立性特征,容易计算出在 n 重伯努利试验中,事件 A 恰好发生 k 次的概率为

$$B(k;n,p) = C_n^k p^k (1-p)^{n-k} \quad (k = 0,1,2,\cdots,n)$$

此公式又称为**二项概率公式**.

例 5.13 一个医生知道某种疾病患者自然痊愈率为 0.25,为试验一种新药是否有效,把它给 10 个病人服用,且规定若 10 个病人中至少有四个治好则认为这种药有效,反之则认为无效. 求:

(1) 虽然新药有效,且把痊愈率提高到 0.35,但通过试验却被否定的概率.

(2) 新药完全无效,但通过试验却被认为有效的概率.

解 (1) 设 A = "通过试验新药被否定",则由题意,当且仅当事件"10 人至多只有 3 人痊愈"发生时 A 发生.从而

$$P(A) = \sum_{k=0}^{3} C_{10}^k 0.35^k (1-0.35)^{10-k}$$

$$= 0.65^{10} + 10 \times 0.35 \times 0.65^9 + 45 \times 0.35^2 \times 0.65^8 + 120 \times 0.35^3 \times 0.65^7$$

$$= 0.513\ 6$$

(2) 设 B = "通过试验判断新药有效",则由题意,当且仅当事件"10 人至少只有 4 人痊愈"发生时 B 发生.从而

$$P(B) = \sum_{k=4}^{10} C_{10}^k 0.25^k (1-0.25)^{10-k}$$

$$= 1 - \sum_{k=0}^{3} C_{10}^k (0.25)^k (0.75)^{10-k} \approx 0.224$$

例 5.14 某大学的校乒乓球队与数学系乒乓球队举行对抗赛.校队的实力较系队为强,当一个校队运动员与一个系队运动员比赛时,校队运动员获胜的概率为 0.6.现在校、系双方商量对抗赛的方式,提了三种方案:

(1) 双方各出 3 人;

(2) 双方各出 5 人;

（3）双方各出 7 人.

三种方案中均以比赛中得胜人数多的一方为胜利. 问：对系队来说，哪一种方案有利？

解　设 A = "系队得胜"，则在上述三种方案中，依题意，系队胜利的概率为

（1）$P(A) = \sum_{k=2}^{3} C_3^k \, 0.4^k \, (1 - 0.4)^{3-k} \approx 0.352$；

（2）$P(A) = \sum_{k=3}^{5} C_5^k \, 0.4^k \, (1 - 0.4)^{5-k} \approx 0.317$；

（3）$P(A) = \sum_{k=4}^{7} C_7^k \, 0.4^k \, (1 - 0.4)^{7-k} \approx 0.290$.

由此可知第一种方案对系队最为有利（当然，对校队最为不利）. 这在直觉上是容易理解的.

 小 故 事

生 日 问 题

《红楼梦》第六十二回中有这样一段话：

探春笑道："倒有些意思. 一年十二个月，月月有几个生日. 人多了，就这样巧，也有三个一日的，两个一日的……过了灯节，就是太太太和宝姐姐，他们娘儿两个遇得巧". 宝玉又在旁边补充，一面笑指袭人："二月十二日是林姑娘的生日，袭人和林妹妹是一日，他所以记得."

关于生日问题，还有几个有趣的故事：

（1）有一次，美国数学家伯格米尼去观看世界杯足球赛，在看台上随意挑选了 22 名观众，叫他们报出自己的生日，结果竟然有两个人的生日是相同的，令在场的球迷们感到吃惊.

（2）还有一个人也做了一个试验. 一天他与一群高级军官用餐，席间，大家天南地北地闲聊. 慢慢地，话题转到生日上来，那人说："我们来打个赌. 我们之间至少有两个人的生日相同. 赌输了，罚酒三杯！"在场的军官们都很感兴趣. "行！"在场的每人把生日一一报出. 结果没有生日恰巧相同的. "快！你可得罚酒啊！"突然，一个女佣人在门口说："先生，我的生日正巧与那边的将军一样". 大家傻了似地望着

女佣. 他趁机赖掉了三杯罚酒. 那么, 在这几个人中, 有两人生日相同的可能性到底有多大, 即几个人中, 有两人生日相同的概率是多少呢? 今天我们学了概率论后就可以迎刃而解了. 事实上, 假定一年按 365 天算, 令 $A = \{n$ 个人中至少有两个人的生日相同$\}$, 则 $\overline{A} = \{n$ 个人的生日全不相同$\}$, 于是 $P(\overline{A}) = \dfrac{N!}{N^n \cdot (N-n)!}$, 而 $P(A) + P(\overline{A}) = 1$, 于是 $P(A) = 1 - \dfrac{N!}{N^n \cdot (N-n)!}$ $(N = 365)$.

对不同的一些 n 值的计算可以看出 (见表 5.6), 当人数为 23 时, 就有半数以上会出现生日相同. 所以, 出现上述三个故事中的结果也就不足为奇了. 下面是人数 n 不同取值时的概率, 可见当人数超过 60 时, 出现两人生日相同的概率就超过 99%.

表 5.6

n	20	23	30	40	50	60
p	0.411 4	0.507 3	0.730 5	0.891 2	0.970 4	0.994 1

5.2　随机变量的分布及数字特征

5.2.1　随机变量的概念

上一节, 我们讨论了随机事件与概率, 为了全面研究随机试验的结果, 揭示随机现象的统计规律性, 需将随机试验的结果数量化, 即将随机试验的结果与实数对应起来, 我们引入随机变量的概念.

先看几个例子.

(1) 在有些随机试验中, 试验结果本身就由数量表示.

例如, 考察 "连续射击一目标三次, 第一次命中时所需射击次数" 的试验. 如用 X 表示所需射击的次数, 就引入了一个变量 X, 它满足

$$X = \begin{cases} 1, & \text{第一次射中} \\ 2, & \text{第二次射中} \\ 3, & \text{第三次射中} \end{cases}$$

又如, 考察 "乘客候车时间" 的试验. 如用 X 表示候车时间, 就引入了一个变量

X,X 的取值为 $0 \leqslant X < T(T$ 为候车时间间隔$)$.

（2）在另一些随机试验中，试验看起来与数量无关，但可以指定一个数量来表示.

例如，考察"抛掷一枚硬币"的试验，它有两个可能的结果：出现正面和出现反面. 我们将试验的每一个结果用一个实数 X 来表示，例如，用"1"表示出现正面，用"0"表示出现反面. 这样讨论试验结果时，就可以简单说成结果是数 1 或数 0. 建立这种数量化的关系，实际上就相当于引入了一个变量 X，取值的可能为 0,1.

从以上例子可以看到，随机实验的结果都可以用一个变量来表示，但这种变量与我们在微积分学中所学过的变量有着本质的区别，主要表现为：

① **取值的随机性**. 变量 X 根据试验所出现的不同结果而取不同的值. 虽然我们知道变量 X 所有可能的取值范围，但在试验以前无法预知它究竟取哪一个值.

② **取值的统计规律性**. 因为随机试验的各个结果的出现有确定的概率，所以变量 X 在某个范围内取值的概率是完全确定的.

为了与过去所学的变量加以区别，我们称具有上述特点的变量为**随机变量**.

> 如果随机试验的结果可以用一个变量 X 来表示，且 X 具有取值的随机性和统计规律性，则称此变量为随机变量.

一般常用英文大写字母 $X,Y,Z,\cdots$ 或希腊字母 ξ,η 来表示随机变量，而用小写字母 $x,y,z,\cdots$ 表示随机变量可能的取值.

引入随机变量以后，随机事件就可以通过随机变量来表示.

例如，"抛掷一枚硬币"的事件"出现正面"可以用$(X = 1)$来表示；"射击"的事件"射击次数不多于3次"可以用$(X \leqslant 3)$来表示；"乘客候车时间"的事件"候车时间少于 2 分钟"可以用$(X < 2)$来表示. 这样，我们就可以把对事件的研究转化为对随机变量的研究.

随机变量一般可分为**离散型**和**非离散型**两大类. 如"抛掷硬币"和"射击"事件中的随机变量都是离散型随机变量，而"乘客候车"事件中的随机变量，它取某区间内的一切值，无法一一举例，为非离散型的随机变量. 而非离散型随机变量中最重要的就是连续型随机变量，这是我们在实际工作中经常遇到的，下面我们将分别仔细地讨论离散型和连续型这两个类型的随机变量.

5.2.2　离散型随机变量及其分布

1. 分布列

若随机变量 X 的取值只可能为有限个或可列个(即称为至多可列个),且 X 以确定的概率取这些不同的值,则称 X 为**离散型随机变量**.

> **定义 5.3**　设离散型随机变量 X 的所有可能取值为 $x_k(k=1,2,\cdots)$,$P(X=x_k)=p_k(k=1,2,\cdots)$ 称为 X 的概率分布或分布列,也称为概率函数.

为了直观起见,可将可能的取值及相应的概率列成表 5.7.

表 5.7

X	x_1	x_2	$\cdots$	x_k	$\cdots$
P	p_1	p_2	$\cdots$	p_k	$\cdots$

由概率的定义,这里的 $p_k(k=1,2,\cdots)$ 必然满足:

> (1) $p_k \geqslant 0(k=1,2,\cdots)$;　　(2) $\sum\limits_{k=1}^{\infty} p_k = 1$.

例如,"抛掷一枚硬币"的试验,它有两个可能的结果:出现正面与出现反面.我们将试验的每一个结果用一个实数 X 来表示,用"1"表示"出现正面",用"0"表示"出现反面".即这是一个离散型的随机变量,随机变量 X 的概率分布列为

$$P(X=1)=p=\frac{1}{2}, \quad P(X=0)=1-p=\frac{1}{2}$$

相应的表示成表 5.8.

表 5.8

X	0	1
P	$\dfrac{1}{2}$	$\dfrac{1}{2}$

再举一例.

例 5.15　某学生参加一次数学能力竞赛,共回答三道判断题,求:

(1) 该生答对题数 X 的概率分布列;

(2) $P(X \leqslant -1), P(0 < X \leqslant 2), P(2 < X \leqslant 5)$.

解　(1) 设答对题数为 X,则 X 的可能取值为 $0,1,2,3$,由于 $P(X = k) = \dfrac{C_3^k}{2^3}(k = 0,1,2,3)$,故 X 的概率分布如表 5.9 所示.

表 5.9

X	0	1	2	3
P	$\dfrac{1}{8}$	$\dfrac{3}{8}$	$\dfrac{3}{8}$	$\dfrac{1}{8}$

(2) $P(X \leqslant -1) = 0, P(0 < X \leqslant 2) = \dfrac{6}{8}, P(2 < X \leqslant 5) = \dfrac{1}{8}$.

对于任意一个实数 x,我们可以由 X 的概率分布计算事件 $P(X \leqslant x)$ 的概率. 设 X 是离散型随机变量,则有

$$P(X \leqslant x) = \sum_{x_k \leqslant x} p_k$$

上式右端表明对所有小于或等于 x 的那些 x_k 的 p_k 求和. $P(X \leqslant x)$ 显然是 x 的函数,称为 X 随机变量的分布函数,它是一个累积分布函数,通常用 $F(x)$ 表示,即

$$F(x) = P(X \leqslant x) = \sum_{x_k \leqslant x} p_k$$

2. 几种常见离散型随机变量的概率分布

(1) 两点分布(0 - 1 分布)

> 只有两个可能取值的随机变量所服从的分布,称为两点分布,其概率分布为 $P(X = x_k) = p_k$,其中 $k = 1,2,p_1 + p_2 = 1$.

列成表格如表 5.10 所示.特别地,若 $x_1 = 0, x_2 = 1$,又称为 0 - 1 分布.

表 5.10

X	x_1	x_2
P	p_1	p_2

很多事件可以归结为两点分布,射击打靶的"中"与"不中",进行一项试验,获得"成功"与"失败"等等.

例 5.16　某学生凭机遇做一道四选一题目,"做对"记为 1 分,"做错"记为 0 分,令 X 为做这道题的得分,则 X 服从 0 - 1 分布,其概率分布如表 5.11 所示.

表 5.11

X	0	1
P	$\dfrac{3}{4}$	$\dfrac{1}{4}$

（2）二项分布

> 若离散型随机变量 X 的分布列为
> $$P(X = k) = C_n^k p^k q^{n-k} \quad (k = 0,1,2,\cdots,n)$$
> 其中 $0 < p < 1, q = 1 - p$，则称 X 服从参数为 n, p 的二项分布，简称 X 服从二项分布，记为 $X \sim B(n,p)$.

二项分布的分布列也可写为表 5.12.

表 5.12

X	0	1	2	$\cdots$	k	n
P	q^n	$C_n^1 p q^{n-1}$	$C_n^2 p^2 q^{n-2}$	$\cdots$	$C_n^k p^k q^{n-k}$	p^n

易验证

$$\sum_{k=1}^{n} C_n^k p^k q^{n-k} = (p + q)^n = 1$$

当 $n = 1$ 时，二项分布就化为两点分布. 可见两点分布是二项分布的特例.

二项分布的特点是每次试验只有两个结果，相同的试验独立重复进行 n 次，某事件发生 k 次，此即 n 重伯努利试验. 用二项分布进行计算，在教育考试的统计分析以及统计推断中有着重要的应用.

例 5.17　某人进行射击，设每次射击的命中率为 0.02，独立射击 400 次，试求至少击中两次的概率.

解　将一次射击看成是一次试验. 设击中的次数为 X，则 $X \sim B(400, 0.02)$，X 的分布列为

$$P(X = k) = \binom{400}{k} 0.02^k\, 0.98^{400-k} \quad (k = 0,1,\cdots,400)$$

于是所求概率为

$$P(X \geqslant 2) = 1 - P(X = 0) - P(X = 1)$$

$$= 1 - 0.98^{400} - 400 \cdot 0.02 \cdot 0.98^{399}$$
$$= 0.997\,2$$

（3）泊松分布

> 如果随机变量 X 的概率分布为
> $$P(X = k) = \frac{\lambda^k \mathrm{e}^{-\lambda}}{k!} \quad (k = 0,1,2,\cdots;\lambda > 0)$$
> 则称 X 服从参数为 λ 的**泊松分布**,记为 $X \sim P(\lambda)$.

易验证

> $$\sum_{k=0}^{\infty} P(X = k) = \sum_{k=0}^{\infty} \frac{\lambda^k}{k!} \mathrm{e}^{-\lambda} = 1$$

泊松分布是重要的离散型随机变量的概率分布之一,在社会生活各个领域都有广泛的应用.例如,来到某售票口买票的人数;进入商店的顾客数;布匹上的疵点数;显微镜下在某观察范围内的微生物数;母鸡的产蛋量等,这些随机变量都可利用泊松分布.

例 5.18　由该商店过去的销售记录知道,某种商品每月的销售数可以用参数 $\lambda = 10$ 的泊松分布来描述,为了以 95% 以上的把握保证不脱销,问商店在月底至少应进某种商品多少件?

解　设该商店每月销售某种商品 X 件,月底的进货为 a 件,则当 $(X \leqslant a)$ 时就不会脱销,因而按题意要求为
$$P(X \leqslant a) \geqslant 0.95$$
因为已知 X 服从 $\lambda = 10$ 的泊松分布,上式也就是
$$\sum_{k=0}^{a} \frac{10^k}{k!} \mathrm{e}^{-10} \geqslant 0.95$$
查泊松分布表得
$$\sum_{k=0}^{14} \frac{10^k}{k!} \mathrm{e}^{-10} \approx 0.916\,6 < 0.95; \quad \sum_{k=0}^{16} \frac{10^k}{k!} \mathrm{e}^{-10} \approx 0.951\,3 > 0.95$$
于是,这家商店只要在月底进货某种商品 15 件(假定上个月没存货),就可以有 95% 以上的把握保证这种商品在下个月内不脱销.

5.2.3　连续型随机变量及其概率密度函数

上面我们讨论了取值是至多可列个的离散型随机变量.在实际问题中我们所

遇到的更多的是另一类变量,如某个地区的气温,某种产品的寿命,人的身高、体重等,它们的取值可以充满某个区间,这类随机变量称为连续型随机变量.

1. 概率密度

一般地,

> **定义 5.4**　对于随机变量 X,如果存在非负可积函数 $f(x)(-\infty < x < +\infty)$,使得 X 取值于任一区间 (a,b) 的概率为
> $$P(a < X \leqslant b) = \int_a^b f(x)\mathrm{d}x$$
> 则称 X 为**连续型随机变量**;并称 $f(x)$ 为随机变量 X 的概率密度函数,简称为**概率密度**或密度.

关于 $f(x)$ 有下列性质:

> (1) $f(x) \geqslant 0, -\infty < x < +\infty$;
>
> (2) $\displaystyle\int_{-\infty}^{+\infty} f(x)\mathrm{d}x = P(-\infty < x < +\infty) = P(\Omega) = 1.$

对离散型随机变量,我们已求得事件 $(X \leqslant x)$ 的概率.类似地,对连续型随机变量 X,事件 $(X \leqslant x)$ 的概率

> $$F(x) = P(X \leqslant x) = \int_{-\infty}^x f(t)\mathrm{d}t$$

此式称为连续型随机变量的分布函数.此外,由微积分知识可知,如果点 x 是 $f(x)$ 的连续点,那么 $F(x)$ 关于 x 的导数 $F'(x) = f(x)$.

例 5.19　已知随机变量 X 的分布密度为
$$f(x) = \begin{cases} x & (0 < x \leqslant 1) \\ 2 - x & (1 < x \leqslant 2) \\ 0 & (x \leqslant 0, x > 2) \end{cases}$$

(1) 求相应的分布函数 $F(x)$;

(2) 求 $P(X < 0.5), P(X > 1.3), P(0.2 < X < 1.2)$.

解　(1) 由分布函数的定义可知

当 $x \leqslant 0$ 时,$F(x) = P(X \leqslant x) = \displaystyle\int_{-\infty}^x 0\mathrm{d}t = 0$;

当 $0 < x \leqslant 1$ 时,$F(x) = P(X \leqslant x) = \displaystyle\int_{-\infty}^0 0\mathrm{d}t + \int_0^x t\mathrm{d}t = \frac{x^2}{2}$;

当 $1 < x \leqslant 2$ 时，$F(x) = P(X \leqslant x) = \int_{-\infty}^{0} 0 \mathrm{d}x + \int_{0}^{1} x \mathrm{d}x + \int_{1}^{x} (2 - t) \mathrm{d}t = 2x - \frac{1}{2} x^2 - 1$；

当 $x > 2$ 时，$F(x) = P(X < x) = \int_{-\infty}^{0} 0 \mathrm{d}x + \int_{0}^{1} x \mathrm{d}x + \int_{1}^{2} (2 - x) \mathrm{d}x + \int_{2}^{x} 0 \mathrm{d}t = \frac{1}{2} + \frac{1}{2} = 1$.

综上所述

$$F(x) = \begin{cases} 0 & (x \leqslant 0) \\ \dfrac{1}{2} x^2 & (0 < x \leqslant 1) \\ 2x - \dfrac{1}{2} x^2 - 1 & (1 < x \leqslant 2) \\ 1 & (x > 2) \end{cases}$$

(2) $P(X < 0.5) = F(0.5) = 0.125$；

$P(X > 1.3) = 1 - F(1.3) = 0.245$；

$P(0.2 < X < 1.2) = F(1.2) - F(0.2) = 0.66$.

2. 几种常见连续型随机变量的概率分布

（1）均匀分布

> 若随机变量 X 的概率密度函数为
>
> $$f(x) = \begin{cases} \dfrac{1}{b - a} & (a \leqslant x \leqslant b) \\ 0 & （其他） \end{cases}$$
>
> 则称随机变量 $f(x)$ 服从 $[a, b]$ 上的均匀分布，记为 $X \sim U(a, b)$.

其分布函数为

> $$F(x) = \begin{cases} 0 & (x < a) \\ \dfrac{x - a}{b - a} & (a \leqslant x \leqslant b) \\ 1 & (x > b) \end{cases}$$

均匀分布可用来描述在某个区间上具有等可能结果的随机试验的统计规律. 例如，在数值计算中，假定只保留到小数点后一位，以后的数字按四舍五入处理，则小数点后第一位小数所引起的误差,一般可认为在[0.5,0.5]上服从均匀分布.在一个较短的时间内,考虑某一股票的价格 X 在[a,b]内波动的情况,若区间[a,b]较短,且无任何信息可利用,这时可近似认为 $X \sim U(a,b)$. 又如,在每隔一定时间有一辆公共汽车通过的汽车站上,乘客在汽车站候车时间 X 也是服从均匀分布的.

(2) 指数分布

> 若随机变量 X 的概率密度函数为
> $$f(x) = \begin{cases} \lambda e^{-\lambda x} & (x \geqslant 0) \\ 0 & (x < 0) \end{cases}$$
> 其中 $\lambda > 0$,则称 X 服从参数为 λ 的指数分布,记为 $X \sim E(\lambda)$.

其分布函数为

> $$F(x) = \begin{cases} 1 - e^{-\lambda x} & (x \geqslant 0) \\ 0 & (其他) \end{cases}$$

在实际应用中,许多"等待时间"是服从指数分布的,一些没有明显"衰老"机理的元器件的寿命也可以用指数分布来描述,所以指数分布在排队论和可靠性理论等领域中有着广泛的应用.

例 5.20　某元件的寿命 X 服从指出数分布,已知其参数 $\lambda = \dfrac{1}{1\,000}$,求这个的元件使用寿命超过 1 000 小时的概率.

解　由题设知,X 的分布函数为 $F(x) = \begin{cases} 1 - e^{-\frac{x}{1\,000}} & (x \geqslant 0) \\ 0 & (x < 0) \end{cases}$,由此得到

$$P(X > 1\,000) = 1 - P(X \leqslant 1\,000) = 1 - F(1\,000) = e^{-1} \approx 0.368$$

这就是说该元件使用寿命超过 1 000 小时的概率为 0.368.

(3) 正态分布

> 若随机变量 X 的分布密度函数为
> $$f(x) = \frac{1}{\sqrt{2\pi}\sigma} e^{-\frac{(x-\mu)^2}{2\sigma^2}} \quad (-\infty < x < +\infty)$$
> 其中 μ,σ 为常数,且 $\sigma > 0$,则称 X 服从参数为 μ,σ^2 的**正态分布**,记为 $X \sim N(\mu,\sigma^2)$.

正态分布最初由高斯(Gauss)在研究误差理论时发现,因此正态分布也称高斯分布.正态分布的密度函数 $f(x)$ 关于 $x = \mu$ 点对称,在 $x = \mu$ 处达到极大(图5.1).当 μ 固定时,σ 的值愈小,$f(x)$ 的图形就愈尖、愈狭;σ 的值愈大,$f(x)$ 的图形就愈平、愈宽.由此可见,如果 $f(x)$ 在 μ 点的附近愈尖、愈高,则随机变量在 μ 点附近取值的概率也愈大(图5.2).

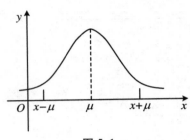

图 5.1

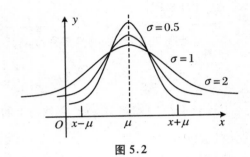

图 5.2

特别地,称

> 参数 $\mu = 0, \sigma = 1$ 的正态分布为标准正态分布,其密度函数为
> $$\varphi(x) = \frac{1}{\sqrt{2\pi}}e^{-\frac{x^2}{2}} \quad (-\infty < x < +\infty)$$

它的分布函数记作 $\Phi(x)$,即 $X \sim N(0,1)$,有

> $$\Phi(x) = P(X \leqslant x) = \int_{-\infty}^{x} \varphi(t)\mathrm{d}t = \int_{-\infty}^{x} \frac{1}{\sqrt{2\pi}}e^{-\frac{t^2}{2}}\mathrm{d}t$$

对任意 $a < b$,由牛顿-莱布尼茨公式,有
$$P(a \leqslant X < b) = \Phi(b) - \Phi(a)$$

可见,计算标准正态分布的概率值,关键在于计算分布函数 $\Phi(x)$ 的值.$\Phi(x)$ 是一个无穷积分,它实际上是曲线 $\varphi(x) = \frac{1}{\sqrt{2\pi}}e^{-\frac{x^2}{2}}$ 在积分区间 $(-\infty, x]$ 上的面积,从而也称 $\Phi(x)$ 为面积函数(图5.3).显然,在 $x \to +\infty$ 时,$\int_{-\infty}^{+\infty} \frac{1}{\sqrt{2\pi}}e^{-\frac{t^2}{2}}\mathrm{d}t = 1$,即 $\Phi(x) \to 1(x \to +\infty)$;在 $x \to -\infty$ 时,$\Phi(x) \to 0$;而在 $x = 0$ 时,由对称性,$\Phi(0) = 1/2$.现在我们来讨论如

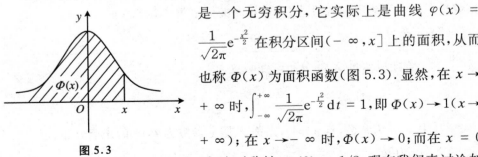

图 5.3

何计算服从正态分布的随机变量在任一区间上取值的概率.因为正态分布是最常用的分布,为了计算方便,人们编制了标准正态分布数值表(见附表4).下面我们分析正态分布数值表的构造,并给出查表的方法:

① $X \sim N(0,1)$,求 $P(X \leqslant x)$,其中 $x > 0$.

由于 $P(X \leqslant x) = \Phi(x)$,故可以直接由给定的 x,查出相应的 $\Phi(x)$ 的值.

② $X \sim N(0,1)$,求 $P\{X \leqslant - x\}$,其中 $x > 0$.

由于 $P(X \leqslant - x) = \Phi(- x)$,可以利用被积函数 $f(x)$ 的对称性质:$\Phi(- x) = 1 - \Phi(x)$,见图 5.3.

③ $X \sim N(0,1)$,求 $P(x_1 < X < x_2)$.此时,实际上是求 $p(x)$ 在某个区间上的积分值,即

$$P(x_1 < X < x_2) = \int_{x_1}^{x_2} \frac{1}{\sqrt{2\pi}} \mathrm{e}^{-\frac{t^2}{2}} \mathrm{d}t$$

由定积分的几何意义,只要求出两个面积的差:

$$P(x_1 < X < x_2) = \int_{-\infty}^{x_2} \frac{1}{\sqrt{2\pi}} \mathrm{e}^{-\frac{t^2}{2}} \mathrm{d}t - \int_{-\infty}^{x_1} \frac{1}{\sqrt{2\pi}} \mathrm{e}^{-\frac{t^2}{2}} \mathrm{d}t = \Phi(x_2) - \Phi(x_1)$$

分别查出 $\Phi(x_1)$ 和 $\Phi(x_2)$,就可求出 $\Phi(x_2) - \Phi(x_1)$.

④ 在 $X \sim N(\mu, \sigma^2)$,即在非标准正态分布的情形.

此时,只要设 $t = \dfrac{X - \mu}{\sigma}$,就可以把非标准正态分布转化成标准正态分布,即

$$Y = \frac{X - \mu}{\sigma} \sim N(0,1).$$

于是,对任意 $x_1 < x_2$,有

$$P(x_1 < X < x_2) = P\left(\frac{x_1 - \mu}{\sigma} < \frac{X - \mu}{\sigma} < \frac{x_2 - \mu}{\sigma}\right)$$

$$= P\left(\frac{x_1 - \mu}{\sigma} < Y < \frac{x_2 - \mu}{\sigma}\right)$$

$$= \Phi\left(\frac{x_2 - \mu}{\sigma}\right) - \Phi\left(\frac{x_1 - \mu}{\sigma}\right)$$

再用上述方法查附表即可.

例 5.21　设 $X \sim N(0,1)$,求:

(1) $P(X < 1.5)$;

(2) $P(X < - 1.25)$;

(3) $P(|X| < 2)$.

解 (1) $P(X < 1.5) = \Phi(1.5) = 0.933\,2$;

(2) $P(X < -1.25) = \Phi(-1.25) = 1 - \Phi(1.25)$

$$= 1 - 0.894\,4 = 0.105\,6;$$

(3) $P(|X| \leqslant 2) = P(-2 < X < 2)$

$$= \Phi(2) - \Phi(-2) = 2\Phi(2) - 1$$

$$= 2 \times 0.977\,2 - 1 = 0.954\,4.$$

例 5.22 设随机变量 X 服从正态 $N(108, 3^2)$ 分布,求:

(1) $P(101.1 < X < 117.6)$;

(2) 常数 a,使 $P(X < a) = 0.90$;

(3) 常数 a,使 $P(|X - a| > a) = 0.01$.

解 (1) $P(101.1 < X < 117.6) = P\left(-2.3 < \dfrac{X - 108}{3} < 3.2\right)$

$$= \Phi(3.2) - \Phi(-2.3)$$

$$= \Phi(3.2) - (1 - \Phi(2.3))$$

$$\approx 0.999\,313 - 1 + 0.989\,276 = 0.988\,589.$$

(2) $P(X < a) = P\left(\dfrac{X - 108}{3} < \dfrac{a - 108}{3}\right) = 0.90$,所以

$$\frac{a - 108}{3} \approx 1.28, \quad a = 111.84$$

(3) $P(|X - a| > a) = P(X - a > a) + P(X - a < -a)$

$$= P(X > 2a) + P(X < 0)$$

$$= P\left(\frac{X - 108}{3} > \frac{2a - 108}{3}\right) + P\left(\frac{X - 108}{3} < -36\right)$$

$$\approx 1 - \Phi\left(\frac{2a - 108}{3}\right) = 0.01.$$

所以 $\Phi\left(\dfrac{2a - 108}{3}\right) = 0.99$,查表得 $\dfrac{2a - 108}{3} \approx 2.33$,即 $a = 57.5$.

例 5.23 设某项竞赛成绩 $X \sim N(65, 10^2)$,若按参赛人数的 10% 发奖,问获奖分数线应定为多少?

解 设获奖分数线为 x_0,则求使 $P(X \geqslant x_0) = 0.1$ 成立的 x_0.

$$P(X \geqslant x_0) = 1 - P(X < x_0) = 1 - F(x_0) = 1 - \Phi\left(\frac{x_0 - 65}{10}\right) = 0.1$$

即 $\Phi\left(\dfrac{x_0 - 65}{10}\right) = 0.9$,查表得 $\dfrac{x_0 - 65}{10} = 1.29$,解得 $x_0 = 77.9$,故分数线可定为

78 分.

例 5.24　乘汽车从某城市的一所大学到火车站,有两条路可走,第一条路线,路程较短,但交通拥挤,所需时间(单位:min)服从正态分布 $N(50,10^2)$;第二条路线,路程较长,但阻塞较少,所需时间(单位:min)服从正态分布 $N(60,4^2)$. 问:如有 65 min 可利用,应走哪一条路线?

解　设 X 为行车时间,如有 65 分钟可利用,走第一条路线,$X \sim N(50,10^2)$,及时赶到的概率为

$$P(X \leqslant 65) = \varPhi\left(\frac{65-50}{10}\right) = \varPhi(1.5) = 0.933\,2$$

走第二条路线,$X \sim N(60,4^2)$,及时赶到的概率为

$$P(X \leqslant 65) = \varPhi\left(\frac{65-60}{4}\right) = \varPhi(1.25) = 0.894\,4$$

显然,应走概率大的第一条路线.

例 5.25　汽车设计手册指出:人的身高服从正态分布 $N(\mu,\sigma^2)$,根据各国的统计资料,可得各国、各民族男子的身高的 μ 和 σ^2. 对于中国人,$\mu = 1.75$,$\sigma = 0.05$.现要求上下车低头的人的概率不超过 0.5%,车门需设计多高?

解　设大巴士门高为 h,乘客的身高是随机变量 X,则 $X \sim N(175,0.05^2)$,根据题意,有

$$P(X > h) \leqslant 0.5\%, \quad 即\ P(X \leqslant h) \geqslant 99.5\%$$

也就是 $P(X \leqslant h) = \varPhi\left(\dfrac{h-175}{0.05}\right) \geqslant 0.995$,查表可得:$\dfrac{h-175}{0.05} \geqslant 2.58$,故 $h \geqslant 1.879$,即车门高度设计 1.9 米即可满足要求.

注 5.5　设 $X \sim N(\mu,\sigma^2)$,我们可以算出

$$P(\mu - \sigma < X \leqslant \mu + \sigma) = P\left(-1 < \frac{X-\mu}{\sigma} \leqslant 1\right) = \varPhi(1) - \varPhi(-1)$$
$$= 2\varPhi(1) - 1 \approx 0.682\,6$$

$$P(\mu - 2\sigma < X \leqslant \mu - 2\sigma) \approx 0.954\,4$$

$$P(-3\sigma \leqslant X \leqslant 3\sigma) \approx 0.997\,4$$

这说明,随机变量 X 的绝对值不超过 σ 的概率略大于 2/3,不超过 2σ 的概率在 95% 以上,而超过 3σ 的概率只有 0.003,即

$$P(|X| > 3\sigma) \approx 0.003$$

因为 $P(|X| > 3\sigma)$ 很小,在实际问题中常常认为它是不会发生的.也就是说,

对服从 $N(0,\sigma^2)$ 分布的随机变量 X 来说,基本上认为有 $|X|\leqslant 3\sigma$,这种近似的说法被实际工作者称作是正态分布的"3σ"原则(图 5.4).

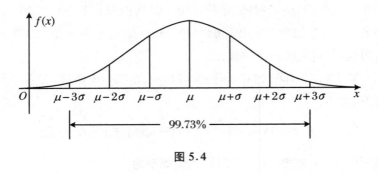

图 5.4

5.2.4　数字特征

1. 数学期望

"期望"在我们日常生活中常指有根据的希望,而在概率论中,数学期望又是指什么呢?让我们先从一个例子说起.

引例 5.1　(分赌本问题)17 世纪中叶,一位赌徒向法国数学家帕斯卡(1623~1662)提出一个使他苦恼很久的分赌本问题:甲、乙两赌徒赌技相同,各出赌注 50 法郎,每局中无平局.他们约定,谁先赢三局则得到全部 100 法郎的赌本.当甲赢了两局,乙赢了一局时,因故要中止赌博.现问这 100 法郎如何分才算公平?

分析:第一种分法　甲得 $100\times\dfrac{1}{2}$ 法郎；　乙得 $100\times\dfrac{1}{2}$ 法郎.

第二种分法　甲得 $100\times\dfrac{2}{3}$ 法郎；　乙得 $100\times\dfrac{1}{3}$ 法郎.

第一种分法者考虑了甲、乙两人赌技相同,就平均分配,没有照顾到甲已经比乙多赢一局这一个现实,对乙显然是不公平的;第二种分法相比第一种分法而言不但照顾到了赌前的前提条件,还考虑到了已经进行的三局比赛,当然更公平一些.但是,第二种分法还是没有考虑到如果继续比下去的话会出现什么样的结果,没有照顾两人在现有基础下对比赛结果的一种期待,还是不够好.帕斯卡认为,如果继续比下去的话,甲的最终所得 X 有两个可能结果:0 或 100.至多再赌两局必可结束,其结果不外乎以下四种:甲甲、甲乙、乙甲、乙乙(其中,"甲乙"表示第一局甲胜,第二局乙胜),即甲的分布列为

X	0	100
P	0.25	0.75

经过分析,帕斯卡认为甲的"期望"所得应为 $0 \times \dfrac{1}{4} + 100 \times \dfrac{3}{4} = 75$ 法郎;乙得 25 法郎.这种方法照顾到了已赌局数,又包括了再赌下去的一种"期望",它比前两种方法都更为合理.

这就是数学期望这个名称的由来,其实这个名称称为"均值"更形象易懂一些,对上例而言,也就是再赌下去的话,甲"平均"可以赢 75 法郎.

（1）离散型随机变量的数学期望

> **定义 5.5**　设离散随机变量 X 的分布列为
> $$P(X = x_k) = p_k \quad (k = 1, 2, \cdots)$$
> 如果和数 $\displaystyle\sum_{k=1}^{+\infty} |x_k| p(x_k)$ 有限,则称 $\displaystyle\sum_{k=1}^{+\infty} x_k p_k$ 为随机变量 X 的数学期望,简称期望或均值.记为 $E(X)$.

例 5.26　甲、乙两人进行打靶,所得分数分别记为 X_1, X_2,它们的分布列分别如表 5.13 和表 5.14 所示.

表 5.13

X_1	0	1	2
P	0	0.2	0.8

表 5.14

X_2	0	1	2
P	0.6	0.3	0.1

试评定他们的成绩的好坏.

解　我们来计算 X_1 的数学期望,得
$$E(X_1) = 0 \times 0 + 1 \times 0.2 + 2 \times 0.8 = 1.8(\text{分})$$
这意味着,如果甲进行很多次的射击,那么,所得分数的算术平均就接近 1.8.

而乙所得分数的数学期望为
$$E(X_2) = 0 \times 0.6 + 1 \times 0.3 + 2 \times 0.1 = 0.5(\text{分})$$
很明显,乙的成绩远不如甲的成绩.

例 5.27　按规定,某车站每天 8:00 ~ 9:00 和 9:00 ~ 10:00 之间都恰有一辆客车到站,但到站的时刻是随机的,且两者到站的时间相互独立.其规律如表 5.15 所示.

表 5.15

8:00 ～ 9:00 到站时间	8:10	8:30	8:50
9:00 ～ 10:00 到站时间	9:10	9:30	9:50
概率	1/6	3/6	2/6

一旅客 8:20 到车站,求他候车时间的数学期望.

解　设旅客的候车时间为 X(以分计). 它的分布列为表 5.16.

表 5.16

X	10	30	50	70	90
P	$\dfrac{3}{6}$	$\dfrac{2}{6}$	$\dfrac{1}{6} \times \dfrac{1}{6}$	$\dfrac{1}{6} \times \dfrac{3}{6}$	$\dfrac{1}{6} \times \dfrac{2}{6}$

在表 5.16 中,例如 $P\{X = 70\} = P(AB) = P(A)P(B) = \dfrac{1}{6} \times \dfrac{3}{6}$,其中 A 为事件"第一班车在 8:10 到站",B 为"第二班车在 9:30 到站". 候车时间的数学期望为

$$E(X) = 10 \times \frac{3}{6} + 30 \times \frac{2}{6} + 50 \times \frac{1}{36} + 70 \times \frac{3}{36} + 90 \times \frac{2}{36} = 27.22(分)$$

(2) 连续型随机变量的数学期望

> **定义 5.6**　设连续随机变量 X 的密度函数为 $f(x)$,如果积分 $\displaystyle\int_{-\infty}^{+\infty} |x| f(x) \mathrm{d}x$ 有限,则称 $\displaystyle\int_{-\infty}^{+\infty} x f(x) \mathrm{d}x$ 为 X 的数学期望,简称期望或均值,记为 $E(X)$.

例 5.28　设 X 服从区间 (a,b) 上的均匀分布,求 $E(X)$.

解　因为 $X \sim U(a,b)$,所以

$$f(x) = \begin{cases} \dfrac{1}{b-a} & (a < x < b) \\ 0 & (其他) \end{cases}$$

故

$$E(X) = \int_{-\infty}^{+\infty} x f(x) \mathrm{d}x = \int_a^b x \cdot \frac{1}{b-a} \mathrm{d}x = \frac{1}{b-a} \cdot \frac{x^2}{2} \Big|_a^b$$

$$= \frac{1}{b-a} \cdot \frac{b^2 - a^2}{2} = \frac{a+b}{2}$$

$E(X)$ 恰好是区间 (a,b) 的中点,这 $E(X)$ 与表示随机变量 X 取值的平均相符.

(3) 数学期望的性质

> (1) 若 c 是常数,则 $E(c) = c$;
>
> (2) 对任意的常数 k,有 $E(kX) = kE(X)$.

注 5.6　设随机变量 X 是一个随机变量. $Y = g(X)$ 是随机变量 X 的函数,则随机变量 Y 的期望计算公式为:

> (1) 若 X 为离散型随机变量,则 $E(Y) = E(g(x)) = \sum\limits_{k=1}^{+\infty} g(x_k) p_k$;
>
> (2) 若 X 为连续型随机变量,则 $E(Y) = E(g(x)) = \int_{-\infty}^{+\infty} g(x) f(x) \mathrm{d}x$.

就是说不需要求 Y 的分布,可以由 X 的分布直接求随机变量函数 Y 的期望. 且上面所述的两条性质也成立.

例 5.29　公司经销某种原料,根据历史资料表明:这种原料的市场需求量 X(单位:吨)服从 $(300,500)$ 上的均匀分布,即 $X \sim U(300,500)$. 每出售一吨该原料,公司可获利润 1.5(千元);若积压 1 吨,则公司损失 0.5(千元). 问公司应该组织多少货源,可使平均收益最大?

解　设公司组织该货源 a 吨,在 a 吨该货源的条件下的利润为 Y(千元),则

$$Y = g(X) = \begin{cases} 1.5a & (X \geqslant a) \\ 1.5a - 0.5(a - x) & (X < a) \end{cases}$$

$$= \begin{cases} 1.5a & (X \geqslant a) \\ 2X - 0.5a & (X < a) \end{cases}$$

所以

$$E(Y) = E[g(X)] = \int_{-\infty}^{+\infty} g(x) f(x) \mathrm{d}x$$

$$= \int_{300}^{500} g(x) \frac{1}{200} \mathrm{d}x$$

$$= \frac{1}{200} \left[\int_{300}^{a} (2x - 0.5a) \mathrm{d}x + \int_{a}^{500} 1.5a \, \mathrm{d}x \right]$$

$$= \frac{1}{200}(-a^2 + 900a - 300^2)$$

$$= -\frac{1}{200}(a - 450)2 + 226.25$$

故公司应该组织 450 吨货源,此时平均收益达到最大值 226.25 千元.

或令

$$h(a) = \frac{1}{200}(-a^2 + 900a - 300^2)$$

则

$$h'(a) = \frac{1}{200}(-2a + 900) = 0 \Rightarrow a = 450$$

故公司应该组织 450 吨货源,可使平均收益最大.

2. 方差

随机变量 X 的数学期望 $E(X)$ 是一种位置特征数,它刻画了 X 的取值总在 $E(X)$ 周围波动.但这个位置特征数无法反映出随机变量取值的"波动"大小,譬如 X 与 Y 的分布列分别为表 5.17 和表 5.18.

<table>
<tr><td colspan="4">表 5.17</td></tr>
<tr><td>X</td><td>-1</td><td>0</td><td>1</td></tr>
<tr><td>P</td><td>$\frac{1}{3}$</td><td>$\frac{1}{3}$</td><td>$\frac{1}{3}$</td></tr>
</table>

<table>
<tr><td colspan="4">表 5.18</td></tr>
<tr><td>Y</td><td>-10</td><td>0</td><td>10</td></tr>
<tr><td>P</td><td>$\frac{1}{3}$</td><td>$\frac{1}{3}$</td><td>$\frac{1}{3}$</td></tr>
</table>

尽管 $E(X) = E(Y) = 0$,但显然 Y 的取值波动要比 X 的取值波动大.如何用数值来反映出随机变量取值的"波动"大小?为此我们引入方差的概念.

> **定义 5.7**　设 X 是一个随机变量,若 $E[X - E(X)]^2$ 存在,则称它为 X 的方差,记为
> $$D(X) = E[X - E(X)]^2$$

注 5.7　显然,$D(X) \geqslant 0$;方差的算术平方根 $\sqrt{D(X)}$ 称为标准差或均方差,记为 $\sigma(X)$.

注 5.8　如果离散型随机变量 X 的概率分布列是 $P(X = x_k) = p_k(k = 1, 2, \cdots)$.那么和数

$$\sum_k [x_k - E(X)]^2 p_k$$

称为**离散型随机变量 X 的方差**;

如果连续型随机变量 X 的密度函数是 $f(x)$,那么

$$\int_{-\infty}^{+\infty} [x - E(X)]^2 f(x)\mathrm{d}x$$

称为**连续型随机变量 X 的方差**. 方差记作 $D(X)$.

注 5.9　由方差定义,我们可推得计算公式

$$D(X) = E(X^2) - [E(X)]^2$$

注 5.10　方差刻画了随机变量 X 的取值与数学期望的偏离程度,它的大小可以衡量随机变量的稳定性. 从方差的定义可见:若 X 的取值比较集中,则方差较小;若 X 的取值比较分散,则方差较大;若方差 $D(X) = 0$,则随机变量 X 以概率 1 取常值,此时, X 也就不是随机变量了.

例 5.30　某人有一笔资金,可投入两个项目:房地产和商业,其收益都与市场状态有关. 若把未来市场分为好、中、差三个等级,其发生的概率分别为 0.2,0.7,0.1. 通过调查,该投资者认为投资于房地产的收益 X(万元) 和投资于商业的收益 Y(万元) 的分布分别为表 5.19 和表 5.20.

<table>
<tr><td colspan="4" align="center">表 5.19</td></tr>
<tr><td>X</td><td>11</td><td>3</td><td>-3</td></tr>
<tr><td>P</td><td>0.2</td><td>0.7</td><td>0.1</td></tr>
</table>

<table>
<tr><td colspan="4" align="center">表 5.20</td></tr>
<tr><td>X</td><td>6</td><td>4</td><td>-1</td></tr>
<tr><td>P</td><td>0.2</td><td>0.7</td><td>0.1</td></tr>
</table>

请问:该投资者如何投资为好?

解　$E(X) = 11 \times 0.2 + 3 \times 0.7 + (-3) \times 0.1 = 4.0$(万元);

$E(Y) = 6 \times 0.2 + 4 \times 0.7 + (-1) \times 0.1 = 3.9$(万元).

从平均收益看,投资房地产收益大,可以投资商业多收益 0.1 万元. 由于

$D(X) = E[X - E(X)]^2$

$= (11 - 4)^2 \times 0.2 + (3 - 4)^2 \times 0.7 + (-3 - 4)^2 \times 0.1 = 15.4$

$D(Y) = E[Y - E(Y)]^2$

$= (6 - 3.9)^2 \times 0.2 + (4 - 3.9)^2 \times 0.7 + (-1 - 3.9)^2 \times 0.1 = 3.29$

所以

$$\sigma(X) = \sqrt{15.4} = 3.92; \quad \sigma(Y) = \sqrt{3.29} = 1.81$$

因为标准差(或用方差) 越大,收益的波动就越大,从而风险也越大. 若综合权衡收益和风险,选择投资房地产的平均收益多了 0.1 万元,仅仅多了 1/39,但风险却提高了一倍还多,不划算.

方差的性质(以下均假定随机变量的方差存在):

> (1) $D(c) = 0$,其中 c 为常数;
>
> (2) 若 a,b 是常数,则 $D(aX + b) = a^2 D(X)$.

数学期望和方差在概率统计中经常用到,为便于记忆,我们将几个常用分布的期望与方差列成表 5.21.

表 5.21　几个常用分布的期望与方差

分布名称	概率分布	数学期望 $E(X)$	方差 $D(X)$
二点分布	$\begin{pmatrix} 1 & 0 \\ p & q \end{pmatrix}, \begin{matrix} 0 < p < 1 \\ p + q = 1 \end{matrix}$	p	pq
二项分布	$P(X = k) = C_n^k p^k q^{n-k}$ $(k = 1,2,\cdots,n;$ $0 < p < 1, p + q = 1)$	np	npq
泊松分布	$P(X = k) = \dfrac{\lambda^k}{k!} e^{-\lambda}$ $(k = 0,1,2,\cdots)$	λ	λ
均匀分布	$f(x) = \begin{cases} \dfrac{1}{b-a} & (a \leqslant x \leqslant b) \\ 0 & (其他) \end{cases}$	$\dfrac{a+b}{2}$	$\dfrac{(b-a)^2}{12}$
指数分布	$f(x) = \begin{cases} \lambda e^{-\lambda x} & (x > 0) \\ 0 & (x \leqslant 0) \end{cases} (\lambda > 0)$	$\dfrac{1}{\lambda}$	$\dfrac{1}{\lambda^2}$
正态分布	$f(x) = \dfrac{1}{\sqrt{2\pi}\sigma} e^{-\frac{(x-\mu)^2}{2\sigma^2}}$ $(-\infty < x < +\infty)$	μ	σ^2

小 知 识

概率论起源

概率论被称为"赌博起家"的理论(见图 5.5).

概率论产生于 17 世纪中叶,是一门比较古老的数学学科,有趣的是:概率论的产生不是生产、科学或数学自身发展的推动而是起始于对赌博的研究,当时两个赌徒约定赌若干局,并且谁先赢 c 局便是赢家,若一个赌徒赢 a 局($a < c$),另一赌徒赢 b 局($b < c$)时终止赌博,如何瓜分赌本?最初因为一个赌徒将问题求教于帕斯卡,促使帕斯卡同费马讨论这个问题,从而他们共同建立了概率论的第一基本概念 —— 数学期望.

图 5.5

　　在他们之后,对于研究这种随机(或称偶然)现象规律的概率论做出了贡献的是伯努利家族的几位成员,雅科布给出了赌徒输光问题的详尽解法,并证明了被称为"大数定律"的一个定理(伯努利定理),这是研究偶然事件的古典概率论中极其重要的结果.历史上第一个发表有关概率论论文的人是伯努利,他于 1713 年发表了一篇关于极限定理的论文,概率论产生后的很长一段时间内都是将古典概型作为概率来研究的,直到 1812 年拉普拉斯在他的著作《分析概率论》中给出概率明确的定义,并且还建立了观察误差理论和最小二乘法估计法,从这时开始对概率的研究,实现了从古典概率论向近代概率论的转变.

5.3　统计数据初步的分析和处理

　　在实际工作中,为了解某方面的情况,或对某些问题做出判断,经常需要搜集数据.这些数据表面上看往往是杂乱无章的,但经过一系列的统计方法处理后,就会呈现出一定的统计规律性,为我们认识和解决问题提供依据.本节仅就统计中的一些基本方法做初步的介绍.

5.3.1　总体与样本

在实际工作中,我们常常会遇到这样一些问题.

　　例 5.31　通过对部分产品进行测试来研究一批产品的寿命,讨论这批产品的平均寿命是否小于某数值 a.

　　例 5.32　通过对某地区一部分儿童身高和体重的测量了解该地区的全部儿童的身高和体重.

　　这两个例子都有一个共同的特点,就是为了研究某个对象的性质,不是一一研究对象的所有个体,而是只研究其中的一部分,通过对这部分的个体的研究,从而推断出对象全体的性质.这就引出了总体和样本的概念.

> **定义 5.8**　我们将所研究对象的全体称为总体;而把总体中的每一个基本单位称为个体.从总体中抽取出来的个体称为样品,若干个样品组成的集合称为样本,一个样本中所含的个数称为样本的容量(或大小).
>
> 　我们将这个样品的取值就称为样品值,样本的取值称为样本值.

例 5.31 中,一批产品的寿命是一个总体,而其中一个产品的寿命就是一个个体;例 5.32 中,某地区全体儿童的身高及体重也是一个总体,而其中一个儿童的身高与体重是一个个体.

由于样品所表示的是某些特性的数量指标以及样品抽取的随机性,因此样品是一个变量,我们所看到的都是样品的取值.如例 5.31,抽取样品时,并不知道这件产品的寿命是多少(也就是个变量),抽取出来后,知道这个产品的寿命(例如 1 000 小时),在实际问题中,总体所含个体的数目可以是有限的,也可以是无限的.在考察总体的性质时,由于总体里个体的数目是无限的,或尽管有限但数目多较大,以及试验带有破坏性或费用昂贵等,使我们不能对总体的全部个体——研究,只能从总体中抽取一部分个体(即样本)进行考察,通过研究所获得的样本值去推断总体的情况.可见,样本在统计分析中具有非常重要的意义.

正是由于很多总体的性质都要通过样本来推断,因此样本的抽取非常重要,限于篇幅,本节不能展开讨论,有兴趣的同学可阅读专门的统计学书籍.

5.3.2　样本均值与方差

面对搜集到的一批样本数据,如何归纳、整理和分析它们,以及推断总体的性质呢?计算样本数据的特征数是一个很重要的方法.一般将能够反映统计数据主要特征的数,称为统计数据的特征数(简称特征数).实际上,概率统计的核心内容就是通过数据的特征数来对总体的数字特征做出估计,以及对总体的其他特性进行分析和推断.

数据分析最常用的特征数通常可分为两类:一类表示数据的总体水平的数,包括均值、加权平均数、几何平均数、中位数和众数等,它们统称为平均数;另一类是表示数据分散程度的数,常用的有方差、标准差、极差和变异系数等.

1. 样本均值

> **定义 5.9**　设从总体中随机抽取样本容量为 n 的样本,测得样本值为 $x_1, x_2, \cdots, x_n$,则称
> $$\bar{x} = \frac{1}{n} \sum_{i=1}^{n} x_i$$
> 为样本均值.

样本均值就是通常所说的算术平均数,是反映数据整体水平的特征数,在实际问题中,经常用样本的均值来估计总体的均值,或用均值代表总体水平,对不同的总体进行比较.

　　例 5.33　某省在全国数学高考中,随机地抽出 11 份卷子,他们的成绩分别为
$$79, 62, 84, 90, 91, 71, 76, 83, 98, 77, 78$$
试求样本均值 $\bar{x}$.

　　解　$\bar{x} = \dfrac{79 + 62 + 84 + 90 + 91 + 71 + 76 + 83 + 98 + 77 + 78}{11} \approx 80.8.$

在实际问题中,有时在数据较多时,用求算术平均值的方法求样本均值是比较繁琐的,我们还可以用其他的方法,比如加权平均数.

在计算 $x_1, x_2, \cdots, x_n$ 的样本均值时,若 x_i 中有相同的值就可以合并,假设不同的只有 k 个值,即 $a_1, a_2, \cdots, a_k$,并且 a_i 出现了 n_i 次($i = 1, 2, \cdots, k$).故

$$\bar{x} = \frac{1}{n}(x_1, x_2, \cdots, x_n) = \frac{1}{n} \sum_{i=1}^{k} n_i a_i = \sum_{i=1}^{k} a_i \frac{n_i}{n} \tag{5.4}$$

由上式我们发现,均值 $\bar{x}$ 与 a_i 出现的次数的关系是由比值 n_i/n 决定的,也就是说,只与 a_i 在所有数据中所占的比例有关,我们再把这个概念加以推广.

给了一组数据 $x_1, x_2, \cdots, x_n$,再给一组正数 $p_1, p_2, \cdots, p_n$,这里 $\sum\limits_{i=1}^{n} p_i = 1$,则

$$\sum_{i=1}^{n} p_i x_i = p_1 x_1 + p_2 x_2 + \cdots + p_n x_n$$

为 $x_1, x_2, \cdots, x_n$ 的**加权平均数**,而 $p_1, p_2, \cdots, p_n$ 称为 $x_1, x_2, \cdots, x_n$ 相应的权.特例,在 $p_1 = p_2 = \cdots = p_n = 1/n$ 时,加权平均数就变成算术平均数,p_i 表示 x_i 在平均时的重要程度.

　　例 5.34　某电器商场统计 2008 年和 2009 年销售某品牌电冰箱的数据,其中 2009 年冰箱价格大幅下调,具体数据如表 5.22 所示.

表 5.22

规　格	2008 年			2009 年		
	销售量(台)	总收入(万元)	平均价格(元)	销售量(台)	总收入(万元)	平均价格(元)
180 升	1 056	227.04	2 150	625	111.25	1 780
190 升	2 625	635.25	2 420	1 728	380.16	2 200
205 升	688	335.744	4 880	1 441	492.822	3 420
225 升	152	116.735	7 680	701	377.138	5 380
合计	4 521	1 314.77		4 495	1 361.37	

从表 5.22 中看出,2008 年共销售 4 521 台电冰箱,总收入是 1 314.77 万元,因此平均每台电冰箱的销售价格是

$$\overline{x_1} = \frac{1\ 314.77}{4\ 521} \approx 0.290\ 8(万元) = 2\ 908(元)$$

2009 年共销售 4 495 台电冰箱,总收入是 1 361.37 万元,因此平均每台电冰箱的销售价格是

$$\overline{x_2} = \frac{1\ 361.37}{4\ 495} \approx 0.302\ 9(万元) = 3\ 029(元)$$

2009 年每种冰箱的价格都大幅下调了,并且冰箱的销售总量也略有减少,为什么总的销售收入及平均价格反而上升了呢?这是因为不同规格的电冰箱在两年里的销售比重,也就是"权",发生了变化,从表 5.23 中看出,2008 年价格较高的电冰箱销售的比重增大,价格较低的电冰箱销售比重减小,所以出现了总销售量减少且价格下调,但总收入增加且平均销售价格(加权平均数)提高,这是一种看似"矛盾"却"不矛盾"的情况.

表 5.23

规　格	2008 年		2009 年	
	平均价格(元)	销售比重(%)	平均价格(元)	销售比重(%)
180 升	2 150	23.36	1 780	13.90
190 升	2 420	58.06	2 200	38.44
205 升	4 880	15.22	3 420	32.06
225 升	7 680	3.36	5 380	15.60
合计		100		100

对于一组数据,除了均值以外,是否还可以用别的数作"代表"呢?回答是肯定的.从均值的定义可见,个别很大的值或个别很小的值对均值的影响较大,这些极端值并不代表一般的情况,但又不能随便剔除它们,这时,往往采用**中位数**来"代表"这组数据的平均水平.

把一组数据按大小次序排列,把处于最中间位置的一个数据(或最中间两个数据的平均数)叫作这组数据的中位数.具体来说,如果数据是奇数个,那么最中间的只是一个数据,它就是中位数;如果数据是偶数个,那么最中间的就是两个数据,这两个数据的平均数就是中位数.例如,一组数据为 19,21,24,25,27,那么最中间的数据只有一个 24,24 就是中位数;再例如,一组数据为 23,24,25,26,28,30,31,32,那么最中间就是两个数据 26,28,则这两个数据的平均数是 27,27 就是这组数据的中位数.

如果数据很多,用"**众数**"作代表也是很方便的.在一组数据中,出现次数最多的数据叫作这组数据的众数.例如,一组数据为 4,4,6,7,9,因为 4 出现了两次,其余各数据值出现了一次,因此这组数据的众数就是 4.

众数描述了一组数据的集中趋势,是统计工作中的统计量之一,在经济管理和日常生活中也应用这个概念.例如,某衬衣厂发现某种型号的衬衣销售量最多,因此在制定下阶段生产计划时,就多生产这种型号的衬衣,等等.这里要了解的就是众数,而不是均值.

均值、中位数和众数都是反映总体数据平均水平的指标,但由于三种指标的计算方法不同,所得结果也不同.在实际工作中,可根据问题的具体情况,决定采用哪种平均数作为代表数值.有时,需要将三种平均数结合起来使用,才能较全面地反映总体的分布情况.

2. 样本方差

对于一组统计数据,仅知道均值还不够,还要知道它们的分散程度.例如,有两个女声小合唱队,各由五名队员组成,她们身高分别是(单位:mm):

A 队　　162 163 164 163 163

B 队　　162 175 152 158 168

A,B 两队队员的平均身高都是 163 mm,但仅从两队的身高情况看,A 队的身高变动较小,比较均匀,基本上在 163 mm 附近,演出效果较好.而 B 队的身高变动较大,忽高忽低,演出效果较差.

实质上,数据的分散程度是反映客观现象的一种重要指标.例如,两个工人加工同一种零件,各抽查 50 个,测试其长度,数据波动大的说明技术不稳定;医生通过化验患者血中的谷丙转氨酶的含量波动情况来判断肝脏患病情况等.所以对于一批数据,除了研究它的均值外,还要研究其分散程度.

定义 5.10 设从总体中随机抽取样本容量为 n 的样本,测得样本值为 $x_1, x_2, \cdots, x_n$,则称

$$S^2 = \frac{1}{n-1} \sum_{i=1}^{n} (x_i - \bar{x})^2 \qquad (5.5)$$

及

$$S = \sqrt{\frac{1}{n-1} \sum_{i=1}^{n} (x_i - \bar{x})^2} \qquad (5.6)$$

分别为样本方差和样本标准差.

显然,当 $x_1 = x_2 = \cdots = x_n$ 时,$S^2 = 0$;当 $x_i(i = 1, 2, \cdots, n)$ 这组数据互不相同的程度越大,也就是说,这组数据越分散时,则 S^2 就越大;而当 $x_i(i = 1, 2, \cdots, n)$ 这 n 个数据相差不大,即这组数据很集中时,则 S^2 很小.

例 5.35 设用测温仪对某物体的温度测量了 5 次,其样本值为:1 250,1 265,1 245,1 260,1 275,单位为 ℃,求:(1) 样本方差;(2) 样本标准差.

解 (1) 先求样本均值

$$\bar{x} = \frac{1\,250 + 1\,265 + 1\,245 + 1\,260 + 1\,275}{5} = 1\,259$$

$$\begin{aligned}
S^2 &= \frac{1}{n-1} \sum_{i=1}^{n} (x_i - \bar{x})^2 \\
&= \frac{1}{4} \big[(1\,250 - 1\,259)^2 + (1\,265 - 1\,259)^2 + (1\,245 - 1\,259)^2 \\
&\qquad + (1\,260 - 1\,259)^2 + (1\,275 - 1\,259)^2 \big] \\
&= 142.5
\end{aligned}$$

(2) $S = \sqrt{\dfrac{1}{5-1} \sum_{i=1}^{5} (x_i - \bar{x})^2} = \sqrt{142.5} = 11.94.$

注 5.11 由和数运算法则,样本方差公式可简化为

$$S^2 = \frac{1}{n-1} \left(\sum_{i=1}^{n} x_i - n\bar{x} \right)$$

必须指出的是,除了方差和标准差外,还常用极差和变异系数来描述数据之间的分

散程度.

> 一组数据 $x_1, x_2, \cdots, x_n$ 中的最大值减去最小值, 即
> $$R = \max_{1 \leqslant i \leqslant n} \{x_i\} - \min_{1 \leqslant i \leqslant n} \{x_i\}$$
> 称为 $x_1, x_2, \cdots, x_n$ 的极差.

从定义看出, 极差反映数据之间的最大差距. 极差越小, 说明数据越集中, 均值的代表性就越好. 由于极差计算方便, 反映数据的分散程度也直观, 因此在实际工作中应用越来越广泛, 如在自动化的生产中常用作检验产品质量的指标, 在试卷分析中用作检验教与学情况. 不过, 如果一批数据存在极端值, 极差就不能反映数据一般性的分散程度, 这也正是用极差描述数据分散程度的缺点所在.

上面据说的方差、标准差和极差都是有单位的量, 如果用它们来描述和比较两组单位不同的数据的分散程度时, 就会发生困难. 例如, 某学院一年级男生的平均身高是 1.72 米, 标准差是 0.07 米; 平均体重为 60 千克, 标准差是 5 千克, 那么, 该学院一年级男生是身高的差异大, 还是体重的差异大呢? 由于这两个指标的标准差 (或方差) 单位不同, 故无法进行比较, 为此引入刻画相对分散程度的量 —— 变异系数.

> 给定一组数据 $x_1, x_2, \cdots, x_n$, 它的标准差 S 与均值 $\bar{x}$ 之比 $S/\bar{x}$, 称为数据 $x_1, x_2, \cdots, x_n$ 的变异系数, 记为 CV, 即
> $$CV = \frac{S}{\bar{x}}$$

变异系数是以数据的均值为中心, 表示数据相对分散程度大小的量, 它一般用百分数表示. 根据变异系数的大小, 可以评价均值"代表性"的好坏. 如前面提到的

$$CV_{身高} = \frac{0.07}{1.72} \times 100\% = 4.07\%$$

$$CV_{体重} = \frac{5}{60} \times 100\% = 8.33\%$$

因为 $4.07\% < 8.33\%$, 所以说身高比体重的差异要小些, 即平均身高的代表性比平均体重的代表性要好些.

5.3.3 直方图与概率密度函数

在实际工作中, 要分析研究随机现象, 就需要收集原始数据. 这些数据, 一般来

讲是通过随机抽样得到的，并且这样得到的数据，常常是大量的和分散的，为了揭示这些数据的分布规律，必须对它们进行加工整理和统计分析．这里，我们介绍一种常用的统计分析方法 —— 直方图，通过它就可根据原始数据，近似地描绘出概率密度曲线．

（1）分组数据表（频数分布表）：当样本值较多时，可将其分成若干组，分组的长度一般取成相等，称区间的长度为组距．分组的组数应与样本容量相适应，分组太少，则难以反映分布的特征；若分组太多，则由于样本取值的随机性而使分布显得杂乱．因此，分组时，以确定分组数（或组距）就突出分布的特征并冲淡样本的波动性为原则．区间所含的样本值个数称为该区间的组频数．组频数与总的样本容量之比称为组频率．

（2）频率直方图：频率直方图能直观地表示出组频数的分布，其步骤如下：

设 $x_1, x_2, \cdots, x_n$ 是样本的 n 个观察值．

① 从 n 个原始数据中，确定最大值和最小值，取 a 略小于最小值，b 略大于最大值．

② 对数据进行整理分组．分组的个数，可以根据实际的经验来确定，例如：数据在 50 以下，可分为 $5 \sim 6$ 个组；$50 \sim 100$ 个数据，可分成 $6 \sim 10$ 个组，$100 \sim 250$ 个数据，可分成 $7 \sim 12$ 个组，等等．如果数据太少，作直方图就没有多少意义．

③ 求出组距和组限．设分组的个数为 m，那么每个组的组距 $d = \dfrac{b-a}{m}$，第一组应包含数据的最小值，最后一组应包含数据的最大值．

④ 计算频数、频率、频率密度．每组包含的数据的个数，称为组频数，记为 v_i（$i = 1, 2, \cdots, m$），频数除以数据的总数 n，即 $f_i = \dfrac{v_i}{n}$，称为组频率．把第一组至第 i 组的频率累加，称为第 i 组的累积频率，频率和组距 d 的比，称为频率密度．

⑤ 列出有关组距、频数、频率、频率密度等的统计表．

⑥ 制作直方图．

建立平面直角坐标系 Oxy，横坐标表示随机变量的取值，即数据的范围；纵坐标表示频率密度，即频率和与组距的比值．这样，以每一组的组距 d 为底，以相应于这个小区间的频率密度为高，就得到一排竖直的小长方形，这样作出的图形，称为频率直方图，简称直方图．

显然，直方图中所有的小长方形的面积之和为 1，这是由于：

$$小长方形的面积 = \frac{频率}{组距} \times 组距 = 频率$$

故所有的小长方形的面积之和就刚好等于频率的总和,即为 1.

总之,直方图是用小长方形的面积的大小来表示样本数据,即随机变量的取值落在某个区间(某一个小组)内的可能性的大小,因而它可以直观并且大致反映随机变量概率分布密度的情况.

有了直方图,就可以近似画出概率密度函数的曲线,即用光滑的曲线分别连接各小长方形的顶边,就可以得到连续型随机变量的概率密度函数的近似曲线,在此基础上,可以对随机变量做进一步的分析和研究.

例 5.36　某企业生产某种电子元件,因受到各种偶然因素的影响,其长度是有差异的,将其长度 X 看成随机变量,用直方图法分析 X 服从什么分布,抽样取得的 100 个数据如表 5.24.

表 5.24

1.36	1.49	1.43	1.41	1.37	1,40	1.32	1.42	1.47	1.39
1.41	1.36	1.40	1.34	1.42	1.42	1.45	1.35	1.42	1.39
1.44	1.42	1.39	1.42	1.42	1.30	1.34	1.42	1.37	1.36
1.37	1.34	1.37	1.37	1.44	1.45	1.32	1.48	1.40	1.45
1.39	1.46	1.39	1.53	1.36	1.48	1.40	1.39	1.38	1.40
1.36	1.45	1.50	1.43	1.38	1.43	1.41	1.48	1.39	1.45
1.37	1.37	1.39	1.45	1.31	1.41	1.44	1.44	1.42	1.47
1.35	1.36	1.39	1.40	1.38	1.35	1.38	1.43	1.42	1.42
1.42	1.40	1.41	1.37	1.46	1.36	1.37	1.27	1.37	1.38
1.42	1.34	1.43	1.42	1.41	1.41	1.44	1.48	1.55	1.37

解　(1) 先找出数据中最大值 1.55,最小值 1.27,并取 $a = 1.265, b = 1.565$. a 略小于最小值,b 略大于最大值,使最大值、最小值在组内.

(2) 对数据进行分组,可分成 10 组,即 $m = 10$.

(3) 找出组距:$d = \dfrac{b - a}{m} = \dfrac{1.565 - 1.265}{10} = 0.03$. 显然,第一组为 $[1.265, 1.295]$……第十组为 $[1.535, 1.565]$.

(4) 计算频数、频率、频率密度等.

（5）列出有关组距、频数、频率、频率密度等的分布表 5.25.

表 5.25

组序号	分组组距	组频数	组频率	频率密度
1	$1.265 \sim 1.295$	1	0.01	0.33
2	$1.295 \sim 1.325$	4	0.04	1.33
3	$1.325 \sim 1.355$	7	0.07	2.33
4	$1.355 \sim 1.385$	22	0.22	7.33
5	$1.385 \sim 1.415$	24	0.24	8.00
6	$1.415 \sim 1.445$	24	0.24	8.00
7	$1.445 \sim 1.475$	10	0.10	3.33
8	$1.475 \sim 1.505$	6	0.06	2.00
9	1.505	1	0.01	0.33
10	$1.535 \sim 1.565$	1	0.01	0.33
合计		100	1.00	

（6）制作直方图.

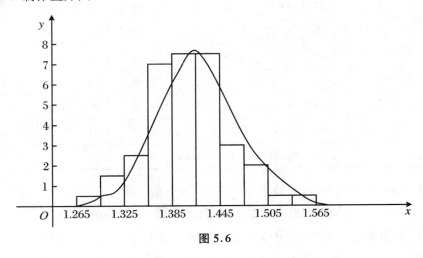

图 5.6

从图 5.6 中可以看出,频率直方图呈中间高两头低的"倒钟形",可以粗略地认为该元件的长度服从正态分布,其数学期望在 1.415 附近.

通过频率直方图中每个小矩形的上端,可以描绘出一条轮廓曲线.容易想象,随着样本容量的不断增大,分组越来越细,直方图中的组距越来越小,这条轮廓曲线将渐渐趋于一条光滑的曲线.我们称这条曲线为频率密度曲线,也称为频率分布曲线,记作 $y = f(x)$,如图 5.6 所示.

从频率密度曲线的概念可以知道:

(1) 样本容量的不断增大,意味着样本与总体间的差别越来越小.显然,当样本容量充分大的时候,经过频率直方图上端画出的频率密度曲线反映的就是总体的分布.

(2) 频率密度曲线与 x 轴围成的区域面积是 1(频率直方图中小矩形面积的和),用无穷积分表示,即有 $\int_{-\infty}^{+\infty} f(x)\mathrm{d}x = 1$.

(3) 由直线 $x = x_1, x = x_2, x$ 轴和频率密度曲线围成的曲边梯形的面积等于样本落入区间 $[x_1, x_2)$ 内的频率.

(4) 习惯上,常以频率代替概率.因此,当样本容量很大时,样品落入 $[x_1, x_2)$ 内的概率近似等于样品落入区间 $[x_1, x_2)$ 上的频率 f,即

$$P(x_1 \leqslant X < x_2) \approx f = \int_{x_1}^{x_2} f(x)\mathrm{d}x \quad (\text{曲边梯形面积})$$

其中 $P(x_1 \leqslant X < x_2)$ 表示样品落入区间 $[x_1, x_2)$ 内的概率.

例 5.37　在某学院学生体质检测中,抽查了 1 000 名 19 岁男生的身高,统计得到身高在 165 mm 到 175 mm 之间的有 326 人,问该学院 19 岁男生身高在 165 mm 到 175 mm 之间的概率是多少?

解　设该学院 19 岁男生身高为 X cm,那么该学院 19 岁男生身高在 165 mm 到 175 mm 之间的频率为

$$f = \frac{326}{1\,000} = 0.326$$

故该学院 19 岁男生身高在 165 mm 到 175 mm 之间的概率为

$$P(165 \leqslant X < 175) \approx 0.326$$

5.3.4　Excel 软件在统计数据分析中的运用简介

1. Excel 软件简介

功能强大的统计分析软件有 SAS,SPSS 等,这些软件功能强大,计算精度高,但是这些软件往往由于系统庞大、结构复杂,大多数非统计专业人员难以运用自如,而且其正版软件价格昂贵,故一般人是难以承受的.

　　Excel是办公室自动化中非常重要的一款软件(图5.7),很多巨型国际企业都是依靠Excel进行数据管理.它不仅仅能够方便地处理表格和进行图形分析,其更强大的功能体现在对数据的自动处理和计算.Excel的数据处理功能在现有的文字处理软件中可以说是独占鳌头,几乎没有什么软件能够与它匹敌.计算机上安装了微软(Microsoft)公司的办公软件Office后,随之就有了Excel,不需要另外投资,Excel的使用并不复杂,可通过联机帮助来学习其操作和功能.

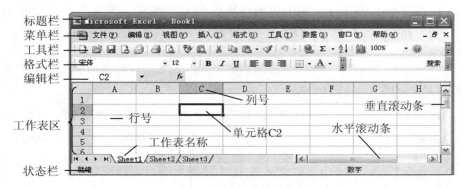

图 5.7　Excel 的用户界面窗口

　　Excel的统计工作表函数用于对数据区域进行统计分析,Excel中的工作表就像矩阵,Excel做计算往往是对工作表中某个区域进行,其统计分析函数中所用的数据区域用array来表示,如A1:H1表示第1行的A列到H列共8个数,D2:D15表示D列的第2行到第15行共14数,B2:F15表示从B列到F列,从第2行到第15行共70个数据.

　　2. Excel 中的常用的统计运算

　　在进行求和、均值、计数、最值、众数等统计运算时,最快捷的方法是,在 Excel 的工具栏中找到"$\sum$"符号,在其下拉框中分别有求和;平均值;计数;最大值;最小值及其他常用函数等(图5.8).

　　利用它就可以进行一些常用的统计运算.例如,利用 Excel 求 5.3.2 中例 5.33 的样本均值.

　　步骤1　将所有数据输入工作表中.

　　步骤2　在工具栏中点下拉菜单"$\sum$",找到"平均值"点击即得(图5.9).

图 5.8

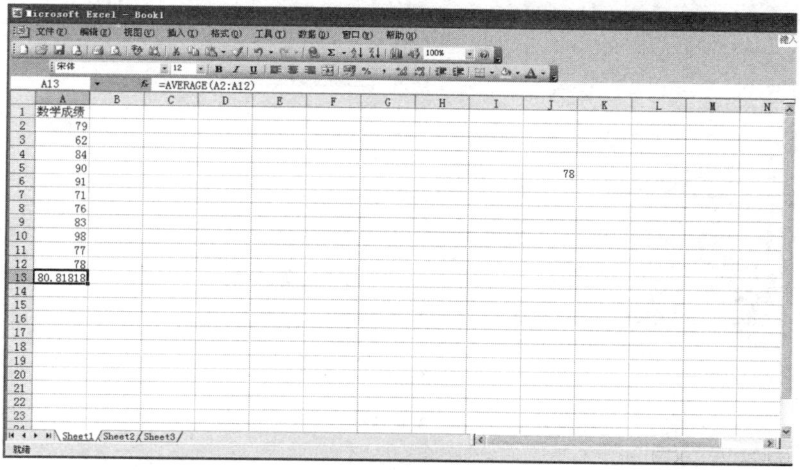

图 5.9

3. Excel 中的描述统计加载宏

除普通的计算功能外,Excel 通过加载宏加载相应模块,可以与多个学科结合,形成适用于多种学科的数据处理软件.下面将介绍如何通过Excel加载宏加载分析工具库,并简单介绍分析工具库中所包含的相关统计分析方法.下面通过一个例题来说明.

例 5.38　应用 Excel 描述统计工具对 5.3.3 中例 5.36 的数据进行描述统计分析.

步骤 1　将所有的数据输入工作表中.

步骤 2　选择"工具"菜单之"数据分析"命令,在"分析工具"框中"描述统计"工具,单击"确定"按钮,如图 5.10 所示.

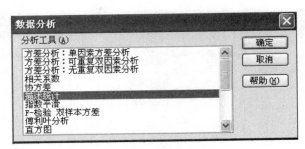

图 5.10

步骤 3　弹出"描述统计"对话框,如图 5.11 所示.

图 5.11

在"输入"框内指定输入数据的有关参数:

(1)"输入区域":指定要分析的数据所在的单元格区域.本例输入 A2:A101.

(2)"分给方式"这是选择逐列,因为数据是按列排列的.

在"输出选项"框内指定有关输出选项:

(1)在输出区域框键入输出单元格区域的左上角地址.本例选中将结果输出到 J1.

(2)"汇总统计"复选框:若选中,则显示描述统计结果.本例选中.

(3)"第 K 大值"复选框:根据需要指定要输出数据中的第几个最大值.本例选中,并输入 1,表示要求输出第 1 个大的数值.

(4)"第 K 小值"复选框:根据需要指定要输出数据中的第几个最小值.本例选中,并输入 1,表示要求输出第 1 个小的数值.

步骤 4　单击"确定"按钮,这时 Excel 将描述统计结果存放在当前工作表的

F2：K18 区域中，如图 5.12 所示.

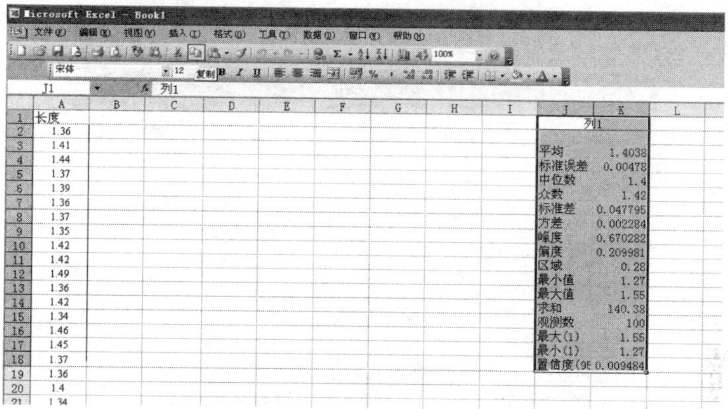

图 5.12

由分析结果知，这批电子元件的长度样本均值为 1.403 8，样本方差为 0.047 7 95，中位数为 1.4，众数为 1.42.

例 5.38　应用 Excel 计量 5.3.3 中例 5.36 的数据的频数表与直方图.

步骤 1　先对数据进行分组（见例 5.36），然后将每组组限输入工作表，本例数据的最小值、最大值分别为 1.27，1.55. 取区间 $[1.265, 1.565]$，将区间等分成 10 个小区间，组距 $d = \dfrac{b-a}{m} = \dfrac{1.565 - 1.265}{10} = 0.03$，所以各小区间的端点从左到右依次为 1.265，1.295，1.325，1.355，1.385，1.415，1.445，1.475，1.505，1.535，1.565，将它们输入区域 C2：C12 中.

步骤 2　选择工具菜单之数据分析选项，在分析工具框中"直方图"，如图 5.13 所示.

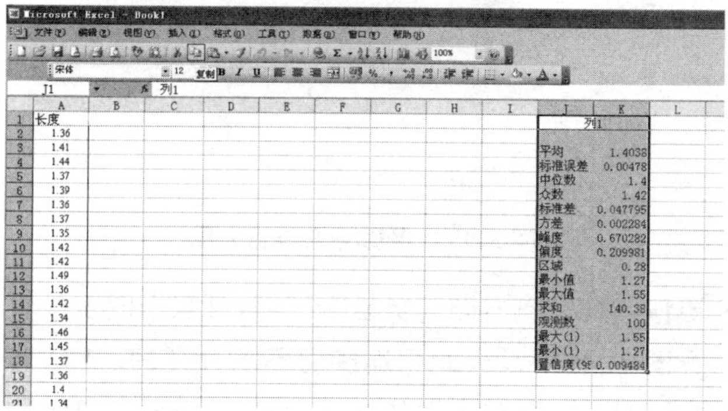

图 5.13

步骤3　（1）输入：输入区域：A2：A101，接受区域：C2：C12（这些区间断点或界限必须按升序排列）；（2）输出选项：输出区域：F2，选定图表输出（图5.14）.

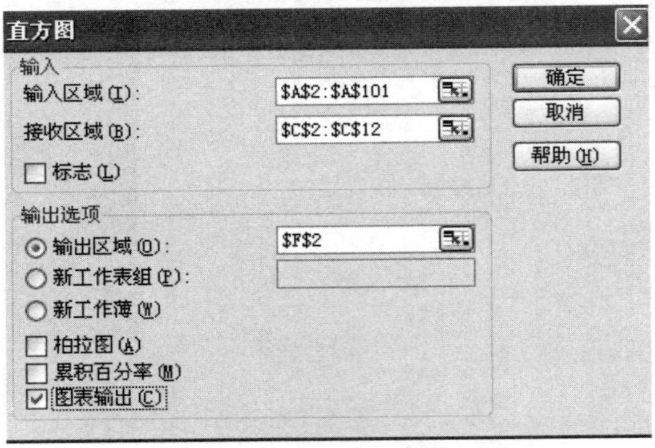

图5.14

步骤4　单击确定，Excel将计算出结果显示在输出区域中.

Excel将把频率分布和直方图放在工作表中，如图5.15所示.

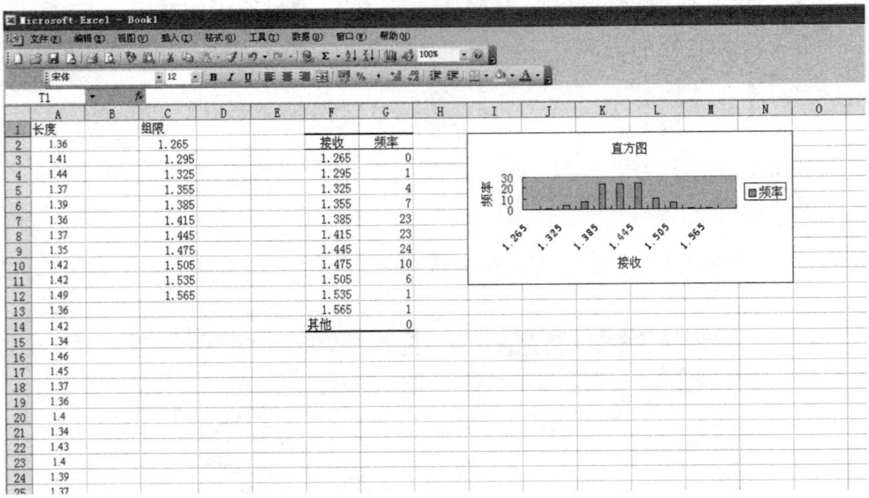

图5.15　频数分布与直方图

为了使图表更像传统的直方图和更易于理解，可双击图表并对它做如下修改.

在传统的直方图中，柱形是彼此相连接而不是分开的.选择某个柱形，单击鼠标右键，选择数据系列格式，并单击选择标签，将间距宽度从150%改为0%，单击确定.则得修改后的直方图(图 5.16).

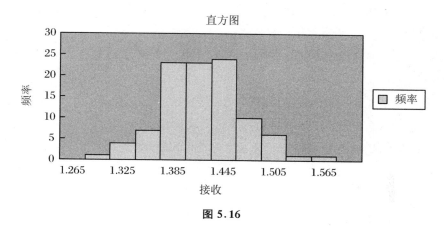

图 5.16

Excel 中其余的统计运算其图形均可照此例的步骤做出.

 小 知 识

统计语言学

统计语言学(statistical linguistics)是数理语言学的一个分支,应用统计数学的方法来研究语言现象的语言学科.

它的研究领域目前主要包括以下几个方面:

① 统计语言单位的出现频率,如对词汇和音位、语素出现的频率进行统计研究.

② 统计作家的用词频率、词长分布和句长分布,以了解作家运用语言的风格;用这种方法还可判定匿名文章的作者.

③ 计算语言存在的绝对年代以及亲属语言从共同原始语分化出来的年代,这方面的研究叫作语言年代学,又称为词源统计分析法.此外,还可对亲属语言的语法、语音体系进行统计、比较.

④ 采用信息论方法研究语言的熵和羡余度.

⑤ 探讨语言的一般统计规律.

⑥ 运用随机过程论来研究语言,把语言看成彼此联系的字母序列,前一个字母决定后一个字母的出现,于是形成一条字母链,叫作马尔可夫链,因其最早的研

究者俄国数学家 A.A.马尔可夫而得名.

　　⑦ 研究文章中两个词之间、两个语法范畴之间、两个语义类之间或两个句法类型之间的间距,以揭示文章在句法或语义上的特征.

　　⑧ 研究语言的词汇与文章长度的关系,以揭示文章中词汇的丰富程度和差异程度.

　　《红楼梦》研究是一个很好的例子.

　　《红楼梦》前 80 回与后 40 回的作者是否相同?

　　1980 年 6 月,在美国威斯康星大学召开的国际首届《红楼梦》研讨会上,来自威斯康星大学的华裔学者陈炳藻先生宣读了一篇《从词汇上的统计论〈红楼梦〉的作者问题》的博士论文,引起了国际红学界的关注和兴趣.

　　1986 年,陈炳藻教授公开发表了《电脑在文学上的应用:〈红楼梦〉与〈儿女英雄传〉两书作者》的专著.利用计算机对《红楼梦》前 80 回和后 40 回的用字进行了测定,并从数理统计的观点出发,探讨《红楼梦》前后用字的相关程度.他将《红楼梦》的 120 回分为三组,每组 40 回.并将《儿女英雄传》作为第四组进行比较,从每组中任意取出八万字,分别挑出名词、动词、形容词、副词、虚词这五种词汇,运用数理语言学,通过计算机程序对这些词进行编排、统计、比较和处理,进而找出各组相关程度.

　　结果发现《红楼梦》前 80 回与后 40 回的词汇相关程度达到 78.57%,而《红楼梦》与《儿女英雄传》的词汇相关程度是 32.14%.由此他推断出《红楼梦》的作者为同一个人所写的结论.这个结论是否被红学界所接受,还存在一定的争论.但是这种方法却给很多人留下了深刻的印象.

阅读材料

I　平凡而又神奇的贝叶斯方法的创立者 —— 贝叶斯

　　贝叶斯(Thomas Bayes,1702 ~ 1763,图 5.17)是英国数学家.1702 年出生于伦敦,做过神父,1742 年成为英国皇家学会会员,1763 年 4 月 7 日逝世.贝叶斯在数学方面主要研究概率论.他首先将归纳推理法用于概率论基础理论,并创立了贝叶斯统计理论,对于统计决策函数、统计推断、统计的估算等做出了贡献.1763 年发表了这方面的论著,对于现代概率论和数理统计都有很重要的作用.贝叶斯的另一著作《机会的学说概论》发表于 1758 年.贝叶斯所采用的许多术语被沿用至今.

图 5.17

贝叶斯决策理论是主观贝叶斯派归纳理论的重要组成部分.

贝叶斯决策就是在不完全情报下,对部分未知的状态用主观概率估计,然后用贝叶斯公式对发生概率进行修正,最后再利用期望值和修正概率做出最优决策.

贝叶斯决策理论方法是统计模型决策中的一个基本方法,其基本思想是:

(1) 已知类条件概率密度参数表达式和先验概率.

(2) 利用贝叶斯公式转换成后验概率.

(3) 根据后验概率大小进行决策分类.

他对统计推理的主要贡献是使用了"逆概率"这个概念,并把它作为一种普遍的推理方法提出来.贝叶斯定理原本是概率论中的一个定理,这一定理可用一个数学公式来表达,这个公式就是著名的贝叶斯公式.贝叶斯公式是他在 1763 年提出来的:

假定 $B_1, B_2, \cdots$ 是某个过程的若干可能的前提,则 $P(B_i)$ 是人们事先对各前提条件出现可能性大小的估计,称之为先验概率.如果这个过程得到了一个结果 A,那么贝叶斯公式提供了我们根据 A 的出现而对前提条件做出新评价的方法. $P(B_i \mid A)$ 即是对以 A 为前提下 B_i 的出现概率的重新认识,称 $P(B_i \mid A)$ 为后验概率.经过多年的发展与完善,贝叶斯公式以及由此发展起来的一整套理论与方法,已经成为概率统计中的一个冠以"贝叶斯"名字的学派,在自然科学及国民经济的许多领域中有着广泛应用.

Ⅱ　再说彩票

彩票是智者的游戏,选择彩票作为自己的投资对象,所需要的文化知识可分为以下几种:

经济科学如金融学、市场学、投资学等方面的知识. 彩票买卖, 首先表现为一种经济行为, 属于金融活动或市场行为.

数学、统计学、概率论等方面的知识. 有了这些必要知识, 才能了解某种彩票的中奖概率有多大, 在多种彩票中进行正确的选择.

社会科学如社会学、心理学、法学、政策学等方面的知识. 具有社会学、心理学知识可以对由此所引起的社会现象和社会心理变化有正确的认识; 具有法学知识可运用法律武器保护自己在玩彩过程中的正当利益; 掌握政策科学, 可对与彩票业的长远发展有关的政策性问题做出科学预测, 指导自己玩彩活动.

特殊的专门知识在足球彩票上表现得特别明显. 如果对足球运动和足球彩票所要求预测的足球比赛毫无所知, 那就根本无法进行准确的预测, 也就谈不上成为赢家了.

近年来, 彩票市场越来越火爆, 仅"双色球"电脑福利彩票的购买额近期每周一般都能达到 600 多万元. 据了解, 安徽某一期电脑福利彩票有一彩民一个人中了 1 个一等奖、3 个二等奖、10 个三等奖, 有一期彩票有 9 注号码中一等奖, 从而引发了无数彩民自己预测号码的愿望, 概率统计方面的书籍也一下子走俏. 平时许多见到符号就头疼的彩民也捧起概率书兴趣盎然地读起来.

在前面利用概率论的相关知识, 计算了中奖的概率, 已发现中奖率极低. 我们现在的问题是如何提高我们的中奖率. 东南大学经管学院陈建波博士提出了一种逆向思维选彩号方法值得借鉴.

东南大学经管学院陈建波博士指出, 概率书上讲的都是理论知识, 一大堆数学计算公式, 如何把概率书的理论运用到彩票选号中来, 才是许多彩民关心的问题. 实际上, 概率统计学主要有两个方面的应用: 一个方面是利用概率公式计算各种数字号码出现的概率值, 然后选择最大概率值数字进行选号. 举一个简单的例子, 类似"1234567"七个数一直连续的彩票号码与非一直连续的号码出现的概率比例为: $29 : 6\,724\,491(1 : 230\,000)$ 左右, 由于出现的概率值极低, 因此一般不选这种连续号码. 另一方面的应用是统计, 即把以前所有中奖号码进行统计, 根据统计得到的概率值来预测新的中奖号码, 例如, 五区间选号法, 就是根据统计进行选号的. 南京的"专业"彩民则介绍一条选号规则 —— 逆向选号法. 从摇奖机的构造角度来说, 它要保证每个数字中奖的概率都一样. 虽然摇一次奖无法保证, 摇 100 次奖也无法保证, 但摇奖的次数越多, 各个数字中奖的次数也必定越趋于平均. 就像扔硬币, 一开始就扔几次可能正反面出现的次数不一样, 但随着扔的次数的增加, 正反面出现的次数就会越来越接近.从这个角度考虑,在选号时就应该尽量选择前几次没中过奖的数字.这就是逆向选号法,即选择上一次或前几次没中奖的数字.

习　题　5

1. 指出下列事件中,哪些是必然事件、不可能事件、随机事件.

(1) {黄山明年 5 月 1 日的最高温度不低于 30 ℃};

(2) {没有水分,种子仍然发芽};

(3) {从一副扑克牌中任取一张是 A};

(4) {某公交站台,恰有 5 人候车};

(5) {上抛一物体,经过一段时间,这物体落在地面上}.

2. 设 A, B, C 为三事件,用 A, B, C 的运算表示下列事件:

(1) A 与 B 都发生,而 C 不发生;

(2) A, B, C 都发生;

(3) A, B, C 中只有一个发生;

(4) A, B, C 中至少有两个发生;

(5) A, B, C 都不发生.

3. 对飞机连续射击两次,每次发射一枚炮弹,设

$$A_1 = \{第一次射击击中飞机\}, \qquad A_2 = \{第二次射击击中飞机\}$$

试用事件 A_1, A_2 以及它们的对立事件表示以下事件:

$$B = \{两弹都击中飞机\}, \qquad C = \{两弹都没有击中飞机\}$$

$$D = \{恰有一弹击中飞机\}, \qquad E = \{至少有一弹击中飞机\}$$

并指出事件 B, C, D, E 中,哪个是互不相容事件,哪个是对立事件?

4. 在掷一颗均匀骰子的试验中,求事件 $A = \{1, 2, 3\}$ 和事件 $B = \{4, 6\}$ 出现的概率.

5. 一次共发行 10 000 张社会福利奖券,其中有 1 张特等奖,2 张一等奖,10 张二等奖,100 张三等奖,其余的不得奖,问购买 1 张奖券能中奖的概率是多少?

6. 从 5 个球(其中 3 个红球,2 个黄球)中任取 2 球,求:

(1) 2 球都是红球的概率;

(2) 2 球都是黄球的概率;

(3) 恰有黄球、红球各 1 个的概率.

7. 某公司所属三个分厂的职工情况为:第一分厂有男职工 4 000 人,女职工 1 600 人;第二分厂有男职工 3 000 人,女职工 1 400 人;第三分厂有男职工 800 人,女职工 500 人.如果从该公司职工中随机抽选一人,求该职工为女职工或为第三分厂职工的概率.

8. 某大学的全体男生中,有 60% 的人爱好踢足球,50% 的人爱好打篮球,30% 的人两项运动都爱好.求该校全体男生中,

(1) 踢足球或打篮球至少爱好一项运动的概率有多大?

(2) 不爱踢足球,也不爱好篮球的概率有多大?

9. 盒内装有 100 件产品,出厂验收时,规定从盒内连续取三次,每次任取一件,取后不放回,只要三次中发现有废品,则不予以出厂,如果盒内有 5 个次品,问该盒出厂的概率有多大?

10. 某一仓库,有 10 箱同样规格的产品,已知其中 5 箱是甲厂生产的,3 箱是乙厂生产的,2 箱是丙厂生产的,且甲厂、乙厂、丙厂生产这种产品的次品率分别为 $\frac{1}{12},\frac{1}{15},\frac{1}{20}$,从这 10 箱产品中任取一件产品,求取得正品的概率.进一步问:如果抽得的产品是次品,那么它是哪家厂生产的可能性最大?

11. 某工人照管甲、乙两台机床,在一段时间内,甲、乙两台机床不需要照管的概率分别为 0.9 和 0.8.求:

(1) 在一段时间内甲、乙两台机床都不需要照管的概率;

(2) 在这段时间内需要照管机床乙,而不需要照管机床甲的概率.

12. 某公司招聘员工时,需要通过三项考核,三项考核的通过率分别为 0.6,0.8,0.85.求招聘时的淘汰率.

13. 指出下列各变量是不是随机变量?是离散型的随机变量还是连续型的随机变量?

(1) 某人一次打靶命中的环数;

(2) 某厂生产 10 瓦节能灯的使用时数;

(3) 某棉花品种的纤维长度;

(4) 某单位一天的用电量.

14. 判断以下表 5.25 和表 5.26 的对应值能否作为离散型随机变量的概率分布.

表 5.25

X	-2	1	0
P	$\dfrac{1}{2}$	$\dfrac{3}{10}$	$\dfrac{2}{5}$

表 5.26

X	1	2	3	4
P	$\dfrac{1}{2}$	$\dfrac{1}{4}$	$\dfrac{1}{8}$	$\dfrac{1}{8}$

15. 一批外销商品,次品率为 0.05,从这批产品中任取 4 件,求取得"次品数"的分布列.

16. 气象记录表明,某地在 11 月份的 30 天中,平均有 3 天下雪,试求明年 11 月份至多有 3 个下雪天的概率.

17. 已知随机变量 $X \sim \pi(\lambda)$,$P(X = 0) = 0.4$,求参数 λ,并求 $P(X \geqslant 2)$.

18. 设连续型随机变量 X 的密度函数为

$$f(x) = \begin{cases} Ax & (0 \leqslant x \leqslant 1) \\ 0 & (其他) \end{cases}$$

求:(1) 常数 A 及分布函数 $F(x)$;(2) $P(0 < X < 0.5)$;(3) $P(0.25 \leqslant X \leqslant 2)$.

19. 某型号电池,其寿命 X(单位:年)服从参数 $\lambda = 0.5$ 的指数分布,求下列事件的概率:

(1) 一电池的寿命大于 4 年;

(2) 一电池的寿命大于 1 年小于 3 年;

(3) 5 只电池中至少有 2 只,其寿命大于 4 年.

20. 设 $X \sim N(0,1)$,求:

(1) $P(X < 2.2)$;　　　　　　(2) $P(0.5 < X < 0.55)$;

(3) $P(X > 1.5)$;　　　　　　(4) $P(|X| < 1.5)$.

21. 设 $X \sim N(3,2^2)$,求:

(1) $P(2 < X < 5)$;　　　　　　(2) $P(-3 < X < 9)$;

(3) $P(|X| > 2)$;　　　　　　(4) $P(X > 3)$;

(5) 决定 C,使得 $P(X > C) = P(x \leqslant C)$.

22. 某人乘汽车去火车站乘火车,有两条路可走,第一条路较短,但交通拥挤,所需时间 X_1(单位:分钟)服从正态分布 $N(40,10^2)$;第二条路程较长,但意外阻塞较少,所需时间 X_2 服从正态分布 $N(50,4^2)$.

(1) 若动身时离火车开车只有 1 小时,问走哪一条路乘上火车的把握较大?

(2) 若动身时离火车开车只有 45 分钟,问走哪一条路乘上火车的把握较大?

23. 设随机变量 X 的分布列为表 5.27.

表 5.27

X	-1	0	2
P	0.3	0.4	0.3

试求:

(1) $E(X), E(X^2), E(2X^2 - 3)$;

(2) $D(X), D\left(\dfrac{2}{3}X + 5\right)$.

24. 某城市观看足球比赛,出席观看的球迷人数如下:

当天气非常寒冷时,有 35 000 人;当天气较冷时,有 40 000 人;当天气较暖和时,有 48 000 人;当天气暖和时,有 60 000 人.

若上述四种天气的概率分别为 0.08,0.42,0.43,0.07,问每场观看的球迷有多少?

25. 已知随机变量 X 的概率分布为

$$P(X = k) = \frac{1}{10} \quad (k = 1,2,\cdots,20)$$

求 $E(X), D(X)$.

26. 设随机变量 X 的分布密度为

$$f(x) = \begin{cases} a + bx^2 & (0 \leqslant x \leqslant 1) \\ 0 & (\text{其他}) \end{cases}$$

且 $E(X) = \dfrac{3}{5}$,试确定系数 a 和 b,并求 $D(X)$.

27. 在相同的条件下,用两种方法测量某零件的长度(单位:mm),由大量测量结果得到分布列,如表 5.28 所示.

表 5.28

长度	4.8	4.9	5.0	5.1	5.2
p_1	0.1	0.1	0.6	0.1	
p_2	0.2	0.2	0.2	0.2	0.2

其中 p_1, p_2 分别表示第一、二种方法的概率,试比较哪种方法的精确度较好.

28. 某学生利用寒假在某公司勤工俭学,协助管理公司雇员薪酬劳务体系,其中 9 个雇员的每小时工资如下(单位:元):

6.50　　6.20　　6.50　　7.00　　10.00　　10.00　　11.00　　15.00　　21.00

（1）工资的中位数是多少？

（2）工资的均值是多少？

（3）已经决定，将工资最低的 4 个人的每小时工资提高 4.00 元.新的工资的中位数是多少？

（4）新的工资均值是多少？

（5）为何这 4 个人的工资增高后，工资的中位数和均值没有增加到同样水平？

29．保险公司调查某市连续五年的保险额损失率分别是

$$0.21\%, 0.23\%, 0.19\%, 0.24\%, 0.18\%$$

试求这五年保险额损失率的

（1）均值；

（2）中位数；

（3）极差；

（4）方差和标准差；

（5）变异系数.

30．表 5.29 是某城市 30 年（1976 年至 2005 年）的年降水量的资料（mm）.将表中数据分成 5 组，取 $a = 770.0, b = 1\,510.0$.列出这些数据的频数分布表，画出频率直方图，并计算均值和方差.

表 5.29

984.8	1 390.3	1 062.2	1 287.3	1 477.0	1 017.9
1 217.7	1 197.1	1 143.0	1 018.8	1 243.7	909.3
1 030.3	1 124.4	811.4	820.9	1 184.1	1 107.5
991.4	901.7	1 176.5	1113.5	1 272.9	1 200.3
1 508.7	772.3	813.0	1382.3	1 006.2	1 108.8

附录 A　反三角函数

A.1　常见的反三角函数

A.1.1　反正弦函数

偶尔会需要求满足某个已知正弦函数的数. 例如, 你可能要求 x 使得

$$\sin x = 0 \quad 或 \quad \sin x = 0.3$$

第一个方程可通过检验求解, 解是 $x = 0, \pm\pi, \pm 2\pi, \cdots$. 第二个方程需要用计算器, 但也有无穷多解. 对每个方程, 我们可选出 $-\pi/2$ 到 $\pi/2$ 之间的唯一一个解作为优先解. 例如, $\sin x = 0$ 的优先解为 $x = 0$. 我们定义反正弦函数为给出优先解的函数, 记作 "arcsin". 在计算器上, 反正弦函数通常用 $\sin^{-1}$ 表示.

$$即 \quad \arcsin y = x \quad (-1 \leqslant y \leqslant 1)$$

$$\sin x = y \quad \left(-\frac{\pi}{2} \leqslant x \leqslant \frac{\pi}{2}\right)$$

正弦函数 $y = \sin x$ 在 $[-\pi/2, \pi/2]$ 上的反函数叫作反正弦函数. $\arcsin x$ 表示一个正弦值为 x 的角, 该角的范围在 $[-\pi/2, \pi/2]$ 区间内. 就是说, 反正弦函数并不是正弦函数 $y = \sin x$ 在 $x \in \mathbf{R}$ (附图 A.1) 上的反函数, 而是函数 $y = \sin x$ 在 $[-\pi/2, \pi/2]$ 上的反函数. 因此, 反正弦函数是定义域为 $[-\pi/2, \pi/2]$ 上的一段, 其图形如附图 A.2 所示.

A.1.2　反余弦函数

余弦函数 $y = \cos x$ 在 $[0, \pi]$ 上的反函数, 叫作反余弦函数. 记作 "arccos", 在计算器上, 反余弦函数通常用 $\cos^{-1}$ 表示. $\arccos x$ 表示一个余弦值为 x 的角, 该角的范围在 $[0, \pi]$ 区间内.

$$即 \quad \arccos y = x \quad (\forall y)$$

$$\cos x = y \quad (0 \leqslant x \leqslant \pi)$$

余弦函数与反余弦函数的图形如附图 A.3 和附图 A.4 所示.

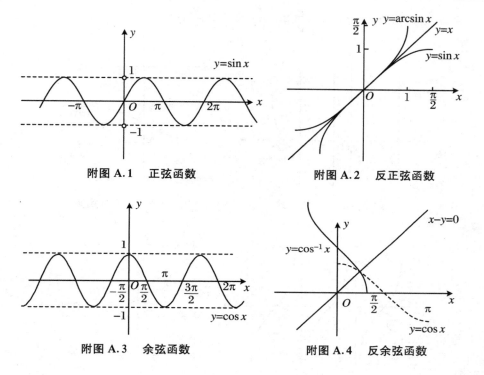

附图 A.1 正弦函数

附图 A.2 反正弦函数

附图 A.3 余弦函数

附图 A.4 反余弦函数

A.1.3 反正切函数

正切函数 $y = \tan x$ 在 $(-\pi/2, \pi/2)$ 上的反函数,叫作反正切函数.记作"arctan".在计算器上,反正切函数通常用 $\tan^{-1}$ 表示.

即

$$\arctan y = x \quad (\forall y)$$

$$\tan x = y \quad \left(-\frac{\pi}{2} < x < \frac{\pi}{2}\right)$$

正切函数与反正切函数的图形如附图 A.5 和附图 A.6 所示.

A.1.4 反余切函数

余切函数 $y = \cot x$ 在 $(0, \pi)$ 上的反函数,叫作反余切函数.记作"arccot".在计算器上,反正切函数通常用 $\cot^{-1}$ 表示.

即

$$\text{arccot } y = x \quad (\forall y)$$

$$\cot x = y \quad (0 < x < \pi)$$

余切函数与反余切函数的图形如附图 A.7 和附图 A.8 所示.

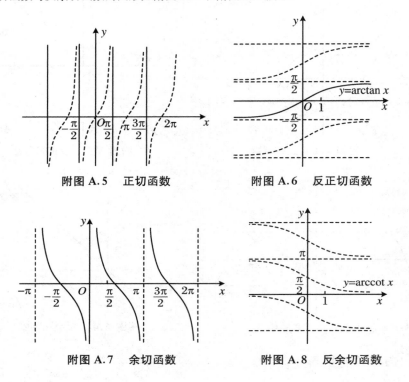

附图 A.5　正切函数　　　　　　附图 A.6　反正切函数

附图 A.7　余切函数　　　　　　附图 A.8　反余切函数

A.2　反函数性质

由反函数定义容易得到附表 A.1.

附表 A.1　反函数性质表

反正弦函数	反余弦函数	反正切函数	反余切函数
$\sin(\arcsin x) = x$	$\cos(\arccos x) = x$	$\tan(\arctan x) = x$	$\cot(\operatorname{arccot} x) = x$
$\arcsin(-x)$ $= -\arcsin x$	$\arccos(-x)$ $= \pi - \arccos x$	$\arctan(-x)$ $= -\arctan x$	$\operatorname{arccot}(-x)$ $= \pi - \operatorname{arccot} x$
$\arcsin(\sin x) = x,$ $x \in [-\pi/2, \pi/2]$	$\arccos(\cos x) = x,$ $x \in [0, \pi]$	$\arctan(\tan x) = x,$ $x \in (-\pi/2, \pi/2)$	$\operatorname{arccot}(\cot x) = x,$ $x \in (0, \pi)$
$\arcsin x + \arccos x = \dfrac{\pi}{2}$		$\arctan x + \operatorname{arccot} x = \dfrac{\pi}{2}$	

附录 B　极坐标与参数方程

B.1　极　坐　标　系

在生活中，人们经常用方向和距离来表示一点的位置．这种用方向和距离表示平面上一点位置的思想，就是极坐标的基本思想．

在平面内取一个定点 O，叫作极点，引一条射线 Ox，叫作极轴，再选一个长度单位和角度的正方向（通常取逆时针方向）．对于平面内的任意一点 M，用 ρ 表示线段 OM 的长度，θ 表示从 Ox 到 OM 的角，ρ 叫作点 M 的极径，θ 叫作点 M 的极角，有序数对 (ρ, θ) 就叫作点 M 的极坐标．这样建立的坐标系叫作极坐标系（附图 B.1）．

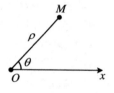

附图 B.1

极坐标有四个要素：① 极点；② 极轴；③ 长度单位；④ 角度单位及它的方向．极坐标与直角坐标都是一对有序实数确定平面上一个点，在极坐标系下，一对有序实数 ρ, θ 对应唯一点 $P(\rho, \theta)$，但平面内任一个点 P 的极坐标不唯一．一个点可以有无数个坐标，这些坐标又是有规律可循的，$P(\rho, \theta)$（极点除外）的全部坐标为 $(\rho, \theta + 2k\pi)$ 或 $(-\rho, \theta + (2k+1)\pi)(k \in \mathbf{Z})$．极点的极径为 0，而极角任意取．若对 ρ, θ 的取值范围加以限制，则除极点外，平面上点的极坐标就唯一了，如限定 $\rho > 0, 0 \leqslant \theta < 2\pi$ 或 $\rho < 0, -\pi < \theta \leqslant \pi$ 等．

在直角坐标系中，以原点作为极点，x 轴的正半轴作为极轴，并且两种坐标系中取相同的长度单位，极坐标与直角坐标的互化关系式

$$\begin{cases} x = \rho\cos\theta \\ y = \rho\sin\theta \end{cases} \quad \text{与} \quad \begin{cases} \rho = \sqrt{x^2 + y^2} \\ \theta = \arctan\dfrac{y}{x} \end{cases}$$

互化公式的三个前提条件：

① 极点与直角坐标系的原点重合；

② 极轴与直角坐标系的 x 轴的正半轴重合；

③ 两种坐标系的单位长度相同．

B.2　极坐标方程

建立了极坐标系后,曲线的方程可用极坐标表示.就是说,用极坐标系描述的曲线方程称作极坐标方程,通常表示为 ρ 是自变量 θ 的函数.

(1) 圆的极坐标方程

方程为 $\rho(\theta) = 1$ 表示圆心在极点,半径为 1 的圆.

在极坐标系中,圆心在 (ρ_0, φ),半径为 r 的圆的方程为

$$\rho^2 - 2\rho\rho_0 \cos(\theta - \varphi) + \rho_0^2 = r^2$$

该方程可简化为不同的方程,以符合不同的特定情况,比如方程 $\rho(\theta) = r$ 表示一个以极点为中心,半径为 r 的圆.

(2) 直线的极坐标方程

经过极点的射线由如下方程表示 $\theta = \varphi$,其中 φ 为射线的倾斜角度,若 k 为直角坐标系的射线的斜率,则有 $\varphi = \arctan k$.

任何不经过极点的直线都会与某条射线垂直.这些在点 (ρ_0, φ) 处的直线与射线 $\theta = \varphi$ 垂直,其方程为 $\rho(\theta) = \rho_0 \sec(\theta - \varphi)$.

(3) 圆锥曲线极坐标的方程

圆锥曲线方程如下

$$\rho = \frac{ep}{1 - e\cos\theta}$$

其中 e 表示离心率,p 表示焦点到准线的距离.如果 $e < 1$,曲线为椭圆,如果 $e = 1$,曲线为抛物线,如果 $e > 1$,则表示双曲线.

(4) 玫瑰线的极坐标方程

方程 $\rho(\theta) = 2\sin 4\theta$ 表示一条玫瑰线的极坐标方程.

极坐标的玫瑰线是数学曲线中非常著名的曲线,看上去像花瓣,它只能用极坐标方程来描述,方程如下:

$$\rho(\theta) = a\cos k\theta, \quad \rho(\theta) = a\sin k\theta$$

如果 k 是整数,当 k 是奇数时,那么曲线将会是 k 个花瓣,当 k 是偶数时,曲线将是 $2k$ 个花瓣.如果 k 为非整数,将产生圆盘状图形,且花瓣数也为非整数.注意:该方程不可能产生 4 的倍数加 2(如 $2, 6, 10, \cdots$)个花瓣.变量 a 代表玫瑰线花瓣的长度.

(5) 阿基米德螺线的极坐标方程

方程 $\rho(\theta) = \theta (0 < \theta < 6\pi)$ 表示一条阿基米德螺线.

阿基米德螺线在极坐标里使用以下方程表示:$\rho(\theta) = a + b\theta$.改变参数 a 将改变螺线形状,b 控制螺线间距离,通常其为常量.阿基米德螺线有两条螺线,一条 $\theta > 0$,另一条 $\theta < 0$.两条螺线在极点处平滑地连接.把其中一条翻转 $90°, 270°$ 得到其镜像,就是另一条螺线.

B.3　参　数　方　程

在平面直角坐标系中，如果曲线上任意一点的坐标(x,y)都是某个变数 t 的函数 $\begin{cases} x = f(t) \\ y = g(t) \end{cases}$，并且对于 t 的每一个允许值，由这个方程所确定的点 $M(x,y)$ 都在这条曲线上，那么这个方程就叫作这条曲线的参数方程，联系变数 x,y 的变数 t 叫作参变数，简称参数. 相对于参数方程而言，直接给出点的坐标间关系的方程叫作普通方程.

常见曲线的参数方程：

(1) 过定点(x_0,y_0)，倾角为 α 直线的参数方程

$$\begin{cases} x = x_0 + t\cos\alpha \\ y = y_0 + t\sin\beta \end{cases} \quad (t \text{ 为参数})$$

其中参数 t 是以定点 $P(x_0,y_0)$ 为起点，点 $M(x,y)$ 为终点的有向线段 PM 的数量，又称为点 P 与点 M 间的有向距离. 根据 t 的几何意义，有以下结论：

① 设 A、B 是直线上任意两点，它们对应的参数分别为 t_A 和 t_B，则 $|AB| = |t_B - t_A| = \sqrt{(t_B - t_A)^2 - 4t_A \cdot t_B}$.

② 线段 AB 的中点所对应的参数值等于$\dfrac{t_A + t_B}{2}$.

(2) 中心在(x_0,y_0)，半径等于 r 圆的参数方程为

$$\begin{cases} x = x_0 + r\cos\theta \\ y = y_0 + r\sin\theta \end{cases} \quad (\theta \text{ 为参数})$$

(3) 中心在原点椭圆的参数方程为

$$\begin{cases} x = a\cos\theta \\ y = b\sin\theta \end{cases} \quad (\theta \text{ 为参数})$$

中心在点(x_0,y_0)椭圆的参数方程为

$$\begin{cases} x = x_0 + a\cos\alpha \\ y = y_0 + b\sin\alpha \end{cases} \quad (\alpha \text{ 为参数})$$

(4) 中心在原点双曲线的参数方程为

$$\begin{cases} x = a\sec\theta \\ y = b\tan\theta \end{cases} \quad (\theta \text{ 为参数})$$

(5) 顶点在原点抛物线的参数方程为

$$\begin{cases} x = 2pt^2 \\ y = 2pt \end{cases} \quad (t \text{ 为参数}, p > 0)$$

附录 C　常用数学公式

C.1　代　　数

C.1.1　绝对值与不等式

绝对值定义：

$$|a| = \begin{cases} a & (a \geqslant 0) \\ -a & (a < 0) \end{cases}$$

(1) $\sqrt{a^2} = |a|$，$|-a| = |a|$；

(2) $-|a| \leqslant a \leqslant |a|$；

(3) 若 $|a| \leqslant b (b > 0)$，则 $-b \leqslant a \leqslant b$；

(4) 若 $|a| \geqslant b (b > 0)$，则 $a \geqslant b$ 或 $a \leqslant -b$；

(5) (三角不等式) $|a+b| \leqslant |a| + |b|$，$|a-b| \geqslant |a| - |b|$；

(6) $|ab| = |a| \cdot |b|$；

(7) $\left| \dfrac{a}{b} \right| = \dfrac{|a|}{|b|}$ $(b \neq 0)$．

C.1.2　指数运算

(1) $a^x \cdot a^y = a^{x+y}$；

(2) $\dfrac{a^x}{a^y} = a^{x-y}$；

(3) $(a^x)^y = a^{xy}$；

(4) $(ab)^x = a^x b^x$；

(5) $\left(\dfrac{a}{b} \right)^x = \dfrac{a^x}{b^x}$；

(6) $a^{\frac{x}{y}} = \sqrt[y]{a^x}$；

(7) $a^{-x} = \dfrac{1}{a^x}$；

(8) $a^0 = 1$．

C.1.3　对数运算 $(a > 0, a \neq 1)$

(1) 零和负数没有对数；

(2) $\log_a a = 1$；

(3) $\log_a 1 = 0$；

(4) $\log_a (xy) = \log_a x + \log_a y$；

(5) $\log_a \dfrac{x}{y} = \log_a x - \log_a y$； (6) $\log_a x^b = b \log_a x$；

(7) 对数恒等式 $a^{\log_a y} = y$； (8) 换底公式 $\log_a y = \dfrac{\log_b y}{\log_b a}$；

(9) $e = 2.718\,281\,828\,459\cdots$；

(10) $\lg e = \log_{10} e = 0.434\,294\,481\,903\cdots$；

(11) $\ln 10 = \log_e 10 = 2.302\,585\,092\,99\cdots$．

C.1.4　乘法及因式分解公式

(1) $(x + a)(x + b) = x^2 + (a + b)x + ab$；

(2) $(x \pm y)^2 = x^2 \pm 2xy + y^2$；

(3) $(x \pm y)^3 = x^3 \pm 3x^2 y + 3xy^2 \pm y^3$；

(4) $(x + y + z)^2 = x^2 + y^2 + z^2 + 2xy + 2yz + 2xz$；

(5) $(x + y + z)^3 = x^3 + y^3 + z^3 + 3x^2 y + 3xy^2 + 3y^2 z + 3yz^2 + 3x^2 z + 3xz^2 + 6xyz$；

(6) $x^2 - y^2 = (x + y)(x - y)$；

(7) $x^3 \pm y^3 = (x \pm y)(x^2 \mp xy + y^2)$；

(8) $x^n - y^n = (x - y)(x^{n-1} + x^{n-2} y + x^{n-3} y^2 + \cdots + xy^{n-2} + y^{n-1})$；

(9) $x^n - y^n = (x + y)(x^{n-1} - x^{n-2} y + x^{n-3} y^2 - \cdots + xy^{n-2} - y^{n-1})$（$n$ 为偶数）；

(10) $x^n + y^n = (x + y)(x^{n-1} - x^{n-2} y + x^{n-3} y^2 - \cdots - xy^{n-2} + y^{n-1})$（$n$ 为奇数）；

(11) $x^3 + y^3 + z^3 - 3xyz = (x + y + z)(x^2 + y^2 + z^2 - xy - yz - xz)$；

(12) $x^4 + x^2 y^2 + y^4 = (x^2 + xy + y^2)(x^2 - xy + y^2)$．

C.1.5　数列

(1) 等差数列

通项公式 $a_n = a_1 + (n - 1)d$（a_1 为首项，d 为公差）；

前 n 项和 $S_n = \dfrac{(a_1 + a_n)n}{2} = na_1 + \dfrac{n(n - 1)}{2}d$．

特例：

$1 + 2 + 3 + \cdots + (n - 1) + n = \dfrac{n(n + 1)}{2}$；

$1 + 3 + 5 + \cdots + (2n - 3) + (2n - 1) = n^2$；

$2 + 4 + 6 + \cdots + (2n - 2) + 2n = n(n + 1)$．

(2) 等比数列

通项公式 $a_n = a_1 q^{n-1}$（a_1 为首项，q 为公比，$q \neq 1$）；

前 n 项和 $S_n = \dfrac{a_1(1 - q^n)}{1 - q} = \dfrac{a_1 - a_n q}{1 - q}$；

(3) $1^2 + 2^2 + 3^2 + \cdots + n^2 = \dfrac{1}{6}n(n + 1)(2n + 1)$；

(4) $1^3 + 2^3 + 3^3 + \cdots + n^3 = \dfrac{n^2(n+1)^2}{4}$;

(5) $1^2 + 3^2 + 5^2 + \cdots + (2n-1)^2 = \dfrac{n(4n^2-1)}{3}$;

(6) $1^3 + 3^3 + 5^3 + \cdots + (2n-1)^3 = n^2(2n^2-1)$;

(7) $1 - 2 + 3 - \cdots + (-1)^{n-1}n = \begin{cases} \dfrac{1}{2}(n+1) & (n \text{ 为奇数}) \\ -\dfrac{n}{2} & (n \text{ 为偶数}) \end{cases}$;

(8) $1 \cdot 2 + 2 \cdot 3 + 3 \cdot 4 + \cdots + n(n-1) = \dfrac{1}{3}n(n+1)(n+2)$.

C.1.6　牛顿二项公式

$$(a+b)^n = a^n + na^{n-1}b + \frac{n(n-1)}{2!}a^{n-2}b^2 + \frac{n(n-1)(n-2)}{3!}a^{n-3}b^3 + \cdots$$
$$+ \frac{n(n-1)\cdots(n-k+1)}{k!}a^{n-k}b^k + \cdots + nab^{n-1} + b^n$$
$$= \sum_{k=0}^{n} C_n^k a^{n-k}b^k$$

C.2　三　　角

C.2.1　基本关系式

(1) $\tan \alpha = \dfrac{\sin \alpha}{\cos \alpha}$;

(2) $\cot \alpha = \dfrac{\cos \alpha}{\sin \alpha}$;

(3) $\tan \alpha = \dfrac{1}{\cot \alpha}$;

(4) $\sec \alpha = \dfrac{1}{\cos \alpha}$;

(5) $\csc \alpha = \dfrac{1}{\sin \alpha}$;

(6) $\sin^2 \alpha + \cos^2 \alpha = 1$;

(7) $1 + \tan^2 \alpha = \sec^2 \alpha$;

(8) $1 + \cot^2 \alpha = \csc^2 \alpha$.

C.2.2　诱导公式

函数 ＼ 角 A	$A = \dfrac{\pi}{2} \pm \alpha$	$A = \pi \pm \alpha$	$A = \dfrac{3}{2}\pi \pm \alpha$	$A = 2\pi - \alpha$
$\sin A$	$\cos \alpha$	$\mp \sin \alpha$	$-\cos \alpha$	$-\sin \alpha$
$\cos A$	$\mp \sin \alpha$	$-\cos \alpha$	$\pm \sin \alpha$	$\cos \alpha$
$\tan A$	$\mp \cot \alpha$	$\pm \tan \alpha$	$\mp \cot \alpha$	$-\tan \alpha$
$\cot A$	$\mp \tan \alpha$	$\pm \cot \alpha$	$\mp \tan \alpha$	$-\cot \alpha$

C.2.3　和差公式

(1) $\sin(\alpha \pm \beta) = \sin\alpha\cos\beta \pm \cos\alpha\sin\beta$;

(2) $\cos(\alpha \pm \beta) = \cos\alpha\cos\beta \mp \sin\alpha\sin\beta$;

(3) $\tan(\alpha \pm \beta) = \dfrac{\tan\alpha \pm \tan\beta}{1 \mp \tan\alpha \cdot \tan\beta}$;

(4) $\cot(\alpha \pm \beta) = \dfrac{\cot\alpha\cot\beta \mp 1}{\cot\beta \pm \cot\alpha}$;

(5) $\sin\alpha + \sin\beta = 2\sin\dfrac{\alpha + \beta}{2}\cos\dfrac{\alpha - \beta}{2}$;

(6) $\sin\alpha - \sin\beta = 2\cos\dfrac{\alpha + \beta}{2}\sin\dfrac{\alpha - \beta}{2}$;

(7) $\cos\alpha + \cos\beta = 2\cos\dfrac{\alpha + \beta}{2}\cos\dfrac{\alpha - \beta}{2}$;

(8) $\cos\alpha - \cos\beta = -2\sin\dfrac{\alpha + \beta}{2}\sin\dfrac{\alpha - \beta}{2}$;

(9) $\sin\alpha\cos\beta = \dfrac{1}{2}\left[\sin(\alpha + \beta) + \sin(\alpha - \beta)\right]$;

(10) $\cos\alpha\sin\beta = \dfrac{1}{2}\left[\sin(\alpha + \beta) - \sin(\alpha - \beta)\right]$;

(11) $\cos\alpha\cos\beta = \dfrac{1}{2}\left[\cos(\alpha + \beta) + \cos(\alpha - \beta)\right]$;

(12) $\sin\alpha\sin\beta = -\dfrac{1}{2}\left[\cos(\alpha + \beta) - \cos(\alpha - \beta)\right]$.

C.2.4　倍角和半角公式

(1) $\sin 2\alpha = 2\sin\alpha\cos\alpha$;　　　　(2) $\cos 2\alpha = \cos^2\alpha - \sin^2\alpha$;

(3) $\tan 2\alpha = \dfrac{2\tan\alpha}{1 - \tan^2\alpha}$;　　　　(4) $\cot 2\alpha = \dfrac{\cot^2\alpha - 1}{2\cot\alpha}$;

(5) $\sin\dfrac{\alpha}{2} = \pm\sqrt{\dfrac{1-\cos\alpha}{2}}$;　　　　　(6) $\cos\dfrac{\alpha}{2} = \pm\sqrt{\dfrac{1+\cos\alpha}{2}}$;

(7) $\tan\dfrac{\alpha}{2} = \pm\sqrt{\dfrac{1-\cos\alpha}{1+\cos\alpha}}$;　　　　　(8) $\cot\dfrac{\alpha}{2} = \pm\sqrt{\dfrac{1+\cos\alpha}{1-\cos\alpha}}$.

C. 3　初　等　几　何

在下列公式中,字母 R,r 表示半径,h 表示高,l 表示斜高,s 表示弧长.

圆:

$$圆周长 = 2\pi r; 圆面积 = \pi r^2$$
$$圆弧长\ s = r\theta(圆心角\ \theta\ 以弧度计)$$
$$= \dfrac{\pi r\theta}{180}(圆心角\ \theta\ 以度计)$$

圆扇形:

$$扇形面积 = \dfrac{1}{2}rs = \dfrac{1}{2}r^2\theta$$

正圆锥:

$$体积 = \dfrac{1}{3}\pi r^2 h$$
$$侧面积 = \pi rl$$
$$全面积 = \pi r(r+l)$$

正棱锥:

$$体积 = \dfrac{1}{3}\times 底面积\times 高$$
$$侧面积 = \dfrac{1}{2}\times 斜高\times 底周长$$

圆台:

$$体积 = \dfrac{\pi h}{3}(R^2 + r^2 + Rr);\quad 侧面积 = \pi l(R+r)$$

球:

$$体积 = \dfrac{4}{3}\pi r^3;\quad 表面积 = 4\pi r^2$$

C. 4　基本求导公式

(1) $(C)' = 0$ (C 为常数);

(2) $(x^n)' = nx^{n-1}$，一般地，$(x^a)' = \alpha x^{a-1}$；

特别地：$(x)' = 1, (x^2)' = 2x, \left(\dfrac{1}{x}\right)' = -\dfrac{1}{x^2}, (\sqrt{x})' = \dfrac{1}{2\sqrt{x}}$；

(3) $(e^x)' = e^x$；一般地，$(a^x)' = a^x \ln a \ (a > 0, a \neq 1)$；

(4) $(\ln x)' = \dfrac{1}{x}$；一般地，$(\log_a x)' = \dfrac{1}{x\ln a} \ (a > 0, a \neq 1)$；

(5) $(\sin x)' = \cos x, (\cos x)' = -\sin x, (\tan x)' = \sec^2 x$,

$\quad (\cot x)' = -\csc^2 x, (\sec x)' = \tan x \sec x, (\csc x)' = -\cot x \csc x$；

(6) $(\arcsin x)' = \dfrac{1}{\sqrt{1 - x^2}}, (\arccos x)' = -\dfrac{1}{\sqrt{1 - x^2}}$,

$\quad (\arctan x)' = \dfrac{1}{1 + x^2}, (\text{arccot}\, x)' = -\dfrac{1}{1 + x^2}$,

$\quad (\text{arcsec}\, x)' = \dfrac{1}{x\sqrt{x^2 - 1}}, (\text{arccsc}\, x)' = -\dfrac{1}{x\sqrt{x^2 - 1}}$.

C. 5　常用的不定积分公式

(1) $\displaystyle\int dx = C$；

(2) $\displaystyle\int x^a dx = \dfrac{1}{\alpha + 1} x^{\alpha+1} + C \ (\alpha \neq -1)$；

(3) $\displaystyle\int \dfrac{1}{x} dx = \ln|x| + C$；

(4) $\displaystyle\int e^x dx = e^x + C$；

(5) $\displaystyle\int a^x dx = \dfrac{a^x}{\ln a} + C \ (a > 0, a \neq 1)$；

(6) $\displaystyle\int \cos x\, dx = \sin x + C$；

(7) $\displaystyle\int \sin x\, dx = -\cos x + C$；

(8) $\displaystyle\int \sec^2 x\, dx = \tan x + C$；

(9) $\displaystyle\int \csc^2 x\, dx = -\cot x + C$；

(10) $\displaystyle\int \dfrac{1}{\sqrt{1 - x^2}} dx = \arcsin x + C = -\arccos x + C$；

(11) $\displaystyle\int \dfrac{1}{1 + x^2} dx = \arctan x + C = -\text{arccot}\, x + C$.

附录 D　　标准正态分布表

$$\Phi(x) = \int_{-\infty}^{x} \frac{1}{\sqrt{2\pi}} e^{-\frac{t^2}{2}} \, dt = P(X \leqslant x)$$

x	0	1	2	3	4	5	6	7	8	9
0.0	0.500 0	0.504 0	0.508 0	0.512 0	0.516 0	0.519 9	0.523 9	0.527 9	0.531 9	0.535 9
0.1	0.539 8	0.543 8	0.547 8	0.551 7	0.555 7	0.559 6	0.563 6	0.567 5	0.571 4	0.575 3
0.2	0.579 3	0.583 2	0.587 1	0.591 0	0.584 8	0.598 7	0.602 6	0.606 4	0.610 3	0.614 1
0.3	0.617 9	0.621 7	0.625 5	0.629 3	0.633 1	0.636 8	0.640 6	0.644 3	0.648 0	0.651 7
0.4	0.655 4	0.659 1	0.662 8	0.666 4	0.670 0	0.673 6	0.677 2	0.680 8	0.684 4	0.687 9
0.5	0.691 5	0.695 0	0.698 5	0.701 9	0.705 4	0.708 8	0.712 3	0.715 7	0.719 0	0.722 4
0.6	0.725 7	0.721 9	0.732 4	0.735 7	0.738 9	0.742 2	0.745 4	0.748 6	0.757 1	0.754 9
0.7	0.758 0	0.761 1	0.764 2	0.767 3	0.770 3	0.773 4	0.776 4	0.779 4	0.782 3	0.785 2
0.8	0.788 1	0.791 0	0.793 9	0.796 7	0.799 5	0.802 3	0.805 1	0.808 7	0.810 6	0.813 3
0.9	0.815 9	0.818 6	0.821 2	0.828 3	0.826 4	0.828 9	0.831 5	0.834 0	0.836 5	0.838 9
1.0	0.841 3	0.843 8	0.846 1	0.848 5	0.850 8	0.853 1	0.855 4	0.857 7	0.859 9	0.862 1
1.1	0.864 3	0.866 5	0.868 6	0.870 8	0.872 9	0.874 9	0.877 0	0.879 0	0.881 0	0.883 0
1.2	0.884 9	0.886 9	0.888 8	0.890 7	0.892 5	0.894 4	0.896 2	0.898 0	0.899 7	0.901 5
1.3	0.902 3	0.904 9	0.906 6	0.908 2	0.909 9	0.911 5	0.913 1	0.914 7	0.916 2	0.917 7
1.4	0.919 2	0.920 7	0.922 2	0.923 6	0.925 1	0.926 5	0.927 8	0.929 2	0.930 6	0.931 9
1.5	0.933 2	0.934 5	0.935 7	0.937 0	0.938 2	0.939 4	0.940 6	0.941 8	0.943 0	0.944 1
1.6	0.945 2	0.946 3	0.947 4	0.948 4	0.949 5	0.950 5	0.951 5	0.952 5	0.953 5	0.954 5
1.7	0.955 4	0.956 4	0.957 3	0.958 2	0.959 1	0.959 9	0.960 8	0.961 6	0.962 5	0.963 3
1.8	0.964 1	0.964 8	0.965 6	0.966 4	0.967 1	0.967 8	0.968 6	0.969 3	0.970 0	0.970 6
1.9	0.971 3	0.971 9	0.972 6	0.973 2	0.973 8	0.974 4	0.975 0	0.975 6	0.976 2	0.976 7
2.0	0.977 2	0.977 8	0.978 3	0.978 8	0.979 3	0.979 8	0.980 3	0.980 8	0.981 2	0.981 7
2.1	0.982 1	0.982 6	0.983 0	0.983 4	0.983 8	0.984 2	0.984 6	0.985 0	0.985 4	0.985 7
2.2	0.986 1	0.986 4	0.986 8	0.987 1	0.987 4	0.987 8	0.988 1	0.988 4	0.988 7	0.989 0
2.3	0.989 3	0.989 6	0.989 8	0.990 1	0.990 4	0.990 d6	0.990 9	0.991 1	0.991 3	0.991 6
2.4	0.991 8	0.992 0	0.992 2	0.992 5	0.992 7	0.992 9	0.993 1	0.993 2	0.993 4	0.993 6

x	0	1	2	3	4	5	6	7	8	9
2.5	0.993 8	0.994 0	0.994 1	0.994 3	0.994 5	0.994 6	0.994 8	0.994 9	0.995 1	0.995 2
2.6	0.995 3	0.995 5	0.995 6	0.995 7	0.995 9	0.996 0	0.996 1	0.996 2	0.996 3	0.996 4
2.7	0.996 5	0.996 6	0.996 7	0.996 8	0.996 9	0.997 0	0.997 1	0.997 2	0.997 3	0.997 4
2.8	0.997 4	0.997 5	0.997 6	0.997 7	0.997 7	0.997 8	0.997 9	0.997 9	0.998 0	0.998 1
2.9	0.998 1	0.998 2	0.998 2	0.998 3	0.998 4	0.998 4	0.998 5	0.998 5	0.998 6	0.998 6
3.0	0.998 7	0.999 0	0.999 3	0.999 5	0.999 7	0.999 8	0.999 8	0.999 9	0.999 9	1.000 0

习 题 解 答

习 题 1

1. (1) $[-3,3]$；(2) $(5,6) \bigcup (6,+\infty)$；(3) $[-2,0) \bigcup (0,1)$；(4) $[0,1)$.

2. $\dfrac{1}{2}$，$\dfrac{\sqrt{2}}{2}$；$\dfrac{\sqrt{2}}{2}$；0.

3. $\dfrac{1}{1+x}$；$-\dfrac{1}{x}$；$\dfrac{x}{x-1}$.

4. (1) $y = \sqrt{x}$；(2) $y = 2\arcsin\dfrac{x}{3}$.

5. (1) $y = \sqrt{u}$，$u = \ln x$；(2) $y = 2^u$，$u = \sin x$；(3) $y = 2^u$，$u = \sin v$，$v = x^2$；
(4) $y = \sin u$，$u = \ln v$，$v = \sqrt{x}$；(5) $y = u^2$，$u = \arcsin v$，$v = \sqrt[3]{x}$；(6) $y = u^3$，$u = \sin v$，
$v = 1 + 2x$.

6. 略.

7. 略.

8. 略.

9. $y = \begin{cases} 80x & (0 \leqslant x \leqslant 800) \\ 6\,400 + 72x & (800 < x \leqslant 1\,000) \end{cases}$.

10. $m = \begin{cases} ks & (0 \leqslant s \leqslant a) \\ as + \dfrac{4}{5}(s-a)k & (s > a) \end{cases}$.

11. $P = \begin{cases} 1 & (0 < S \leqslant 10) \\ 2 & (10 < S \leqslant 20) \end{cases}$.

12. (1) $\dfrac{2}{3}$；(2) 0；(3) $\dfrac{1}{3}$；(4) $\dfrac{1}{2}$；(5) 0；(6) 5；(7) 1；(8) 6；(9) $\dfrac{1}{2}$；(10) $\dfrac{1}{2}$；
(11) 0；(12) ∞；(14) $\dfrac{2}{3}$；(15) $\dfrac{1}{2}$；(16) 0；(17) e^3；(18) e^2；(19) e；(20) 1；(21) 0.

13. $[0,1) \bigcup (1,2]$.

14. (1) $x_1 = -2$；$x_2 = 0$；(2) $x = 1$；(3) $x_1 = -1$；$x_2 = 1$；(4) $x = 0$；(5) $x = 3$.

15. (1) a 任意，$b = 1$；(2) $a = b = 1$.

16. (1) α；(2) 1.

17. 提示：利用根的存在定理.

18. $a\mathrm{e}^{0.012t}$.

19. 10 万元.

20. 用复利计算时，按季、月、日以及连续复利计算所得结果相差不大.

21. 设还款期限为 n（月），月利率为 r，每月还款额为 A，那么，1 万元应等于每月末投资额为 A，利率为 r，投资 n 期的年金现值，因此由 $A = \dfrac{pr}{1 - (1 + r)^{-n}}$，得 $A = \dfrac{10\,000r}{1 - (1 + r)^{-n}}$. 将上述相关数据代入，即可计算出不同年限月还款额.

习　　题　　2

1. (1) $\dfrac{1}{4}$；(2) 2.

2. 切线 $x - y + 1 = 0$；法线 $x + y - 1 = 0$.

3. 不可导，但连续.

4. (1) $y' = 3x^2 - 6x + 4$；(2) $y' = 2x - 2^x \ln 2 + \dfrac{1}{x\ln 2}$；(3) $y' = \dfrac{1}{2}\sqrt{x}(x + 1)$；
(4) $y' = (2x + x^2)\mathrm{e}^x$；(5) $y = \dfrac{1}{2\sqrt{x}} + \sin x + x\cos x$；(6) $y' = -90x^2 - 55x + 14$；(7) $y = \dfrac{x\cos x - \sin x}{x^2}$；(8) $y' = \dfrac{(1 - x^2)\tan x + x^3\sec^2 x}{(1 + x^2)^2}$；(9) $y' = \mathrm{e}^{\sqrt{\sin x}} \cdot \dfrac{\cos x}{2\sqrt{\sin x}}$；(10) $y' = \dfrac{3}{2}x^3(x^4 - 1)^{\frac{1}{2}}$；(11) $-\dfrac{1}{\sqrt{1 - 2x}}\sin 2\sqrt{1 - 2x}$；(12) $y' = n\sin^{n-1}x\sin(n + 1)x$；(13) $y' = \dfrac{1}{\sqrt{1 + x^2}}$；(14) $y' = x^{\sin x}\left(\cos x \ln x + \dfrac{\sin x}{x}\right)$；(15) $y' = x^{\mathrm{e}^x}\mathrm{e}^x\left(\ln x + \dfrac{1}{x}\right)$；(16) $y' = \dfrac{1}{3}\sqrt[3]{\dfrac{(3 - x)(x + 1)}{(3 + x)^2}}\left(\dfrac{1}{x - 3} + \dfrac{1}{x + 1} - \dfrac{2}{x + 3}\right)$.

5. (1) $y' = \dfrac{\mathrm{e}^y}{1 - x\mathrm{e}^y}$；(2) $y' = \dfrac{y\cos x + \sin(x - y)}{\sin(x - y) - 1}$.

6. $\dfrac{\mathrm{d}y}{\mathrm{d}x}\Big|_{x=0} = \dfrac{1}{2}$.

7. (1) $y'' = 12x - \dfrac{1}{x^2}$；(2) $y'' = (2 + 12x - 9x^2)\mathrm{e}^{3x}$.

8. $y''|_{x=\frac{\pi}{2}} = -2$.

9. $\mathrm{d}y = 2\mathrm{d}x$；$\mathrm{d}y = 6\mathrm{d}x$.

10. (1) $\mathrm{d}y = \left(\dfrac{3}{2}x^2 + 1\right)\mathrm{d}x$；(2) $\mathrm{d}y = (\ln x - 2)\mathrm{d}x$.

11. (1) $\mathrm{d}y = \dfrac{1}{2x\sqrt{\ln x}}\mathrm{d}x$，$\mathrm{d}y|_{x=3} = \dfrac{1}{6\sqrt{\ln 3}}\mathrm{d}x$；(2) $\mathrm{d}y = \mathrm{e}^x(\tan x + \sec^2 x)\mathrm{d}x$；$\mathrm{d}y|_{x=\frac{\pi}{4}}$

$= 3\mathrm{e}^{\frac{\pi}{4}}\mathrm{d}x$.

12. $x - y = 0$；$x + y - \sqrt{2}a = 0.13$.

13. $\dfrac{\mathrm{d}y}{\mathrm{d}x} = \dfrac{t}{2}$.

14. $1.12(\mathrm{g})$.

15. (1) 4.021；(2) 0.86605；(3) 0.002.

16. (1) $(-\infty, -1),(3, +\infty)$ 单调递增，$(-1,3)$ 单调递减；(2) $(-\infty,0),\left(\dfrac{2}{5}, +\infty\right)$ 单调递减，$\left(0,\dfrac{2}{5}\right)$ 单调递增.

17. (1) 在区间 $(-\infty,0]$ 和 $\left[\dfrac{2}{3}, +\infty\right)$ 上曲线是凹的，在区间 $\left[0,\dfrac{2}{3}\right]$ 上曲线是凸的. 点 $(0,1)$ 和 $\left(\dfrac{2}{3},\dfrac{11}{27}\right)$ 是曲线的拐点；(2) 在区间 $(-\infty,4]$ 上曲线是凹的，在区间 $[4, +\infty)$ 上曲线是凸的. 点 $(4,2)$ 是曲线的拐点.

18. (1) $x = 0$ 是函数 $f(x)$ 的极大值点，极大值为 $f(0) = 2$；(2) 极大值为 $f(8) = 4$，极小值为 $f(0) = 0$.

19. 最大值为 $f(4) = 16$，最小值为 $f(-1) = f(2) = -4$.

20. 开始时水面上升很慢，由于罐的底部宽，因此需大量水才能使水的高度增加，可是随着罐变窄，水面升高的速率在递增. 这意味着，最初 y 是以递增的速率增加的，且图像是上凹的. 当水到达罐的一半时，此处直径最小，水面上升的速率达到最大值，这是一个拐点，此后 y 增加的速率又开始减慢，因而图像是下凹的，如下图.

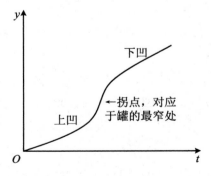

21. 当氨水池底面半径为 $r = \sqrt[3]{\dfrac{v}{4\pi}}$ 多大时总造价最低.

22. 当 $BD = 15\ \mathrm{km}$ 时，总运费最省.

23. (1) $P = 101$ 为使销售利润最大的商品价格,此时最大利润为 $L(101) = 167\,080$;
(2) $x = 3$ 时有最大收益,此时 $P = 15\mathrm{e}^{-1}$,最大收益为 $R(3) = 45\mathrm{e}^{-1}$. (3) $x = 20$ 万件时,生产准备费与库存费两项之和最小 C 最小,此时 $N = \dfrac{100\,万}{20\,万} = 5$;(4) 设每件商品征收的货物税为 a,$a = 25$ 时征收货物税 T 取最大值25;(5) $x = 100$ 时 $\bar{C}(x)$ 取得最小值,即产量为 100 时,平均成本最低.

24. 汽船的经济速度 $v_0 = \sqrt[3]{\dfrac{1\,000b}{2a}}$.

25. 当存款利率为贷款收益率 r 的一半时,投资纯收益最高.

26. 当商店分 $\sqrt{\dfrac{ac}{2b}}$ 批购进此中商品时,方能使手续费及库存费之和最少.

27. 每次进货应进鞋 80 双,那么由于销售速度均匀,可知订货周期应为 0.55 月;但当进货以箱为单位时,每次进鞋 72 双,进货周期 0.5 月.

习 题 3

1. $y = \dfrac{1}{4}x^4$.

2. (1) $\dfrac{1}{3}x^2 + 2\cos x + 5x + C$;(2) $\dfrac{3}{4}x^{\frac{4}{3}} - \dfrac{11}{7}x^{\frac{11}{6}} + C$;(3) $\dfrac{1}{6}(2x + 5)^3 + C$;
(4) $\dfrac{1}{2}x^2 - 6x + 9\ln|x| + C$;(5) $x - \arctan x + C$;(6) $\tan x - x + C$;(7) $\sin x + \cos x + C$;
(8) $\dfrac{1}{2}(x + \sin x) + C$;(9) $\tan x - \cot x + C$.

3. (1) $-\dfrac{1}{5}(1 - x)^5 + C$;(2) $\dfrac{1}{202}(2x - 3)^{101} + C$;(3) $\dfrac{3}{8}(2x + 3)^{\frac{4}{3}} + C$;
(4) $-\dfrac{1}{3}\cos(3x + 1) + C$;(5) $-\mathrm{e}^{\frac{1}{x}} + C$;(6) $2\sqrt{1 + \ln x} + C$;(7) $\dfrac{1}{6}\sin^6 x + C$;(8) $\ln(1 + \sin x) + C$;(9) $-\cot x + \dfrac{1}{\sin x} + C$;(10) $2\sin\sqrt{x} + C$;(11) $2\sqrt{x - 1} - 2\mathrm{on}(\sqrt{x - 1} + 1) + C$;(12) $2\arctan\sqrt{x} + C$;(13) $-2\sqrt{\dfrac{x + 1}{x} + 1} + \ln|x| + C$;(14) $\dfrac{1}{2}\arcsin\dfrac{x}{3} - \dfrac{x}{18}\sqrt{9 - x^2} + C$;(15) $-\dfrac{\sqrt{1 - x^2}}{x} + C$;(16) $\sqrt{x^2 - 4} - 2\mathrm{arcsec}\dfrac{x}{2} + C$;(17) $-\dfrac{\sqrt{x^2 + 9}}{3x} + C$;
(18) $\dfrac{x}{2}\sqrt{1 - 4x^2} + \dfrac{1}{4}\arcsin 2x + C$;(19) $-x\mathrm{e}^{-x} - \mathrm{e}^{-x} + C$;(20) $-x\cos x + \sin x + C$;
(21) $x\ln x - x + C$;(22) $\dfrac{1}{3}x^2\arctan x - \dfrac{1}{6}x^3 + \dfrac{1}{6}\ln(1 + x^2) + C$;(23) $\dfrac{\mathrm{e}^x}{2}(\sin x + \cos x) +$

C;(24) $2e^{\sqrt{x}}(\sqrt{x}-1)+C$.

4. (1) $\dfrac{1}{2}\pi R^2$;(2) 0.

5. (1) $\cos^2 x$;(2) e^{x^2};(3) $2x^3\ln x^2$.

6. (1) $\dfrac{3}{8}$;(2) $\dfrac{\pi}{12}$;(3) 8;(4) $\dfrac{3}{2}$;(5) $\dfrac{1}{2}\ln 3$;(6) $e^{\frac{1}{2}}-1$;(7) $\dfrac{1}{6}$;(8) $2\left(1-\ln\dfrac{3}{2}\right)$;

(9) $\dfrac{1}{16}\pi a^4$;(10) $-\dfrac{1}{2}\ln 3+\ln(1+\sqrt{2})$;$(11)$ $1-\ln 2$;(12) $\ln 2$;(13) $2\ln 2-1$;(14) π;

(15) $\dfrac{1}{4}(e^2+1)$;(16) $2-\dfrac{2}{e}$;(17) $\arctan e-\dfrac{\pi}{4}$;(18) $\ln 3-\ln 2$.

7. 提示:先分段,再做负代换.

8. 3.

9. $\dfrac{2}{3}\pi\sqrt{\pi}+2$.

10. $\dfrac{9}{2}$.

11. $\dfrac{1}{3}\pi r^2 h$.

12. $\dfrac{128}{7}\pi$,$\dfrac{64}{5}\pi$.

13. 0.5.

14. (1) $r=8$ 千米;(2) 约 536.165 万人.

15. $\dfrac{1}{100}$.

16. (1) 3;(2) $+\infty$;(3) $\dfrac{1}{\ln 2}$;(4) 1;(5) $+\infty$;(6) 0.

17. (1) 1 阶;(2) 3 阶;(3) 1 阶;(4) 2 阶.

18. (1) 特解;(2) 通解;(3) 特解;(4) 特解.

19. (1) $y=Ce^{x^2}$;(2) $\arcsin y=\arcsin x+C$;(3) $y=Ce^{\sqrt{1-x^2}}$;(4) $2x-2y-x^2-y^2=c$.

20. (1) $y=\ln\left(\dfrac{1}{2}e^{2x}+\dfrac{1}{2}\right)$;$(2)$ $\cos y=\dfrac{\sqrt{2}}{2}\cos x$;$(3)$ $y=4\cos x-3$.

21. $M=M_0 e^{-kt}$.

22. (1) 约 23 个;(2) 约 35 个;(3) 约 383 分钟后他未记忆的单词只剩一个.

23. $T=20+17e^{-0.063t}$,谋杀是在上午 7 点 36 分发生的.

24. $y(t)=500$ 尾.

25. 国民收入为 $y(t)=\dfrac{1}{10}t+5$;国民债务为 $D(t)=\dfrac{1}{400}t^2+\dfrac{1}{4}t+\dfrac{1}{10}$.

26. 每辆汽车 3 年大修一次,可使每辆汽车的总维修成本最低.

27. (1) $\dfrac{\mathrm{d}x}{\mathrm{d}t} = kx(N - x)$，其中 k 是比例常数；(2) $x(t) = \dfrac{N}{1 + Be^{-NKt}}$（$B$ 为任意常数）；

(3) 在销出量小于最大需求量的一半时，销售速率不断增大，而当售出量大于最大需求量的一半时，销售速率不断减少，销售量在最大需求量的一半左右时，商品最为畅销. 通过对 Logistic 模型的分析，普遍认为，从 20% 到 80% 的用户采用某种新产品的这段时期，应为该产品正式大批量生产的时期. 初期应以较小批量生产并加强宣传，而到后期则应适时转产了.

28. 在题目给出的条件下，最终每个人都要染上传染病.

*29. π.

*30. (1) $\dfrac{1}{4}$；(2) $\dfrac{3}{56}$；(3) $(e - 1)\pi$；(4) $- 6\pi^2$.

*31. (1) $\displaystyle\int_0^2 \mathrm{d}x \int_{\sqrt{x}}^2 f(x, y)\mathrm{d}y$；(2) $\displaystyle\int_0^1 \mathrm{d}y \int_{\sqrt{y}}^{1 - \sqrt{1 - y^2}} f(x, y)\mathrm{d}x$.

习 题 4

1. (1) $- 10$；(2) 1；(3) $- 312$；(4) $- 2abc$；(5) $(x - y)(y - z)(z - x)$；
(6) $(3 + a)(a - 1)^3$.

2. 略.

3. $a > - 1$.

4. (1) $x_1 = - 2, x_2 = 15$；(2) $x_1 = 1, x_2 = 2, x_3 = 3$.

5. (1) $x = \dfrac{7}{11}, y = - \dfrac{6}{11}$；(2) $x = - \dfrac{11}{8}, y = - \dfrac{9}{8}, z = - \dfrac{3}{4}$；(3) $x_1 = 1, x_2 = 2, x_3 = 3$,
$x_4 = - 1$.

6. (1) $\begin{pmatrix} 7 & 1 & 1 \\ 2 & 5 & 6 \\ 1 & 6 & 7 \end{pmatrix}$；(2) $\begin{pmatrix} 11 & 8 & 5 \\ 7 & 1 & 6 \\ 5 & 6 & 11 \end{pmatrix}$；(3) $\begin{pmatrix} 6 & 2 & 4 \\ 6 & 1 & 4 \\ 8 & -1 & 4 \end{pmatrix}$；(4) $\begin{pmatrix} -4 & -7 & -8 \\ -3 & -2 & 3 \\ 0 & -7 & -4 \end{pmatrix}$.

7.
$$\begin{pmatrix} a_{11}d_1 & a_{12}d_1 & a_{13}d_1 \\ a_{21}d_2 & a_{22}d_2 & a_{23}d_2 \\ a_{31}d_3 & a_{32}d_3 & a_{33}d_3 \end{pmatrix}, \quad \begin{pmatrix} a_{11}d_1 & a_{12}d_2 & a_{13}d_3 \\ a_{21}d_1 & a_{22}d_2 & a_{23}d_3 \\ a_{31}d_1 & a_{32}d_2 & a_{33}d_3 \end{pmatrix}$$

即用对角矩阵 D 左乘矩阵 A 相当于 D 的主对角线元素分别去乘 A 的相应的行；用对角矩阵 D 右乘矩阵 A 相当于 D 的主对角线元素分别去乘 A 的相应的列.

8. (1) 可逆，$\begin{pmatrix} 1 & -1 \\ 2 & -3 \end{pmatrix}$；(2) 不可逆；(3) $\begin{pmatrix} -\dfrac{1}{2} & -\dfrac{3}{2} & -\dfrac{5}{2} \\ \dfrac{1}{2} & \dfrac{1}{2} & \dfrac{1}{2} \\ 0 & 1 & 1 \end{pmatrix}$；(4) $\dfrac{1}{30}\begin{pmatrix} 16 & -18 & -8 \\ 23 & -24 & -19 \\ 12 & -6 & -6 \end{pmatrix}$.

9. (1) $\begin{bmatrix} 1 & -2 \\ -\dfrac{1}{2} & \dfrac{3}{2} \end{bmatrix}$; (2) $\dfrac{1}{6}\begin{bmatrix} 6 & 2 \\ -6 & -1 \\ -18 & -5 \end{bmatrix}$.

10. (1) $\begin{cases} x_1 = 1 + 5x_4 \\ x_2 = -1 - x_4 （其中 x_4 是自由未知量）; \\ x_3 = 2 + x_4 \end{cases}$

(2) 无解;

(3) $\begin{cases} x_1 = \dfrac{55}{41}x_4 \\ x_2 = \dfrac{10}{41}x_4 \quad （其中 x_4 是自由未知量）. \\ x_3 = -\dfrac{33}{41}x_4 \end{cases}$

11. 当 $a \neq -3$ 时,方程组有唯一解;当 $a = -3$ 且 $b = 3$ 时,方程组有无穷多解;当 $a \neq -3$ 且 $b \neq 3$ 时,方程组无解.

12. 工厂 Ⅱ 生产成本最低.

13. 甲乙两产品的单位价格分别是 1.2 与 1.5;单位利润分别是 0.1 与 0.2.

14. 公司原有主管 2 人与职员 20 人.

15. $400, 500, 600$.

16. 从表 4.11 可以看出,沿列表示每个行业的产出分配到何处,沿行表示每个行业所需的投入.例如,第 1 行说明五金化工行业购买了 80% 的能源产出、40% 的机械产出以及 20% 的本行业产出,由于三个行业的总产出价格分别是 p_1, p_2, p_3,因此五金化工行业必须分别向三个行业支付 $0.2p_1, 0.8p_2, 0.4p_3$ 元.五金化工行业的总支出为 $0.2p_1 + 0.8p_2 + 0.4p_3$。为了使五金化工行业的收入 p_1 等于它的支出,因此希望

$$p_1 = 0.2p_1 + 0.8p_2 + 0.4p_3$$

采用类似的方法处理表 4.11 中第 2,3 行,同上式一起构成齐次线性方程组

$$\begin{cases} p_1 = 0.2p_1 + 0.8p_2 + 0.4p_3 \\ p_2 = 0.3p_1 + 0.1p_2 + 0.4p_3 \\ p_3 = 0.5p_1 + 0.1p_2 + 0.2p_3 \end{cases}$$

该方程组的通解为 $\begin{bmatrix} p_1 \\ p_2 \\ p_3 \end{bmatrix} = p_3 \begin{bmatrix} 1.417 \\ 0.917 \\ 1.000 \end{bmatrix}$,此即经济系统的平衡价格向量,每个 p_3 的非负取值都确定一个平衡价格的取值.例如,我们取 p_3 为 1.000 亿元,则 $p_1 = 1.417$ 亿元,$p_2 = 0.917$ 亿元.即如果五金化工行业产出价格为 1.417 亿元,则能源行业产出价格为 0.917 亿元,机械行业的产出价格为 1.000 亿元,那么每个行业的收入和支出相等.

习 题 5

1. (1) 随机事件；(2) 不可能事件；(3) 随机事件；(4) 随机事件；(5) 必然事件.

2. (1) $AB\bar{C}$；(2) ABC；(3) $AB\bar{C} + \bar{A}B\bar{C} + \bar{A}\bar{B}C$；(4) $\bar{A}BC + A\bar{B}C + AB\bar{C} + ABC$；
(5) $\bar{A}\bar{B}\bar{C}$.

3. $B = A_1 A_2$；$C = \overline{A_1}\,\overline{A_2}$，$D = \overline{A_1} A_2 + A_1 \overline{A_2}$；$E = A_1 + A_2$. C 与 E 是对立事件；B 与 C，D 互斥；C 与 D 互斥.

4. $\dfrac{1}{2}$；$\dfrac{1}{3}$.

5. 0.011 3.

6. (1) $\dfrac{3}{10}$；(2) $\dfrac{1}{10}$；(3) $\dfrac{3}{5}$.

7. 0.381.

8. (1) 0.8；(2) 0.2.

9. 0.856.

10. 0.928 3；甲厂生产的可能性最大.

11. (1) 0.72；(2) 0.18.

12. 0.592.

13. (1) 离散型的随机变量；(2) 连续型的随机变量；(3) 连续型的随机变量；(4) 连续型的随机变量.

14. (1) 不能；(2) 能.

15.

X	0	1	2	3	4
p_k	0.95^4	$C_4^1 (0.05)(0.95)^3$	$C_4^2 (0.05)^2 (0.95)^2$	$C_4^3 (0.05)^3 (0.95)$	$(0.05)^4$

16. 0.647.

17. $\lambda = \ln 2.5 = 0.916\,3$；0.233 5.

18. (1) $A = 2$，$F(x) = \begin{cases} 1 & (x > 1) \\ x^2 & (0 \leqslant x \leqslant 1) \\ 0 & (x < 0) \end{cases}$；(2) 0.25；(3) 0.937 5.

19. (1) 0.135 3；(2) 0.383 4；(3) 0.138 4.

20. (1) 0.986 1；(2) 0.017 3；(3) 0.066 8；(4) 0.866 4.

21. (1) 0.532 8;(2) 0.997 4;(3) 0.697 7;(4) 0.5;(5) $C = 3$.

22. (1) 第二条路线;(2) 第一条路线.

23. (1) 0.3,1.5,0;(2) $D(X) = 1.41,0.627$.

24. 44 440.

25. 21;287.

26. $a = \dfrac{3}{5}$,$b = \dfrac{6}{5}$;$D(X) = \dfrac{2}{25}$.

27. 第一种精确度较好.

28. (1) 10.00;(2) 10.36;(3) 10.50;(4) 12.13;(5) 只要观测值仍然保持大于或小于或等于中位数,则中位数不会随着观测值大小的变化而变化.均值则受任何观测值的数值变化的影响.

29. (1) 0.21%;(2) 0.21%;(3) 0.06%;(4) 5.2×10^{-9},0.023%;(5) 10.95%.

30. 最大值 1 508.7,最小值 772.3,$d = 148$.

频数分布表

组限	组中值	组频数	组频率	组频率 / 组距
770 ~ 918	844	6	0.2	1.35×10^{-3}
918 ~ 1 066	992	7	0.23	1.55×10^{-3}
1 066 ~ 1 214	1 140	9	0.3	2.0×10^{-3}
1 214 ~ 1 362	1 288	4	0.13	0.9×10^{-3}
1 362 ~ 1 510	1 436	4	0.13	0.9×10^{-3}

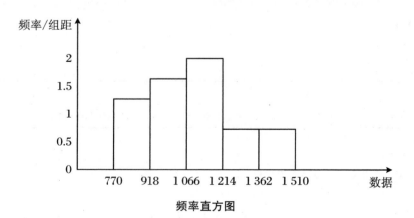

频率直方图

均值 1 105.47,方差 37 287.16.

参 考 文 献

[1] 张 顺燕.数学的思想、方法和应用[M].北京:北京大学出版社,1997.

[2] 陈吉象.文科数学基础[M].北京:高等教育出版社,2003.

[3] 张国楚.大学文科数学[M].2 版.北京:高等教育出版社,2007.

[4] 余扬.文科大学数学[M].北京:科学出版社,2006.

[5] 袁小明,吴承勋.文科高等数学[M].北京:科学出版社,1999.

[6] 陈光曙,徐新亚.大学文科数学[M].上海:同济大学出版社,2006.

[7] 刘光旭,萧永震,樊鸿康.文科高等数学[M].天津:南开大学出版社,1995.

[8] 华宣积,谭永基,徐惠平.文科高等数学[M].上海:复旦大学出版社,2000.

[9] 段文英.大学文科高等数学[M].哈尔滨:东北林业大学出版社,2004.

[10] 黎诣远.经济数学基础[M].北京:高等教育出版社,1998.

[11] 詹姆斯·斯图尔特.微积分[M].6 版.张乃岳,编译.北京:中国人民大学出版社,2009.

[12] Tan S T.应用微积分[M].5 版.北京:机械工业出版社,2004.

[13] 同济大学数学系.高等数学[M].6 版.北京:高等教育出版社,2007.

[14] 吴传生.经济数学:微积分[M].北京:高等教育出版社,2003.

[15] 王树禾,毛瑞庭.简明高等数学[M].合肥:中国科学技术大学出版社,1992.

[16] 黄奕佗,张学元.高等数学.上[M].武汉:华中理工大学出版社,1989.

[17] 吴赣昌.微积分[M].北京:中国人民大学出版社,2006.

[18] 朱士信,唐烁,宁荣健.高等数学[M].北京:中国电力出版社,2007.

[19] 王宪杰,侯仁民,赵旭强.高等数学典型应用实例与模型[M].北京:科学出版社,2005.

[20] 张从军,李辉,鲍远圣,等.常见经济问题的数学解析[M].南京:东南大学出版社,2004.

[21] 李林曙,施光燕.线性代数[M].北京:中国广播电视大学出版社,2002.

[22] 吴赣昌.线性代数:经济类[M].北京:中国人民大学出版社,2006.

[23] 吴传生.经济数学:线性代数[M].北京:高等教育出版社,2007.

[24] 周建华,陈建龙,张小向.几何与代数[M].北京:科学出版社,2009.

[25] 吴传生,王展青.经济数学:概率论与数理统计[M].北京:高等教育出版社,2007.

[26] 吴赣昌.概率论与数理统计:经济类[M].北京:中国人民大学出版社,2006.

［27］　魏宗舒.概率论与数理统计［M］.2版.北京：高等教育出版社，2008.

［28］　李林曙，施光燕.概率论与数理统计［M］.北京：中国广播电视大学出版社，2002.

［29］　Barnett R A，Ziegler M R，Byleen K E.应用数学［M］.北京：机械工业出版社，2006.

［30］　华宣炽，谭永基，徐惠平.文科高等数学［M］.2版.上海：复旦大学出版社，2006.